中国科学院中国孢子植物志编辑委员会　编辑

中　国　海　藻　志

第一卷　蓝藻门

夏邦美　主 编

中国科学院知识创新工程重大项目
国家自然科学基金重大项目
（国家自然科学基金委员会　中国科学院　国家科学技术部　资助）

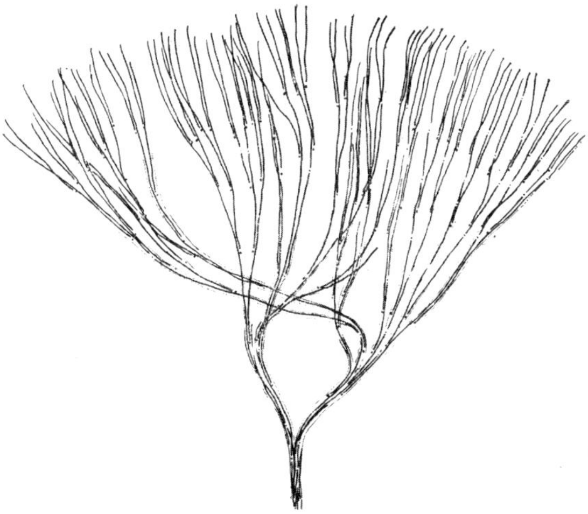

科 学 出 版 社
北　京

内 容 简 介

本书全面系统地总结了我国海产蓝藻的研究成果，是我国第一部关于海产蓝藻类的分类学专著。书中简明扼要地描述了我国已知海产蓝藻，共计1纲4目22科（包括13亚科）53属123种（包括变种），其中1新科，1新属和10新种为我国科学家首次发现的新的分类单元。除少数种类因原报道简单而引用公共文献外，其余种类均以产自我国海域的标本为基础进行科学而详细的描述，包括属种的形态特征，生态习性，以及产地、地理分布等诸多内容，并附有形态特征构造插图88幅，图版4幅。

本书可供大专院校有关生命科学、生物学系，尤其是藻类学、环境科学等专业的师生，以及科技工作者收藏及参考，也可供有关海水养殖生产单位的人员参考。

图书在版编目(CIP)数据

中国海藻志．第一卷，蓝藻门 / 夏邦美主编．—北京：科学出版社，2017.6
（中国孢子植物志）
ISBN 978-7-03-053361-6

Ⅰ. ①中… Ⅱ. ①夏… Ⅲ. ①海藻–植物志–中国 ②蓝藻门–植物志–中国
Ⅳ. ①Q949.208

中国版本图书馆 CIP 数据核字（2017）第 132595 号

责任编辑：韩学哲 / 责任校对：贾伟娟
责任印制：肖 兴 / 封面设计：刘新新

科学出版社 出版
北京东黄城根北街16号
邮政编码：100717
http://www.sciencep.com

北京通州皇家印刷厂 印刷
科学出版社发行 各地新华书店经销
*
2017年6月第 一 版 开本：787×1092 1/16
2017年6月第一次印刷 印张：13 插页：2
字数：296 000

定价：120.00 元

（如有印装质量问题，我社负责调换）

CONSILIO FLORARUM CRYPTOGAMARUM SINICARUM
ACADEMIAE SINICAE EDITA

FLORA ALGARUM MARINARUM SINICARUM

TOMUS I CYANOPHYTA

Xia Bangmei

A Major Project of the Knowledge Innovation Program of the Chinese Academy of Sciences
A Major Project of the National Natural Science Foundation of China
(Supported by the National Natural Science Foundation of China, the Chinese Academy of Sciences, and the Ministry of Science and Technology of China)

Science Press
Beijing

第一卷 蓝藻门

编著者
华茂森 王永强
（中国科学院海洋研究所）

Auctores

Hua Maosen Wang Yongqiang
(*Institute of Oceanology, Chinese Academy of Sciences*)

中国孢子植物志第五届编委名单

（2007年5月）

序

中国孢子植物志是非维管束孢子植物志，分《中国海藻志》、《中国淡水藻志》、《中国真菌志》、《中国地衣志》及《中国苔藓志》五部分。中国孢子植物志是在系统生物学原理与方法的指导下对中国孢子植物进行考察、收集和分类的研究成果；是生物物种多样性研究的主要内容；是物种保护的重要依据，对人类活动与环境甚至全球变化都有不可分割的联系。

中国孢子植物志是我国孢子植物物种数量、形态特征、生理生化性状、地理分布及其与人类关系等方面的综合信息库；是我国生物资源开发利用、科学研究与教学的重要参考文献。

我国气候条件复杂，山河纵横，湖泊星布，海域辽阔，陆生和水生孢子植物资源极其丰富。中国孢子植物分类工作的发展和中国孢子植物志的陆续出版，必将为我国开发利用孢子植物资源和促进学科发展发挥积极作用。

随着科学技术的进步，我国孢子植物分类工作在广度和深度方面将有更大的发展，对于这部著作也将不断补充、修订和提高。

中国科学院中国孢子植物志编辑委员会

1984 年 10 月 · 北京

中国孢子植物志总序

中国孢子植物志是由《中国海藻志》、《中国淡水藻志》、《中国真菌志》、《中国地衣志》及《中国苔藓志》所组成。至于维管束孢子植物蕨类未被包括在中国孢子植物志之内，是因为它早先已被纳入《中国植物志》计划之内。为了将上述未被纳入《中国植物志》计划之内的藻类、真菌、地衣及苔藓植物纳入中国生物志计划之内，出席 1972 年中国科学院计划工作会议的孢子植物学工作者提出筹建“中国孢子植物志编辑委员会”的倡议。该倡议经中国科学院领导批准后，“中国孢子植物志编辑委员会”的筹建工作随之启动，并于 1973 年在广州召开的《中国植物志》、《中国动物志》和中国孢子植物志工作会议上正式成立。自那时起，中国孢子植物志一直在“中国孢子植物志编辑委员会”统一主持下编辑出版。

孢子植物在系统演化上虽然并非单一的自然类群，但是，这并不妨碍在全国统一组织和协调下进行孢子植物志的编写和出版。

随着科学技术的飞速发展，人们关于真菌的知识日益深入的今天，黏菌与卵菌已被从真菌界中分出，分别归隶于原生动物界和管毛生物界。但是，长期以来，由于它们一直被当作真菌由国内外真菌学家进行研究；而且，在“中国孢子植物志编辑委员会”成立时已将黏菌与卵菌纳入中国孢子植物志之一的《中国真菌志》计划之内并陆续出版，因此，沿用包括黏菌与卵菌在内的《中国真菌志》广义名称是必要的。

自“中国孢子植物志编辑委员会”于 1973 年成立以后，作为“三志”的组成部分，中国孢子植物志的编研工作由中国科学院资助；自 1982 年起，国家自然科学基金委员会参与部分资助；自 1993 年以来，作为国家自然科学基金委员会重大项目，在国家基金委资助下，中国科学院及科技部参与部分资助，中国孢子植物志的编辑出版工作不断取得重要进展。

中国孢子植物志是记述我国孢子植物物种的形态、解剖、生态、地理分布及其与人类关系等方面的大型系列著作，是我国孢子植物物种多样性的重要研究成果，是我国孢子植物资源的综合信息库，是我国生物资源开发利用、科学研究与教学的重要参考文献。

我国气候条件复杂，山河纵横，湖泊星布，海域辽阔，陆生与水生孢子植物物种多样性极其丰富。中国孢子植物志的陆续出版，必将为我国孢子植物资源的开发利用，为我国孢子植物科学的发展发挥积极作用。

中国科学院中国孢子植物志编辑委员会

主编　曾呈奎

2000 年 3 月　北京

Foreword of the Cryptogamic Flora of China

Cryptogamic Flora of China is composed of *Flora Algarum Marinarum Sinicarum*, *Flora Algarum Sinicarum Aquae Dulcis*, *Flora Fungorum Sinicorum*, *Flora Lichenum Sinicorum*, and *Flora Bryophytorum Sinicorum*, edited and published under the direction of the Editorial Committee of the Cryptogamic Flora of China, Chinese Academy of Sciences (CAS). It also serves as a comprehensive information bank of Chinese cryptogamic resources.

Cryptogams are not a single natural group from a phylogenetic point of view which, however, does not present an obstacle to the editing and publication of the Cryptogamic Flora of China by a coordinated, nationwide organization. The Cryptogamic Flora of China is restricted to non-vascular cryptogams including the bryophytes, algae, fungi, and lichens. The ferns, a group of vascular cryptogams, were earlier included in the plan of *Flora of China*, and are not taken into consideration here. In order to bring the above groups into the plan of Fauna and Flora of China, some leading scientists on cryptogams, who were attending a working meeting of CAS in Beijing in July 1972, proposed to establish the Editorial Committee of the Cryptogamic Flora of China. The proposal was approved later by the CAS. The committee was formally established in the working conference of Fauna and Flora of China, including cryptogams, held by CAS in Guangzhou in March 1973.

Although myxomycetes and oomycetes do not belong to the Kingdom of Fungi in modern treatments, they have long been studied by mycologists. *Flora Fungorum Sinicorum* volumes including myxomycetes and oomycetes have been published, retaining for *Flora Fungorum Sinicorum* the traditional meaning of the term fungi.

Since the establishment of the editorial committee in 1973, compilation of Cryptogamic Flora of China and related studies have been supported financially by the CAS. The National Natural Science Foundation of China has taken an important part of the financial support since 1982. Under the direction of the committee, progress has been made in compilation and study of Cryptogamic Flora of China by organizing and coordinating the main research institutions and universities all over the country. Since 1993, study and compilation of the Chinese fauna, flora, and cryptogamic flora have become one of the key state projects of the National Natural Science Foundation with the combined support of the CAS and the National Science and Technology Ministry.

Cryptogamic Flora of China derives its results from the investigations, collections, and classification of Chinese cryptogams by using theories and methods of systematic and evolutionary biology as its guide. It is the summary of study on species diversity of cryptogams and provides important data for species protection. It is closely connected with human activities, environmental changes and even global changes. Cryptogamic Flora of China is a comprehensive information bank concerning morphology, anatomy, physiology, biochemistry, ecology, and phytogeographical distribution. It includes a series of special monographs for using the biological resources in China, for scientific research, and for teaching.

China has complicated weather conditions, with a crisscross network of mountains and rivers, lakes of all sizes, and an extensive sea area. China is rich in terrestrial and aquatic cryptogamic resources. The development of taxonomic studies of cryptogams and the publication of Cryptogamic Flora of China in concert will play an active role in exploration and utilization of the cryptogamic resources of China and in promoting the development of cryptogamic studies in China.

C. K. Tseng
Editor-in-Chief
The Editorial Committee of the Cryptogamic Flora of China
Chinese Academy of Sciences
March, 2000 in Beijing

《中国海藻志》序

中国有一个很长的海岸线，大陆沿岸 18 000 多公里，海岛沿岸 14 200 多公里和 300 万平方公里的蓝色国土，生长着三四千种海藻，包括蓝藻、红藻、褐藻及绿藻等大型底栖藻类和硅藻、甲藻、隐藻、黄藻、金藻等小型浮游藻类，分布在暖温带、亚热带和热带三个气候带，包括北太平洋植物区和印度西太平洋植物区两个区系地理区。中国的底栖海藻多为暖温带、亚热带和热带海洋植物种类，但也有少数冷温带及极少数的北极海洋植物种类。

中国底栖海藻有 1000 多种。最早由英国藻类学家 Dawson Turner（1809）在他的著名著作《墨角藻》（*Fuci*）一书里就发表了中国福建和浙江生长的 *Fucus tenax*，即现在的一种红藻——鹿角海萝，福建本地称之为赤菜 *Gloiopeltis tenax*（Turn.）Decaisne。Turner（1808）还发表了 Horner 在中国与朝鲜之间水域中采到的 *Fucus microceratium* Mert.，即 *Sargassum microceratium*（Mertens）C. Agardh，现在我们认为是海蒿子 *Sargassum confusum* C. Agardh 的一个同物异名。在 Dawson Turner 之后，外国科学家继续报道中国海藻的还有欧美的 C. Agardh（1820），C. Montagne（1842），J. Agardh（1848，1889），R. K. Greville（1849），G. V. Martens（1866），T. Debeaux（1875），B. S. Gepp（1904），A. D. Cotton（1915），A. Grunow（1915，1916），M. A. Howe（1924，1934），W. A. Setchell（1931a，1931b，1933，1935，1936），V. M. Grubb（1932）和日本的有贺宪三（1919），山田幸男（1925，1942，1950），冈村金太郎（1931，1936），野田光造（1966）。

最早采集海藻标本的中国植物学家是厦门大学的钟心煊教授。钟教授在哈佛大学学习时就对藻类很感兴趣，20 世纪 20 年代初期到厦门大学教书时，他继续到福建各地采集标本。在采集中，他除了注意他专长的高等植物之外，还采集了所遇到的藻类植物，包括海藻类和淡水藻类。但钟教授只是限于采集标本和把标本寄给国外的专家，特别是美国的 N.L.Gardnar 教授，他从来不从事研究工作。最早开展我国底栖海藻分类研究的是曾呈奎。他在 1930 年担任厦门大学植物系助教时就开始调查采集海藻，第一篇论文发表于 1933 年初。南京金陵大学焦启源于 1932 年夏天到厦门大学参加暑期海洋生物研究班，研究了厦门大学所收集的海藻标本，包括冈村金太郎定名的有贺宪三所采集的厦门标本，于 1933 年也发表了一篇厦门底栖海藻研究的论文，可惜的是他在这篇文章发表之后便不再继续海藻研究而进行植物生理学研究了。第三个采集和研究中国底栖海藻的中国人是李良庆教授。李教授 1933~1934 年间在青岛和烟台采集了当地的海藻标本，并把标本寄给曾呈奎，以后两人共同发表了“青岛和烟台海藻之研究”一文（1935）。此后，李教授继续他的淡水藻类的分类研究，但海藻的分类研究便停止了。因此，在 20 世纪 30 年代到 40 年代一直从事中国海藻分类的研究者只有曾呈奎一人。20 世纪 40 年代后期，曾呈奎从美国回到了在青岛的国立山东大学担任植物系教授兼系主任，有两个得力助手张峻甫和郑柏林，共同从事底栖海藻分类研究。20 世纪 50 年代，张峻甫同曾呈奎一起到中国科学院海洋研究所（及其前身中国科学院水生生物研究所青岛海洋生物研究室）工作，继续进行海藻的分类研究。郑柏林则在山东大学及后来的山东海洋学院、青岛海洋大学(现名中国海洋大学)进行我国底栖海藻的分类研究。同期，朱浩然和周贞英教授也回国参加工作，朱浩然进行海洋蓝藻分类研究，周贞英进行红藻分类研究。50 年代我国台湾还有两位海藻分类学者即江永棉和樊恭炬，这两位教授都是美国著名海藻分类学家 George Papenfuss 的学生。樊恭炬后来回到大陆工作。因此，在 20 世纪 50 年代进行中国底栖海藻分类研究的中国藻类学家除了曾呈奎以外，还有朱浩然、周贞英、张峻甫、郑柏林、江永棉、樊恭炬 6 人，共 7 位专家。从 50 年代后期起，有更多的年轻人参加进了海藻分类研究中来，如周楠生、张德瑞、夏恩湛、夏邦美、王素娟、项思端、董美玲和郑宝福。60 年代以后开始进行底栖海藻分类研究的还有陆保仁、华茂森、周锦华、李伟新、王树渤、陈灼华、王永川、潘国瑛、蒋福康、杭金欣、孙建章、刘剑华、栾日孝和郑怡等。我国前后从事大型底栖海藻分类研究的人员有 30 多人。

我国海洋浮游藻类及微藻类有 2000 多种。1932 年倪达书在王家楫先生的指导下，开展了这项工作，当年发表了“厦门的海洋原生动物”一文，其中有 20 页是关于甲藻类的，当时甲藻是作为原生动物研究的。从 1936 年起倪达书单独发表了几篇关于海南岛甲藻的文章；新中国成立后，倪达书把工作转到了鱼病方面。金德祥从 1935 年开始进行浮游硅藻类的研究，两三年后正式发表论文，以后也进行底栖硅藻的分类研究。20 世纪 50 年代朱树屏和郭玉洁参加浮游硅藻类分类研究，以后参加硅藻分类研究的还有程兆第、刘师成、林均民、高亚辉、钱树本和周汉秋。参加甲藻分类研究工作的还有王筱庆、陈国蔚、林永水、林金美等。参加浮游藻类分类研究工作的前后也有十几人。

中国孢子植物志的五个志中，《中国海藻志》的进展较慢。这是因为《中国海藻志》的编写不但开始的时间较晚而且最基本的标本采集工作也最为困难。要采集底栖海藻标本，必须到海边，不仅在潮间带而且在潮下带，一直到几十米深处才能采到所要的标本。采集浮游藻类标本，问题就更大了。在许多情况下，船只是必需的。如果只采集海边的种类，利用小船则可，但要采集近海及远海的浮游植物就必须动用海洋调查船且只能作为海洋调查的一个部分，费用必然加大。

我国从 20 世纪 50 年代中期开展海洋调查，共进行全国海洋普查三到四次，还有几次海区性的调查。如近几年来的南沙群岛海洋调查迄今已有三次，每次都采集了大量的浮游海藻标本。大型底栖海藻的调查，北起鸭绿江口，南至海南岛，西沙群岛、南沙群岛沿海及其主要岛、礁都有我们采集人员的足迹。参加过海洋底栖和浮游藻类调查的工作人员有好几十人。近年来，浮游藻类已从微型的发展到超微型的微藻研究，如焦念志小组已开展了水深 100 米以下的种类研究，最近在我国东海黑潮暖流区发现了超微原核的原绿球藻 *Prochlorella*，十几年前在我国南海也有发现。单就中国科学院海洋研究所一个单位而言，四十几年来采到的标本就有 18 万多号，其中底栖海藻腊叶标本 12 万多号，浮游藻类液浸标本 6 万多号。

微藻还是养殖鱼虾苗种的良好饵料。在 20 世纪 50 年代，张德瑞及其助手发表了扁藻的一个新变种——青岛大扁藻 *Platymonas helgolandica* var. *tsingtaoensis* Tseng et T. J. Chang，但由于研究微藻分类的确比较困难，同时其他工作也很紧张，所以微藻的分类研究没有继续下来。20 世纪 80 年代后期，曾呈奎感到饵料微藻类的分类研究很重要，说服了陈椒芬进行这项工作，前后发表了两个新种——突起普林藻 *Prymnesium papillatum*

Tseng et Chen (1986) 和绿色巴夫藻 *Pavlova viridis* Tseng，Chen et Zhang (1992)，但不久，这项工作又停了下来。海洋微藻是一个很重要的化学宝库，特别是其中含有不饱和脂肪酸、EPA、DHA 等。李荷芳和周汉秋发表了几种微藻的化学成分。我相信，随着海洋研究的深入，海洋微藻及饵料微藻类的分类工作必将再次提到日程上来。

早在 2000 年前，我们的祖先就有关于大型海藻经济价值的论述。在《本草纲目》和各沿海县的县志中记载了许多种经济海藻，如食用的紫菜、药用的鹧鸪菜、制胶用的石花菜、工业用的海萝等。近年来对微藻的研究也包括了饵料用的种类以及自然生长的种类，这些都是富含 EPA、DHA，鱼类吃了就产生“脑黄金”的种类，对人类非常有益。中国人研究海藻 70 多年了，发表了好几百篇分类研究论文。我们认为现在是将我们的研究成果集中起来形成《中国海藻志》的时候了。因此，我们提出中国孢子植物志的编写应包括《中国海藻志》。

在《中国海藻志》中，大型底栖海藻有四卷，包括第一卷蓝藻门、第二卷红藻门、第三卷褐藻门、第四卷绿藻门；浮游及底栖微藻三卷，包括第五卷硅藻门、第六卷甲藻门和第七卷隐藻门、黄藻门及金藻门等。我们根据种类的多少，每卷有若干册，每册记载大型海藻 100 种以上或微藻 200 种以上的种类。毫无疑问，每卷册出版以后仍将继续发现未报道过的种类。因此，一段时间以后还得作必要的修改和补充。

知识是不断地在扩大的，科学也是在不断地发展的。今天，我们的海洋微藻类，除了硅藻类和甲藻类材料比较丰富以外，其他的知道得还很少。由于海洋调查的范围在不断地扩展，调查方法也不断地改善，必然会加速超微型藻类的发现，大型海藻也会有新发现。我们关于海藻分类的知识也不断地在扩大。我们希望 10 年、20 年后，第二版《中国海藻志》会出现。

中国孢子植物志编辑委员会主编　曾呈奎

2000 年 3 月 1 日　青岛

Flora Algarum Marinarum Sinicarum

Preface

China has a long coastline of more than 18,000 kilometers, coastline of the islands of more than 14, 200 kilometers and 3 million square kilometers of blue territory, in which are found 3 to 4 thousand species of macroscopic, benthic marine algae, including blue-green algae, red algae, brown algae and green algae, and microscopic planktonic algae including diatoms, dinoflagellate and other microalgae occurring in three climatic zones, warm temperate, subtropical and tropical zones, and two biogeographic regions, the Indo-west Pacific region and the Northwest Pacific region; there are very few cold temperate species and even arctic species.

There are more than 1000 species of benthic marine algae in China. One of the earliest reported species is *Fucus tenax* published by Dawson Turner in 1809, a red algal species, now known under the name *Gloiopeltis tenax* (Turn.) Decaisne, collected from Fujian and Zhejiang provinces. A year earlier, Turner reported *F. microceratium* Mert., collected from somewhere between China and Korea. This is now known as *Sargassum microceratium* (Mert.) C. Agardh, currently regarded by us as synonymous with *S. confusum* C. Agardh. After Turner, there are quite a few foreigners reporting marine algae from China, such as C. Agardh (1820) C. Montagne (1842), J. Agardh (1848, 1889), R. K. Greville (1849), G. V. Martens (1866), T. Debeaux (1875), B. S. Gepp (1904), A. D. Cotton (1915), A. Grunow (1915, 1916), M. A. Howe (1924, 1934), W. A. Setchell (1931a, 1931b, 1933, 1935, 1936), V. M. Grubb (1932) and the Japanese K. Ariga (1919), Y. Yamada (1925, 1942, 1950), K. Okamura (1931, 1936) and M. Noda (1966). The first Chinese who collected algal specimens is Prof. H. S. Chung at Amoy (now Xiamen) University in the early 1920s. Prof. Chung, a plant taxonomist, while a student at Harvard University was already interested in algae, although he was a taxonomist of seed plants. As a botanical professor, he had to collect plants from Fujian province for his teaching work; he collected also various kinds of algae, both freshwater and marine. He was unable to determine the species of the algae and had to send the specimens abroad to Prof. N. L. Gardner of U. S. for determining the species names. The first Chinese who collected and studied the seaweeds is Prof. C. K. Tseng, a student of Prof. Chung. He started collecting seaweeds in 1930 when he served as an assistant in the Botany Department. Amoy (Xiamen) University. He published his first paper "Gloiopeltis and the Other Economic Seaweeds of Amoy" in 1933, the first paper on Chinese seaweeds by a Chinese, when he was a graduate student at Lingnan University, Guangzhou (Canton). The second Chinese studying Chinese seaweeds was Prof. C. Y. Chiao of Jinling University, Nanking. Chiao came to Amoy in the summer of 1932 and studied the algal specimens deposited at the herbarium of Amoy University, including specimens collected by the Japanese K. Ariga and identified by Okamura. He studied these specimens and published a paper, "The Marine Algae of Amoy", in late 1933. This was the second paper on Chinese seaweeds by a Chinese. Unfortunately Chiao did not continue his work on seaweeds and turned to become a plant physiologist. The third Chinese who was involved in studies on Chinese seaweeds was Prof. L. C. Li who collected seaweeds in Qingdao and Chefoo in 1933~1934 and cooperated with Tseng on an article "Some Marine Algae of Tsingtao and Chefoo, Shantung" (1935). Prof. Li continued his work on taxonomy of China freshwater algae, and gave up his study of Chinese seaweeds. Thus in the 1930s and 1940s, only a single Chinese, C. K. Tseng, consistantly stuck to the study of Chinese seaweeds. In the late 1940s, when C. K. Tseng returned to China and took up the professorship and chairmanship of the Botany Department at the National Shandong University in Qingdao, two assistants, Zhang Jun-fu and Zheng Bai-lin took up seaweed taxonomy as their research topic. In the 1950s, Zheng Bai-lin remained in Shandong University, now Qingdao Ocean University and Zhang Jun-fu moved to the Institute of Oceanology with C. K. Tseng. Since the early 1950s, both Zheng Bai-lin and Zhang Jun-fu continued their research work on seaweed taxonomy. Professor Chu (Zhu) Hao-ran, participated in the taxonomy of cyanophyta and Prof. R. C. Y. Chou (Zhou) kept on her work on Rhodophyta. Both returned from the U. S. to China. There are two phycologists from Taiwan, Chiang Young Meng and Fan Kang Chu, both students of the American phycologist, George Papenfuss. Later, Fan Kang Chu returned to the mainland. There are, therefore, seven phycologists in the early 1950s working on taxonomy of seaweeds. In the late 1950s there are a few more workers on marine phycology, such as N. S. Zhou, D. R. Zhang, E. Z. Xia, B. M. Xia, S. J. Wang, S. D. Xiang, M. L. Dong and B. F. Zheng who eventually turned to taxonomic research. In and after the 1960s, a few more phycological workers are involved in taxonomic studies of seaweeds such as B. R. Lu, M. S. Hua, J. H. Zhou, W. X. Li, S. B. Wang, Z. H. Chen, Y. C. Wang, G. Y. Pan, F. K. Jiang, J. X. Hang, J. Z. Sun, J. H. Liu, R. X. Luan, L. P. Ding and Y. Zheng. Dr. Su-fang Huang is also active in phycological work in Taiwan. There are altogether more than thirty persons involved in the collecting and research on Chinese benthic marine algae.

There are more than 2 thousand species of planktonic marine algae in China. It was started by Professor Wang Chia-Chi, the famous Chinese Protozoologist and his student Prof. Ni Da-Su; they studied the marine protozoas of Amoy and published in 1932 a paper, including many species of dinoflagellates which they treated as protozoas. Prof. Ni Da-Su published a series of papers on Hainan dinoflagellates beginning with 1936. Taxonomic studies of the diatoms was initiated by Professor T. S. Chin (Jin) who started the research in 1935 and published his first paper in 1936. In the 1950s, Prof. S. P. Chu (Zhu) and his student, Y. C. Guo started their research on diatoms. In the sixties and afterwards, participating in the collecting and research on diatoms are Z. D. Zheng, Y. H. Gao, J. M. Lin, S. C. Liu, S. B. Qian and H. Q. Zhou, and on dinophyceous algae are G. W. Chen, Y. S. Lin, J. M. Lin and X. Q.

Wang. Altogether, there are more than 10 persons involved in research on the taxonomy of planktonic algae.

In the five floras of the Cryptogamic Flora of China, the *Marine Algal Flora* was initiated the latest, and progress the slowest, because collecting of the algal specimens involves lots of difficulties. Collections of benthic seaweeds will have to wait until low tides when the rocks on which the seaweeds attach are exposed or by diving to a depth of 5~10 meters for these seaweeds. For planktonic algae, one needs a boat and the necessary equipment for the coastal collection and for collecting planktonic algae in far seas and oceans, one has to employ ocean going expeditional ships. The cost is enormous.

China has initiated oceanographic research on the China seas in the late 1950s and early 1960s, which provide opportunity for phytoplankton workers to obtain samples from the various seas of China. Collection of benthic seaweeds extended from Dalian, Chefoo and Qingdao in the Yellow Sea in the north to Jiangsu, Zhejiang and Fujian coastal cities in the East China Sea and Guangdong, Guangxi, Hainan provinces, including Xisha (Paracel) Islands and Nansha (Spratley) Islands in the South China Sea in the south. For the last fifty years, the staff members of the Institute of Oceanology, CAS, collected more than one hundred twenty thousand numbers of dry specimens, and sixty thousand number of preserved specimens.

From more than 2000 years ago to recent time China has already quite a few records of seaweeds and their economic values in herbals and district records, for instance, the purple laver or Zicai (*Porphyra*) for food, Zhegucai (*Caloglossa*) as an anthelmintic drug, Shihuacai (*Geldium*) for making agar, Hailuo (*Gloiopeltis*) for industrial uses etc. In recent years, microalgae are found to contain good quantities of valuable substances, such as EPA, DHA. For the last seventy something years, Chinese phycologists have been devoted to study their own algae and have published hundreds of scientific papers on algal taxonomy dealing with the Chinese marine algae. We believe now is the time for them to publish *Marine Algal Flora*. Therefore when we have decided to publish Cryptogamic Flora of China, we insist that we should include our *Marine Algal Flora*. We have decided to publish the *Marine Algal Flora* in 7 volumes, 4 volumes on benthic macroscopic marine algae, or seaweeds, and 3 volumes on microscopic planktonic marine algae, namely, Vol. 1. Cyanophyta, Vol. 2. Rhodphyta, Vol. 3. Phaeophyta, Vol 4. Chlorophyta, Vol. 5. Baccilariophyta, Vol 6. Dinophyta and Vol. 7. Cryptophyta, Xanthophyta, Chryeophyta and other microalgae. On the basis of the number of species in the group, the volumes may be divided into a few numbers, when necessary and each number will deal with about 100 or more macroscopic species and 200 or more microscopic species. There is no question that after the publication of a group, more species will be reported in the group.

Knowledge is always in the course of increasing and science also in the course of growing. Today, our study on microalgae is very limited, with the exception of the diatoms and to a less extent, the dinoflagellates. With the increase of microalgae investigations, and the improvement of the collecting methods, discovery of more microalgae, especially the piccoplanktonic algae, such as *Prochlorella* discovered by Jiao Nian-zhi in China, will be made. New benthic seaweeds will also be reported. Our knowledge of the taxonomy of marine algae will keep on increasing. We hope in the next 10 or 20 years, the second edition of *Flora Algarum Marinarum Sinicarum* will appear.

C. K. Tseng in Qingdao
March 1, 2000

前　言

蓝藻（blue-green algae）是一类古老而极具学术研究价值的藻类，它与人类的生活、科学研究、经济发展息息相关。蓝藻是迄今所知最重要的原核生物群之一，也是地球上最早出现的自营绿色植物。据记载，早在32亿年前，蓝藻就已经在地球上出现，而且延绵繁衍至今。它不仅有广泛的适温性，而且还具广布性的特点，陆地的淡水、咸水及广大海洋环境等均有分布。

蓝藻的形态结构十分简单，是一类单细胞，胶群体或各种类型的丝状体。长久以来，生物学界通常称蓝藻为低等植物。20世纪后期，由于现代科学的发展，蓝藻又被称为蓝细菌Cyanobacteria。蓝藻和细菌之间确有一定的相似性，尤其是在某些形态特征、细胞超微结构方面发现若干相似之处，比如两者均为原核生物，有类似的细胞壁超微结构；两者均没有发育完整的色素体；在细胞分裂时仅为无丝分裂，都缺乏有丝分裂和减数分裂等。因此，部分藻类学家，如Stanier于1974年建议把蓝藻称为蓝细菌。然而，蓝藻和细菌之间有着显著的区别，特别重要的是蓝藻细胞具有光合作用色素——叶绿素a，虽然它有别于如绿藻等较高等的藻类，但叶绿素a的存在使蓝藻成为地球上最早的自营绿色植物，这从根本上区别于专营异养生存的细菌。随着分子生物学研究的发展，蓝藻和蓝细菌理论的研究，有望向取向潜在一致的方向发展。

蓝藻潜在的经济价值，一直以来，人们就不断地进行着探索。例如，部分蓝藻可以直接为人们利用，我国江浙闽沿海民众常采集海雹菜 *Brachytrichia quoyi*、念珠藻 *Nostoc commune* 等食用。20世纪后期螺旋藻 *Spirulina* sp.养殖事业在我国得到蓬勃发展，并将其制成保健生物制品，收效甚佳。还有，我国广大农民在水稻田种植念珠藻 *Nostoc* sp.，促进水稻产量提高，取得显著成效。研究发现，合理使用这些具异形胞的丝状蓝藻能提高农作物产量，充分展示了有关蓝藻生物在固氮工程及清洁能源研究、可开发利用中的美好前景。

我国是一个海洋大国，沿着漫长的海岸线，海湾、港口、岛屿星罗棋布，海产蓝藻资源极为丰富。我国蓝藻研究起步较晚，新中国成立前只有少量的报道。新中国成立以来，我国海产蓝藻的研究得以全面系统的展开，以曾呈奎、朱浩然等为代表的老一辈藻类学家，几十年来奔波在从北到南的我国沿海各地，采集了大量标本，尤其是从20世纪70年代开始，在我国海南省三沙市西沙群岛海域进行了全面、深入的调查研究，发表了大量的研究论文及专著，发现报道了许多新的分类单元，在学术上取得极具价值的研究成果。

曾呈奎，李良庆，1935，*Some marine algae from Tsingtao and Chefoo*，报道了山东青岛、烟台沿岸蓝藻8种（7种为我国新记录）；

曾呈奎，1936，*Notes on the marine algae from Amoy*，报道了福建厦门沿岸蓝藻9种（4种为我国新记录）；

曾呈奎，1936，*On marine algae new to China*，报道了香港，海南及山东烟台、威海、青岛沿岸蓝藻 4 种；

Okamura，1936，*Nippon Kaiso Shi*，报道了台湾沿岸蓝藻 1 种；

曾呈奎，郑柏林，1954，《青岛海藻的研究 I》，报道了山东青岛沿岸蓝藻 1 种（我国新记录）；

朱浩然，1959，《华北微观海藻的研究》，报道了华北地区沿岸蓝藻 34 种（21 种为我国新记录）；

曾呈奎，1962，《中国经济海藻志》，报道了我国沿岸各地蓝藻 1 种；

周贞英，陈灼华，1965，《平潭岛海藻调查报告》，报道了福建平潭岛沿岸蓝藻 11 种；

华茂森，1978，《西沙群岛海产蓝藻类的研究 I》，报道了海南省三沙市西沙群岛蓝藻 11 种（4 种为我国新记录）；

华茂森，1981，《西沙群岛海产博氏藻属一新种》，报道了海南省三沙市西沙群岛蓝藻 1 种（新种）；

朱浩然，华茂森，1982，《西沙群岛蓝枝藻属一新种》，报道了海南省三沙市西沙群岛蓝藻 1 种（新种）；

曾呈奎，华茂森，1982，《束枝藻属的 2 个新种》，报道了海南省三沙市西沙群岛蓝藻 2 种（2 新种）；

周贞英，陈灼华，1983，《福建海藻名录》，报道了福建沿岸蓝藻 23 种；

曾呈奎，华茂森，1983，《南中国拟弯线藻属一新种》，报道了广东沿岸蓝藻 1 种（新种）；

华茂森，1983，《西沙群岛海产蓝藻的研究Ⅱ》，报道了海南省三沙市西沙群岛蓝藻 16 种（1 种为我国新记录）；

曾呈奎，华茂森，1983，*Common Seaweeds of China*，报道了我国沿海各地蓝藻 66 种；

杭金欣，孙建璋，1983，《浙江的 2 种蓝藻》，报道了浙江省沿岸蓝藻 2 种；

曾呈奎，华茂森，1984，《西沙膜基藻——中国西沙群岛的新蓝藻》，报道了海南省三沙市西沙群岛蓝藻 1 种（新种，新属，新科）；

曾呈奎，华茂森，1985，《西沙群岛海产蓝藻研究Ⅲ》，报道了海南省三沙市西沙群岛蓝藻 10 种（8 种为我国新记录）；

曾呈奎，华茂森，1985，《西沙群岛海产蓝藻研究Ⅳ》，报道了海南省三沙市西沙群岛蓝藻 17 种（17 种均为我国新记录）；

曾呈奎，华茂森，1985，《西沙群岛海产蓝藻研究Ⅴ》，报道了海南省三沙市西沙群岛蓝藻 11 种（6 种为我国新记录）；

黄淑芳，1998，《垦丁海藻——乡土教学活动资源手册》，报道了台湾垦丁沿岸蓝藻 5 种；

黄淑芳，2000，《台湾东北角海藻图谱》，报道了台湾东北角沿岸蓝藻 3 种；

孙建璋，2006，《浙江底栖海藻记录》，报道了浙江沿岸蓝藻 11 种。

我们在撰写本书的过程中，深深感受到，我们收集的海产蓝藻标本不算多，涉及的分布地域不够全面，研究也有待改进、深入和提高。但根据已有资料显示，我们的科研人员在专业范围内已作了很大努力，取得了一系列阶段性成果，并且已经获得国内外学者的认可和赞誉（Komárek and Anagnostidis，1998，2005, 2013）。本书中记述的 123 个物种，几乎涵盖了所有蓝藻分类系统的绝大部分，具有一定的代表性，尤其可喜的是我们在海南省三沙市西沙群岛发现报道了西沙膜基藻 *Parenchymorpha xishanica* Tseng et Hua 及其他极具科研价值的新分类单元。我们殷切期望我国海产蓝藻的研究能进一步深入和提高，为我国乃至世界蓝藻的研究作出新的贡献。

有关蓝藻门的分类系统，本书基本上遵循 Komárek 和 Anagnostidis（1998，2005，2013）所建立的分类系统，下设 4 个目，即色球藻目 Chroococcales，颤藻目 Oscillatoriales，念珠藻目 Nostocales 和真枝藻目 Stigonematales。在每一个目的下面设立若干个科，或亚科，以及众多的属和种。这个新的分类系统是基于近代细胞超微结构、分子生物学研究的一系列成果，以及广泛结合传统的形态结构的分类系统所形成的新的结论。

蓝藻门的分类系统曾有过诸多不同的版本。据记载，在 20 世纪 30~50 年代著名的蓝藻分类学家，如德国藻类学家 L. Geitler (1930~1932) 提出了他的 3 个目的分类系统，即色球藻目 Chroococcales，管胞藻目 Chamaesiph- onales 和藻殖段目 Hormogonales。后来他又重新建立了 4 个目的分类系统（1945 年）；英国人 F. E. Fritsch（1942~1945）提出 5 个目的分类系统，即色球藻目 Chroococcales，管胞藻目 Chamaesiphonales，皮果藻目 Dermocapsales，念珠藻目 Nostocales 和真枝藻目 Stigonematales，他首次将丝状蓝藻依据是否具有真分枝的特征划分为两个不同的目，即念珠藻目和真枝藻目。此外，美国藻类学家 G. M. Smith（1950 年）、G. R. Prescott（1951 年）等均对蓝藻门的传统分类学研究作出了卓越的贡献。也是在那个年代，Stanier 等学者基于近代分子学研究的成果，发现蓝藻细胞的许多特征与某些细菌相似，所以他们将蓝藻植物又称为蓝细菌（Cyanobacteria）。有关蓝细菌理论的研究，近年来实际上与蓝藻作为植物的原有的传统研究已经逐步融合为一体，有着彼此借誉、相互补充的趋势。无论是上述的 3 个目，4 个目，还是 5 个目的传统分类系统，都是依据蓝藻植物的形态特征而设定的。Komárek 和 Anagnostidis 所提出的新分类系统较之要更全面、更科学。在第九届国际蓝藻学术研讨会上（1983 年）受会议的重托，他们经约 30 年的精心研究，完成编写了欧洲蓝藻门，又称为原核蓝藻门 (Cyanoprokaryota) 的三本系列巨著：①色球藻目 Chroococcales（1998 年），该目下包括 11 个科；②颤藻目 Oscillatoriales（2005 年），该目下包括 6 个科；③异形胞藻类的属种 Heterocytous Genera（2013 年），共包括 10 个科，这些科涵盖了原属于念珠藻目 Nostocales 和真枝藻目 Stigonematales 的所有属种。在这些专著中，他们重点编写了欧洲的蓝藻门 (Cyanophyta），同时也汇编报道了目前世界上已知的全部蓝藻种类，并且结合近代分子生物学的研究，提出了全新的蓝藻门分类系统，他们扼要分述了所有科属的特征。在书中没有提供科一级的检索表。近年来，这一研究成果已经获得了广泛好评。

英国藻类学家 D. M. John，B. A. Whitton 和 A. J. Brook (2011) 共同编写了英国淡水藻类学区系的巨著。Whitton 在该书的第一章中，撰编了很大篇幅的英国区系的蓝藻门 Cyanobacteria (Cyanophyta)，他采用了 4 个目的分类系统。实际上，这与 Komárek 和 Anagnostidis 的新分类系统基本上是一致的。他扼要指明了这 4 个目的主要特征区别。然而，在每一个目的下面，完全没有再设立任何的科或亚科，把科一级的分类系统、名称完全省略；又将每一个目下所有的属按照属名的第一个字母将其顺次排列，对每一属的分种检索表及对种的特征描述十分详细。把重点放在对属、种的描述上。这种省略科一级编列的命名系统，在蓝藻分类学研究史上，尚属首次。

很显然，由于蓝藻生物的多样性，以及在近代分子生物学研究成果与传统分类学系统的一致性方面，仍有诸多不尽人意之处。所以，对蓝藻生物系统发育的研究，还是需要进一步的深入。

海产蓝藻有着广泛的适温性。我国地大物博，幅员辽阔，沿着漫长的海岸线，海湾、港口、岛屿星罗棋布，有着丰富的蓝藻资源。我国海产蓝藻的资源，已有历代学者、沿海民众，进行了很多有价值的调查研究和实际的开发利用，特别在我国海南省三沙市的西沙群岛，对海产蓝藻的资源做了很深入的调查研究，发现报道了许多新的物种，在学术上极有研究价值。

本书是我国海产蓝藻综合研究成果的第一本专著，共记述报道了我国海产蓝藻门的 4 目 22 科 13 亚科 53 属 123 种（包括变种），其中 1 新科，1 新属，10 新种是在我国发现的新的分类单元。

本书所有研究用的标本由中国科学院海洋生物标本馆、福建师范大学生命科学学院等单位提供，在此表示衷心的感谢。本书有部分插图是引用前人的著作，因其未有标尺标记，因此部分插图也就没有标尺标记。同时我们也诚挚地感谢所有不辞辛苦、长期奔波在我国沿岸及岛屿，采集了大量标本的同志们，正是你们的辛勤劳作，为本书的编写奠定了坚实的基础。并对那些在本书编写过程中给予无私帮助和作出贡献的个人和单位，表示崇高的敬意和衷心的感谢。

本卷册的编研是中国科学院知识创新工程的重要方向项目，在中国科学院的资助及中国孢子植物志编辑委员会的领导下，与同事们共同努力完成的成果。

本书难免存在不足或疏漏，深盼读者不吝赐教。

夏邦美

2016 年 3 月于青岛

目　录

蓝藻门 Cyanophyta（蓝细菌门 Cyanobacteria Stanier ex Cavalier-Smith，2002）

蓝藻（blue-green algae）是地球上最早起源，最早具有光合作用自营能力的原始微观生物。它的藻体大都十分微小，而且结构比较简单。为一类单细胞体，或非丝状类的胶状群体，或呈典型的丝体类型。大都需要借助显微镜，方能观察到它的细胞结构，及其藻体的形态。蓝藻广泛分布在世界的每一个角落，主要分布在广大的陆、海环境，如江河湖海等广大水体及平原、高山、温泉、海洋，乃至在极寒的北极和南极（Fridmann et al.，1988）等地区。蓝藻中的大多数是在水体中行浮游习性的微观生物，其他部分的许多种类，主要生存在陆地、干旱的各类物体上。蓝藻的存在与自然、生态及人类生活、社会密不可分。蓝藻是生物进化系统中的重要一环，是自然科学研究中的一个重要学科与门类。

单细胞体的蓝藻不算太多，主要呈球状，或类似球状的形态，外表缺乏胶质鞘或胶质鞘很薄。非丝状类的群体，大多为多细胞的群合体，形态多样，呈球状或类似球状；定型或不定型的团块状，平面板块；规则或不规则的立方形等各种形状。多数为定型，或不定型的群体。每一个群体中的细胞数目不等，单个或有 2～4 个细胞，有的群体其细胞数可达十个以上，乃至数百个、上千个细胞。细胞的形状也多样各异，有球形、半球形、卵形、椭圆形、压扁或长圆形等各种形态。细胞在群体内的排列方式多种多样，有的排列规则、整齐；有的不规则、不整齐。但它们都有一个共同之处，即在群体的外围或个体细胞的外表，都被有一层胶质鞘（sheath）。胶质鞘质地均匀，或薄或厚，或呈现明显的层次。在丝状体蓝藻类的藻体中，通常是由一列细胞的藻丝（trichome）组成。藻丝不具有胶质鞘，或具有胶质鞘，或胶质鞘很薄，或呈不同程度的水解状态。藻丝及其存在的胶质鞘合称为丝体，或丝状体（filament）。丝体或长或短，直走，弯曲，或波状；或呈规则或不规则的螺旋状形态。丝体上的细胞呈单列或多列。还有假丝体和真丝体之分。细胞间彼此紧密相连、整齐、规则排列的为真丝体。丝体内的细胞有时不连续排列，不紧密相连，细胞之间被肥厚的胶质鞘彼此隔开，形成类似丝体的称之为假丝体。每条丝体内可以具有一条藻丝，或数条藻丝；或许多藻丝聚齐形成束状，直走，弯曲，或呈波状等多种形态。丝体上的细胞形态多样，有扁盘形、圆盘形，或圆桶形，或呈念珠状等。丝体上的细胞直径一致，或存在一端或两端明显的狭细，存在基部和顶端部的极性分化。丝体单条状，不具有分枝，或存在假分枝，或有真分枝的区别。假分枝和真分枝的发生与形状是完全不同的，假分枝通常仅由藻丝穿出胶质鞘向外延伸、生长而形成；而真分枝则由藻丝上的某个细胞发生纵向的细胞分裂，所形成的子细胞且持续其正常细胞的横分裂，向外延伸进而形成新的分枝，即为真分枝。真枝藻属 *Stigonema* 的种类常具有发达的真分枝。真分枝的存在标志着现有的蓝藻，在形态结构方面，由最简单的单细胞个体，经胶群体、丝状体发展到藻体的最高进化阶段。

除原绿藻（Prochloron，Prochlorophyta）外，蓝藻是地球上最大的一类原核生物（prokaryotic organisms）。所有蓝藻类的生物都保持着细胞的原核状态。所以，从生物系统发育的角度来看，蓝藻门又称原核蓝藻门（Cyanoprokaryota）。近几十年来，随着细胞超微结构和分子生物学的发展，研究发现蓝藻的有些特征与细菌类似，生物学家又统称蓝藻为蓝细菌（Cyanobacteria）。蓝藻由于其独特的生物特性，在学术界具有重要的研究和利用价值。

蓝藻在地球上作为蓝绿色生物进化最早的先驱者之一，逆历史长河延绵繁衍至今，它依然承籍着原有的生物特性。细胞结构保留着生物进化的初始阶段。与其他藻类不同，蓝藻的细胞没有真正意义上的如同绿藻门（Chlorophyta）那样完整的细胞核、细胞壁，以及其他发育完整的细胞器等。

蓝藻的细胞壁结构与细菌的相类似，含有黏肽，为氨基糖和氨基酸组成。通常分为内外 2 层，内层紧联原生质，外层为胶质鞘。研究显示，不同类群，细胞壁的内层通常有 2 层、3～4 层的结构。几乎所有的蓝藻细胞，其外层常具有个体的或群体的胶质鞘。胶质鞘是蓝藻细胞的特有组成部分。胶质鞘无色透明，或有各种色彩（黄、褐、红、紫、蓝等），具有或没有层次的现象。个体或群体的细胞均为胶质鞘所包被。丝状蓝藻的胶质鞘通常是包围着整条藻丝直到末端处，藻丝并不裸露在外面，有些种类的藻丝末端，其胶质鞘往往呈扩大的、散裂状的形态。有些种类，如颤藻 *Oscillatoria* sp.的藻丝缺乏胶质鞘，或胶质鞘很薄，肉眼无法看到。

蓝藻细胞没有真正的核仁。原核区位于细胞的中央部位，它占据细胞原生质体的大部分区域，分为内部无色的中央区和外围的色素区，其外表不存在核膜结构。细胞的核物质分散在中央区。色素区含有细胞的各种色素，主要有叶绿素 a，β-胡萝卜素、蓝藻黄素和蓝藻叶黄素等，此外，还有两种蓝藻类色素，即蓝藻藻胆蛋白和蓝藻藻红蛋白。同样没有形成结构完整的色素体。

异形胞（heterocyst）是大部分丝状蓝藻特有的一类细胞，系由某些营养细胞发育而成。异形胞通常较营养细胞略大，形状多样，球形或椭圆形、长圆形，在细胞的两端常有一个小的、球形的结节，细胞壁厚而明亮，内含物均匀，无颗粒体。与营养细胞的区别除了形态、光泽不同外，还在于它不存在营养细胞所具有的同化色素及其贮藏物质，也没有气泡，但它具有固定空气中游离的氮分子，并转化成为有机氮的功能。异形胞的着生位置，有基部位，或胞间位，或侧生于短分枝的顶端等。异形胞的存在及其功能使某些特定的蓝藻种类，展示了有关蓝藻生物在固氮工程及清洁能源的研究及可开发利用中的前景。

气泡（gas vesicle），或称为空气泡（aerotops），是浮游种类细胞内的特殊细胞器，具有透光和平衡藻体浮游的功能。在多数浮游种类，如微囊藻 *Microcystis* sp.等的细胞中最为常见。

到目前为止，蓝藻类的繁殖主要为无性繁殖，尚未发现有性生殖的记录。所有生殖细胞都没有鞭毛。蓝藻的繁殖、发育，主要依靠细胞本身的细胞分裂，以及各种孢子、藻殖段、藻殖孢等的形成及其萌发。就细胞分裂而言，通常的方式为细胞二分裂（binary division），细胞通常为一个分裂面，即母细胞简单的分裂形成两个子细胞。有等同的细胞二分裂（symmetric division），两个子细胞形状、大小完全相同；及不等同的细胞二分裂（asymmetric division），两个子细胞形状、大小不尽相同。这也是蓝藻细胞的特点之一。有些种类的细胞还存在两个分裂面，如平裂藻 *Merismopedia* sp.，或三个细胞分裂面，如立面藻 *Eucapsis* sp.。

孢子（spore）的形成、萌发是蓝藻很重要的繁殖方式，尤其是色球藻目 Chroococcales 中的种类，常产生、形成各类不同的孢子。孢子的形成，实际上是在细胞的特殊分裂后，由产生的原生质小块直接发育形成。孢子通常不具有运动能力。

蓝藻的孢子种类繁多，一般有内孢子（endospore）、外孢子（exocyte）、小孢子（baeocyte）、微孢子（nanocyte）及厚壁孢子（akinete）等。内孢子（又称为内生孢子）的形成，即通常所指在孢子囊内形成的孢子。在成熟的细胞内，原生质体经过反复多次分裂后，形成孢子囊，产生若干的内生孢子。其间，细胞的整个原生质体几乎是同时发生由不同细胞分裂面的细胞裂变（simultaneously division 或 successive division），形成多数原生质小块，每一小块进而发育成内生孢子。内生孢子成熟后，随着孢子囊壁或母细胞壁的破裂而释出，环境适宜时，萌发形成新个体，如孢囊藻 *Cyanocystis* sp.的孢子囊最为典型。外生孢子常在母细胞的顶端形成，有原生质体自上而下发生缢缩，产生一个至多个成串的球形原生质小块，在母细胞顶端的胞壁裂口处逸出，即外生孢子，例如，管孢藻 *Chamaesiphon* sp.的种类最为普遍。微孢子很小，其形成过程与内生孢子相类似。厚壁孢子是一种类似的休眠孢子，具有较厚的细胞壁，单生，或几个成串着生在丝体的基部、中部，或胞间的某部位，以抵挡、度过不良环境而自然形成，当环境适宜时再萌发形成新的个体。

丝状体蓝藻的繁殖，主要依靠藻殖段（hormogon）、藻殖孢（hormocysts）的形成，及细胞的直接分裂，丝体的断裂也能发展形成新个体。藻殖段通常发生在成熟的丝体上，多数发生在丝体或分枝的顶端，或在丝体的中段，形成由几个或好多个细胞的一小段藻丝，成熟后，或离开母体，再发育成新的个体。藻殖段一般裸露，没有胶质鞘。藻殖孢也是一种短丝体，与藻殖段不同的是其外部有厚而有层次的胶质鞘包围着，萌发时胶质鞘的一端或两端破裂，发育成新个体。

蓝藻门仅包含一纲，即蓝藻纲 Cyanophyceae。纲的特征与门的特征相同。

蓝藻门分目检索表

1. 藻体呈球状的单细胞，或群体，或丝体；缺乏异形胞 ······ 2
1. 藻体呈丝状体，具有异形胞 ······ 3
  2. 藻体呈球状的单细胞，孤独生存；或群体，定型的或不定型的；繁殖仅为细胞的二分裂，或形成孢子 ······ **色球藻目 Chroococcales**
2. 藻体呈丝状体；繁殖主要为细胞的二分裂，或藻殖段，或藻殖孢 ······ **颤藻目 Oscillatoriales**
3. 藻体呈丝状体，存在假分枝；真分枝不存在 ······ **念珠藻目 Nostocales**
3. 藻体呈丝状体，具有真分枝，呈单列或多列细胞，或呈假薄壁组织状结构 · **真枝藻目 Stigonematales**

Key to the orders of Phylum Cyanophyta

1. Plants coccoid, or colonial, or filamentous; without heterocyst ······ 2

1. Plants filamentous with heterocyst ··· 3

2. Plants coccoid, solitary; or united in colonies of definite or indefinite shape; reproduction only by binary fission, or forming spores ··· Chroococcales

2. Plants filamentous; reproduction by binary fission, hormogon or hormocysts ······················ Oscillatoriales

3. Plants filamentous with pseudo-branches, without true branches ·· Nostocales

3. Plants with true branches, in uni- or multiseriate cells; or forming a pseudoparenchymatous structures ··· Stigonematales

色球藻目 Chroococcales Schaffner
Schaffner，1922，p.131

藻体为单细胞，或多细胞的群体，或呈假丝状体，有假分枝，或有假分枝的趋向。多数属种没有基部和顶端部的极性分化，部分属种明显地极性分化。群体形态多样，球状、平板状、立方形，或其他不定型的群体。胶质鞘存在，有时肥厚，无色透明，有时呈黄色、褐色，具层次，或均匀，或呈水解状态，有时具有明显的胶质鞘柄，或连丝，并有叉状分枝。细胞球形、椭圆形、长圆形、卵形或棍棒形等。细胞的分裂分式繁复、多样，具有 1～3 个细胞分裂面。细胞内原生质均匀，或具有颗粒体。繁殖主要依靠细胞的直接分裂和群体的断裂，少数产生微孢子，有些属种产生内生孢子或外生孢子。

依据藻体细胞的组成、形状及繁殖方式等特点，色球藻目在本书中可分为 10 个科。

聚球藻科 Synechococcaceae Komárek et Anagnostidis
Komárek et Anagnostidis，1995，p.16

藻体为单细胞，或多细胞的胶群体，在群体内的细胞排列不规则；群体无一定的形状，不规则，多数为球形，或类似球形。细胞的形状不规则，通常为球形、长圆形、卵形或纺锤形等。细胞分裂主要是水平方向的一分为二，形成两个子细胞。少数属种有连续多次水平方向的细胞分裂（垂直于细胞短轴的分裂面），形成单列细胞的假丝体。胶质鞘存在，无色透明，多数没有层次。繁殖主要依靠细胞的直接分裂，群体或假分枝的折断，分裂而萌发形成新个体。

聚球藻科在本书中有 2 个亚科。

聚球藻科分亚科检索表

1. 藻体为单细胞，单生，或不规则排列，或聚生呈球状的群体，但不具假丝体形态；细胞长宽的比例通常[（1～）1.2～3]：1；偶有微孢子的形成 ······································ **隐杆藻亚科 Aphanothecoideae**

1. 藻体为单细胞，单生，形成黏状的群体，细胞的长度大于其宽的几倍，有时存在假丝体；细胞分裂不对称，没有微孢子的形成 ······································ **聚球藻亚科 Synechococcoideae**

Key to the subfamilies of Synechococcaceae

1. Plants coccoid, solitary or irregularly arranged in more or less spherical colonies, without pseudofilamentous;

cell length/width ratio usually[（1–）1.2–3]：1；occurrence of nanocyte ······················ Aphanothecoideae

1. Plants coccoid，solitary or forming mucilaginous colonies；cell length usually several times longer than width，sometimes forming pseudofilamentous rows；with asymmertric cell division；without nanocyte··· ··························Synechococcoideae

隐杆藻亚科 Aphanothecoideae Komárek et Anagnostidis Komárek et Anagnostidis，1995，p.37

藻体为单细胞，或多细胞的胶群体。在群体内的细胞排列不规则，有的偏向于排列在群体的表面，有的自群体的中央向四周呈辐射状排列，有的具有胶质状的连丝与周边的细胞相连。细胞的形状不规则，球形、短棒状、卵形等，细胞的分裂主要为一个分裂面，即母细胞一分为二形成 2 个形态相同的子细胞。胶质鞘存在，无色透明，有些群体细胞具有个体和公共胶质鞘。繁殖主要依靠细胞的分裂和群体的断裂。

隐杆藻亚科在本书中只有 1 属。

隐杆藻属 *Aphanothece* Nägeli Nägeli，1849，p. 59

藻体为定型的或不定型的胶质状群体，内含许多散列的细胞。群体呈球形或不规则形状；蓝绿色、浅绿色、浅褐色或淡红色；群体的胶质鞘均匀，透明而宽厚，或有时较薄，无色，或在群体的外表层呈浅黄、黄褐色或浅红色（特别是气生性的种类）；细胞没有个体胶质鞘或偶然有（特别是在群体边缘的细胞），有时胶质鞘也具有层次。细胞宽卵形、卵形、椭圆形或杆形，直走或稍弯曲，末端圆形，细胞仅以横向垂直于长轴进行分裂；繁殖由群体断裂（有时形成单个的细胞，或一小群的细胞）。有几个种类报道产生微胞子。多数种类为浮游习性，长期生存在流动的，或静水中；有些种类生长在湿泥中，许多气生种类生长在各种潮湿的，或干旱的岩石、墙壁或其他物体的表面上。有些浮游种类的细胞，常含有气泡。有些种类适应生长在含盐及海洋的环境中。

模式种：*Aphanothece microscopica* Nägeli。

隐杆藻属在本书中报道 2 种。

隐杆藻属分种检索表

1. 群体很小，逐渐变大，细胞的直径为 1.5～2.5 μm，细胞长度达直径的 3 倍·································· ······························**栖石隐杆藻 *Aphanothece saxicola***
1. 群体很小，细胞通常很小，直径为 1～2（～3）μm，细胞长小于宽的 2 倍，具有气泡 ····················· ······························**逸生隐杆藻 *Aphanothece elabens***

Key to the species of *Aphanothece*

1. Colonies microscopic，later ususally macroscopic；cells 1.5–2.5 μm in diameter，up to 3 times of the diameter in length······························ *Aphanothece saxicola*
1. Colonies microscopic，cells usually small，1–2（–3）μm in diameter，less than 2 times of the diameter in

length, with aerotops ·· *Aphanothece elabens*

1. 逸生隐杆藻

Aphanothece elabens(Brébisson)Elenkin, 1938; Komárek et Anagnostidis, 1998, p. 79-81.

Anacystis elabens (Brébisson) Setchell & Gardner, 1918, p. 455, pl. 38: figs 6, 7; Chou Chenying and Chen Zhuohua, 1965, p.2; 1983, p. 100.

藻体为蓝绿色的胶状小群体，球形。起初为扁圆形，后发育为球状的群体，蓝绿色或橄榄绿色。公共胶质鞘较厚，无色透明，匀称，有时微有向心圆的层次，坚韧，很少有水解融化的情况。细胞短杆状，直径 1～2（～3）μm，长 2.8～6.5 μm。细胞内含物常有气泡，为浮游种类。

本种还广泛分布在淡水的环境中。

产地：福建省。

国外分布：西班牙、瑞典；美国；印度、伊拉克、俄罗斯。

我们没有看到标本，根据记录列入本卷册。以上描述主要根据 Komárek and Anagnostidis（1998）。

2. 栖石隐杆藻

Aphanothece saxicola Nägeli, 1849, p. 60, pl. I. H. fig. 2; Hua Maosen and C. K. Tseng in C. K. Tseng(ed.), 1983, p. 14, pl. 11: 2; Silva, P. C., P. W. Basson and R. L. Moe, 1996, p. 26; Komárek et Anagnostidis, 1998, p. 82.

模式标本产地：瑞士（Zürich，Switzerland）。

藻体为胶状群体，球形，椭圆形或不定型。淡蓝绿色或微黄绿色，细胞圆柱状，单生或成对，直径 1.5～2.5 μm，细胞长 4～6 μm，长是宽的 2～4 倍，细胞两端圆形。群体胶质鞘通常透明，无色，均匀。

习性：浮游习性，或附生在其他藻体上，通常生长在潮间带的上部。

产地：海南省海南岛。

国外分布：北美洲等地。

聚球藻亚科 Synechococcoideae Komárek et Anagnostidis

Komárek et Anagnostidis, 1998, p.101

藻体为单细胞，或多细胞的胶群体。在本亚科中的单细胞的个体，通常裸露，细胞外不具有即使是很薄的胶质鞘；群体内的细胞排列似有相同的方向，或形成单列或多列细胞的假丝体，两端相似。细胞短棒状、短圆柱状、卵形、梨形等。细胞分裂主要为一个水平方向的细胞分裂面，即垂直于细胞长轴的分裂面。分裂后的两个子细胞形态相同，或不相同，亦称之为不均等的细胞二分裂。胶质鞘存在，无色透明，部分呈水解状态，或呈管状的形态。繁殖主要依靠细胞的直接分裂，群体的碎裂也可以形成新个体。

聚球藻亚科在本书中报道 1 属。

拟丝藻属 *Johannesbaptistia* G. De Toni

G. De Toni，1934，p. [6]

藻体为单列细胞的假丝体。假丝体呈浮游习性，或形成小群体，圆柱状，丝体长达1mm多，常为单列细胞，极少有假二叉状分枝。细胞短盘形，扁球形；胶质鞘胶状，阔厚，透明，无色，没有层次，部分呈水解状态。细胞的内含物均匀或具颗粒，灰蓝绿色或橄榄绿色。细胞分裂仅限于与纵轴相垂直的一个分裂面，繁殖可能依靠细胞的分裂，及假丝体的断裂。

模式种：*Johannesbaptistia primaria*（Gardner）G. De Toni。

拟丝藻属在本书中报道1种。

3. 透明拟丝藻 图1

Johannesbaptistia pellucida（Dickie）Taylor et Drouet in Drouet，1938，p. 285；Frémy，1941，p. 111；Iyengar and Desikachary，1946，p. 117；Desikachary，1959，p. 165，pl. 32，figs. 14-19；Umezaki，1961，p. 13，pl. 1，fig. 4；Bird and McLachlan，1977，p. 67；Hua Maosen and C. K. Tseng，1985，p. 6，fig. 3：1-5；Chu-Hao-Jan（ed.），1991，p. 94，pl. 36：2；Silva，P. C.，P. W. Basson and R. L. Moe，1996，p. 27；Komárek et Anagnostidis，1998，p. 133.

Hormospora pellucida Dickie，1874，p. 365.

Cyanothrix primaria Gardner，1927，p. 31，pl. 6，fig. 57.

Cyanothrix willei Gardner，1927，p. 31，pl. 6，fig. 58.

Nodularia（？）*fusca* W. R. Taylor，1928，p. 48，pl. 1，fig，23.

Johannesbaptistia primaria J. de Toni，1934，p. 6.

Johannesbaptistia willei J. de Toni，1934，p. 6.

模式标本产地：巴西（Fernando de Noronha，Brazil）。

藻体为原始型的单列细胞的丝体，直走或略弯曲，一般长60～259 μm，铜绿色、蓝绿色或橄榄绿色，直径 5～12.5（～14）μm。丝体的细胞扁球形或半球形，常每两个细胞成对排列成一组，呈色球藻状，细胞分裂仅限于与纵轴相垂直的一个分裂面，所以，丝体总是呈单列细胞。细胞间无原生质联系，也不凭借细胞壁相连，而是在 0.5～2 μm的间隙内充以透明的胶质鞘，形成假丝状形态。细胞直径4～8 μm，高2～4 μm（不包括胶质鞘），顶端细胞的外侧面钝圆形。胶质鞘透明，无色，没有层次，部分呈水解状态。细胞有时具有个体胶质鞘。繁殖主要依靠细胞的分裂及假丝体的断裂。

习性：生长在中潮带至低潮带的上部位。附生在中建岛上偏东南沼池中的泥砂地表，沼池积水深0.1～0.5 m，涨潮时有一小沟与海洋相通。与色球藻 *Chroococcus* sp.、颤藻 *Oscillatoria* sp.、鞘丝藻 *Lyngbya* sp. 等多种蓝藻混生在一起。

产地：海南省三沙市西沙群岛的中建岛。

国外分布：主要为海产，多数分布在热带至暖温带海区。太平洋：琉球群岛的奄美大岛，日本，印度尼西亚，厄瓜多尔，墨西哥及美国（加利福尼亚）沿岸；大西洋：加拿大（新斯科舍），美国沿岸，加勒比海（波多黎各岛、维尔京群岛、巴哈马群岛），百慕大群岛；地中海：前南斯拉夫，阿尔及利亚；印度洋：印度（金奈）沿岸等地。

在我国西沙群岛透明拟丝藻的数量较多，生长茂盛，其形态变异也很大，大部分丝体的直径为 12.5～14 μm，细胞的直径为 7～8 μm，但有少数丝体的丝径仅 5～6 μm，细胞的直径为 4～5 μm，仅及前者的 1/2 倍。此外，用醋酸洋红染色，镜检时可看到一些细胞的个体胶质鞘，这现象与 Iyengar 和 Desikachary（1946）的观察结果一致。

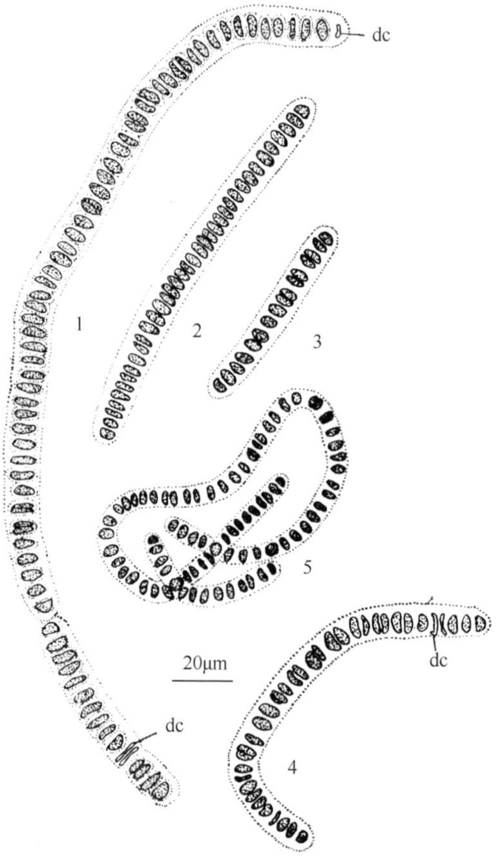

图 1　透明拟丝藻 *Johannesbaptistia pellucida*（Dickie）Taylor et Drouet，丝体的各种形态，其中 dc 表示死亡细胞

Fig. 1　*Johannesbaptistia pellucida*（Dickie）Taylor et Drouet，the filaments with different forms，the dc showing the die cell

拟丝藻属是由美国藻类学家 Gardner 在 1927 年建立的。当时曾报道两个种：*Cyanothrix primaria* 和 *C. willei*；翌年，Taylor（1928）在美国佛罗里达又报道一种：*Nodularia*（?）*fusca*；后经 Frémy（1935）、Drouet（1936）等的研究，认为上述三种实际上是同一个物种。他们测量统计了许多标本，得出了藻体虽然简单，但个体间在形状、大小等方面有较大的变异幅度，存在一系列的中间过渡类型的结论。由于该种的形态独特及其在分类学上的重要性，早为藻类学家所重视。在过去半个世纪中，有关的研究报道很多，重点在该属的种类组成及其分类学地位的讨论。至今基本上已一致同意此属是

一个单种属，即只有透明拟丝藻一种。

平裂藻科 Merismopediaceae Elenkin
Elenkin，1933，p.19

藻体单细胞，规则，或不规则的胶状群体。群体形状为球状，或为一层细胞厚的扁平状，或其他不规则形状。细胞在群体内的排列规则，或不规则。胶质鞘存在，无色透明，均匀，在球状群体内有时发育成胶状连丝与周边的细胞相连。细胞球形、卵形或短棒形等。细胞分裂都为二分裂，有 1～2 个细胞分裂面，分裂后的子细胞通常相同，同型。繁殖主要依靠细胞直接分裂和群体断裂，很少有微孢子存在。

平裂藻科在本书中有两个亚科。

平裂藻科分亚科检索表

1. 细胞呈球形，长圆形，单独生存，或形成规则、不规则的板状群体……………………………………………… **平裂藻亚科 Merismopedioideae**
1. 群体几乎呈球形群体，细胞呈规则或不规则排列，有时呈辐射状排列，或细胞位列群体的边缘，群体的中央有时有胶质状的柄系统……………………**囊球藻亚科 Gomphosphaerioideae**

Key to the subfamilies of Merismopediaceae

1. Cells spherical，oblong，solitary，or forming regular or irregular，or tabular colonies……………………………… Merismopedioideae
1. Colonies spherical，or so，with cells arranged regularly or irregularly，or radially and more or less peripherally，sometimes with central mucilaginous stalk system……………… Gomphosphaerioideae

平裂藻亚科 Merismopedioideae Komárek et Anagnostidis
Komárek et Anagnostidis，1998，p.136

藻体为单细胞，或为规则或不规则的胶状群体。群体为球形，或为一层细胞厚的扁平状，或其他不规则的形状。多数呈浮游习性，或附生在其他基质上。胶质鞘存在，无色透明。细胞球形、椭圆形等，细胞分裂为二分裂，有 1～2 个细胞分裂面。分裂后的子细胞通常相同。繁殖主要依靠细胞的直接分裂和群体的断裂。

平裂藻亚科在本书中报道 2 属。

平裂藻亚科分属检索表

1. 单细胞，球形，单独生存，通常附生或自由生存在水体中……………**集胞藻属 *Synechocystis***
1. 多细胞群体，规则的排列，呈一层细胞厚的平板状形态……………**平裂藻属 *Merismopedia***

Key to the genus of Merismopedioideae

1. Single cell，spherical，solitary；epiphytic or free-living……………*Synechocystis*
1. Multi-cells clonies，regularly arranged in rectilinear series in one cell layer plane……………*Merismopedia*

集胞藻属 *Synechocystis* Sauvageau
Sauvageau，1892，p. 115

藻体为单细胞，或在细胞分裂后两个子细胞相连的形态。在自然界常呈个体细胞存在，有时许多个体密集而形成球状的团块，但它没有公共的胶质鞘。细胞分裂前呈球形，或稍宽的卵形，分裂后子细胞呈半球形。个体细胞外表有一层极薄的透明而无色的胶质膜。细胞内原生质均匀，或有颗粒体，有时有显著的色素质，蓝绿色、灰蓝绿色、紫绿色、亮绿色或浅粉红色。细胞分裂为二分裂。繁殖方法为细胞分裂，分裂后子细胞立即分开，并生长发育成为母细胞原来的大小和形态。附生或行浮游习性；浮游种类通常生活在淡水，或含盐的沼泽、盐田及海水的水体中；有些种类也生长在温泉及矿泉的各类水体环境中。

模式种：*Synechocystis aquatilis* Sauvageau。

集胞藻属在本书中报道 2 种。

集胞藻属分种检索表

1. 细胞的直径 5～6（～8）μm，常为浮游种类 ································ **水生集胞藻 *Synechocystis aquatilis***
1. 细胞的直径 2.5～3 μm，常为气生种类 ·· **派氏集胞藻 *Synechocystis pevalekii***

Key to the species of *Synechocystis*

1. Cells 5–6（–8）μm in diameter，usually planktic ·· *Synechocystis aquatilis*
1. Cells 2.5–3 μm in diameter，usually subaerophytic ·· *Synechocystis pevalekii*

4. 水生集胞藻 图 2

Synechocystis aquatilis Sauvageau，1892，p. 121，pl. 6，fig. 2；Tilden，1910，p. 10，pI. I，fig. 10；Setchell and Gardner，1919，p. 6，pl. 1，fig. 7；Gardner，1932，p. 251；Geitler，1932，p. 270；Desikachary，1959，p. 144，pl. 25，fig. 9；Chu Hao-Jan，1963，p. 188，pl. XXI，fig. 307；Hua Maosen and C. K. Tseng，1985，p. 27，fig. 1：1；Chu Hao-Jan（ed.），1991，p. 68，pl. 28：1；Komárek et Anagnostidis，1998，p. 143.

模式标本产地：阿尔及利亚。

藻体为单细胞，蓝绿色，圆球形，单个细胞，或细胞分裂后两个细胞暂时地连接在一起。在自然情况下，常为许多单细胞的个体散生或聚生。细胞壁很薄，不具胶质鞘，直径 5～6（～8）μm，内含物均匀或有时具微细颗粒。细胞分裂只有一个分裂面。

习性：生长在礁湖内低潮带，附生在死贝壳上，有时附生在鞘丝藻 *Lyngbya* sp.等丝状藻体上；常与色球藻 *Chroococcus* sp.、颤藻 *Oscillatoria* sp.、鞘丝藻 *Lyngbya* sp.、眉藻 *Calothrix* sp. 等多种蓝藻混生在一起。

产地：海南省三沙市西沙群岛。

国外分布：太平洋：美国（加利福尼亚州）；大西洋：加勒比海（波多黎各岛）；印度洋：印度；阿尔及利亚。

本种在陆、海环境中均有分布，我国四川、云南等省曾有淡水产记录。

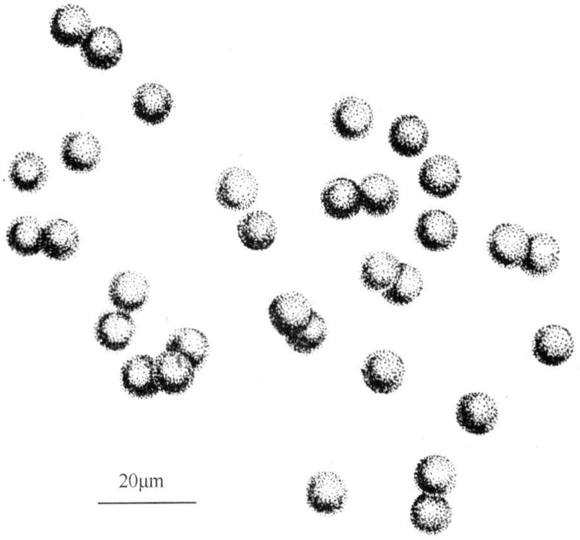

图 2　水生集胞藻 *Synechocystis aquatilis* Sauvageau，藻体为单细胞，球形

Fig. 2　*Synechocystis aquatilis* Sauvageau，thalli unicellular，spherical

5. 派氏集胞藻　图版 I：1

Synechocystis pevalekii Ercegoa，1925，p. 77，pl. 1，fig. 8；Geitler，1932，p. 269；Hua Maosen and C. K. Tseng in C. K. Tseng（ed.），1983，p. 14，pl. 11：7；Komárek et Anagnostidis，1998，p. 143.

模式标本产地：不详。

藻体为单细胞，蓝绿色。附生在其他藻体上。细胞球形，细胞分裂后呈半球形，细胞的直径 2.5～3 μm，单个或两个子细胞连在一起。

习性：生长在潮间带中、上部的其他藻体上。

产地：山东省。

国外分布：斯里兰卡，印度。

平裂藻属 *Merismopedia* Meyen
Meyen，1839，p. 440

藻体为一层细胞，由许多细胞规则排列的厚的扁平群体，群体大小各异，自由漂浮，很少见到宏观的种类。群体的胶质鞘滑润柔软，无色、透明。群体中细胞排列整齐，通常两个细胞为一对，两对为一组，四个小组为一小群，许多小群集合成大群体；群体中的细胞数目不定，多数为 16～32～64 个，较大的群体细胞可达数百个，以至数千个。细胞球形或宽卵形（分裂前），分裂后通常呈半球形，内含物均匀，少数具气泡，或微小的颗粒体，有显著的色素质。细胞蓝绿色、浅蓝绿色、亮绿色，少数为玫瑰红色到紫蓝色。细胞有两个互相垂直的分裂面。繁殖主要依靠细胞分裂和群体断裂的方式进行。本属多为浮游习性的藻类，有时混生在其他藻体间，广泛分布在世界各地的淡水、咸水及海水的环境中。

模式种：*Merismopedia puncata* Meyen。

平裂藻属在本书中报道 1 种。

6. 银灰平裂藻 图 3，图版 I：2

Merismopedia glauca（Ehrenberg）Kützing，1845，p. 142；Boergesen，1936，p. 58；Chu Hao-Jan，1959，p. 3，pl. I：2；Dixit，1968，p. 11；Islam，1976，p. 69，pl. 64，fig. 382，pl. 73，fig. 425；Hua Maosen and C. K. Tseng in C. K. Tseng（ed.），1983，p. 14，pl. 11：5；Silva，P. C.，P. W. Basson and R. L. Moe，1996，p. 28.

Gonium glaucum Ehrenberg，1838，p. 58，pl. III，fig. V.

模式标本产地：德国（Wismar，Rostock District，Germany）。

藻体蓝绿色，或海绿色，形成由一层细胞排列规则的平面群体，四方形或长方形；群体内常有 32～64（～128）个细胞组成，细胞卵形、球形或半球形，规则而紧密地排列，细胞的直径 2.5～4 μm，长 5～6 μm；细胞壁薄，内含物均匀而无颗粒体。胶质鞘均匀，无色而透明；细胞有两个互相垂直的分裂面，所有藻体都呈一层细胞厚的平面群体，细胞排列很规则。

习性：生长在潮间带中、上部；浮游习性，附生或常与其他藻类混生在一起。

产地：黄渤海沿岸的常见种。

国外分布：世界性广泛分布种类。

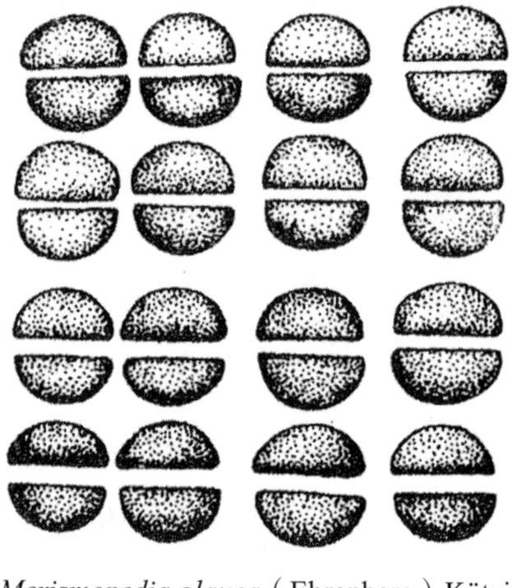

图 3 银灰平裂藻 *Merismopedia glauca*（Ehrenberg）Kützing，藻体多细胞，呈一层细胞厚的平面群体，细胞排列规则、紧密

Fig. 3 *Merismopedia glauca*（Ehrenberg）Kützing，Multi-cells clonies，regularly，closely arranged in one cell layer plane

囊球藻亚科 Gomphosphaerioideae（Elenkin）Komárek et Hindak

Komárek et Hindak，1988，p. 37

藻体为多细胞的胶质状群体。细胞大多位居在群体的周表面部位。或多或少形成向群体中央呈辐射状排列。群体大都呈球形，或类似球形，蓝绿色或淡蓝绿色。胶质鞘肥

厚，无色透明，有时略有层次。群体中央部位，常有胶质鞘连丝系统，通常叉状分枝，与外层的细胞彼此相连。细胞分裂为1～2个分裂面，通常为两个互相垂直的细胞分裂，形成2个或4个子细胞群。繁殖主要依靠细胞的直接分裂和群体的断裂。

囊球藻亚科在本书中报道1属。

囊球藻属 *Gomphosphaeria* Kützing
Kützing，1836，p. 3

藻体为多细胞的胶群体；群体呈球形、椭圆形、卵形或不规则的形状；通常由几个子群体组成，浮游习性，或附着在各种基质上。胶质鞘或厚或薄，无色透明，质地均匀柔韧，无层次。细胞梨形、倒卵形或椭圆形。群体中的细胞通常由2个或4个为一组，彼此紧密排列；每个细胞均和一条由细胞中央向四周辐射的胶质鞘联丝，或称为胶质鞘柄相连；胶质鞘柄通常呈单条，或呈反复的二叉状；如此使细胞与群体中央相连接，形成一个自中心发出的，放射状多分枝的胶质柄系统。细胞浅灰色、蓝绿色、浅黄色、淡石竹色或橄榄绿色，内含物均匀，或有小颗粒，无气泡。以细胞分裂或群体断裂的方式繁殖。大多数呈浮游习性生活在淡水水体的湖泊、河流、沼泽及池塘中，或潮间带海水中，或与多种蓝藻混生在一起。广泛分布在热带、温带地区。

模式种：*Gomphosphaeria aponina* Kützing。

囊球藻属在本书中报道1种。

7. 圆胞囊球藻　图4

Gomphosphaeria aponina Kützing，1836，no. 1；Tilden，1910，p. 38，pl. II，figs. 23-28；Setchell and Gardner，1919，p. 50，pl. I，figs. 2-3；Desikachary，1959，p. 150，pl. 28，figs. 1-3；Umezaki，1961，p. 15，pl. 1，fig. 7；Pankow，1976，p. 25；Bird and McLachlan，1977，p. 67；Tsuda and Wray，1977，p. 89；Hua Maosen and C. K. Tseng，1985，p. 4，fig. 1：7；Silva，P. C.，P. W. Basson and R. L. Moe，1996，p. 27；Komárek et Anagnostidis，1998，p. 221.

模式标本产地：意大利（Abano Terme，near Padova，Italy）。

藻体为多细胞的胶质状群体，球形或椭圆形，直径37～65 μm。群体胶质鞘中等厚，无色透明，没有层次。群体内细胞很多，梨形或倒卵形，直径（粗端）5～6.3 μm，长8～10 μm，通常成对排列，由1或2对细胞组成小群体，外围由小群体的胶质鞘所包被。许多这样的小群体规则或不规则地排列在大群体的球面上，细胞的粗端向外，细小的一端引向大群体中心，以胶质鞘连丝彼此相连形成特殊的胶质鞘柄系统，多数为叉状式分枝。小群体间彼此常有一定间隔（1～3 μm）。细胞内含物均匀，普通显微镜下未见到颗粒体，蓝绿色或橄榄绿色，年老藻体呈黄绿色。

习性：生长在礁湖内中潮带至低潮带，附生在积有泥沙的礁石、死珊瑚上，或营浮游习性。圆胞囊球藻在我国西沙群岛数量很多。

产地：海南省三沙市西沙群岛及我国内陆及沿海各地。

国外分布：太平洋：琉球群岛的奄美大岛、小笠原群岛、日本，厄瓜多尔（加拉帕戈斯群岛），夏威夷群岛、马绍尔群岛的比基尼岛；大西洋：加勒比海，美国（东、西部沿岸），欧洲；印度洋：印度等地。

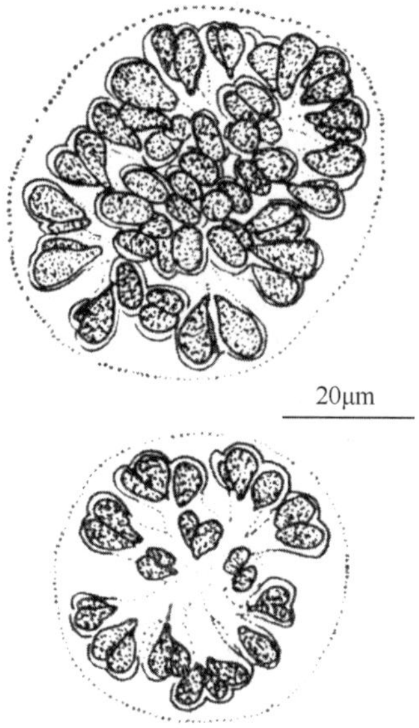

图 4　圆胞囊球藻 *Gomphosphaeria aponina* Kützing 外形

Fig. 4　*Gomphosphaeria aponina* Kützing，thalli showing its habit sketch

微囊藻科 Microcystaceae Elenkin
Elenkin，1933，p.19

藻体为许多单个细胞组成的胶状群体；细胞在群体内的排列规则，或不规则。细胞通常具有三个细胞分裂面。细胞在分裂时，总是迅速地完成彼此相互垂直的三个层次的细胞分裂。分裂后子细胞的排列规则，或不规则。繁殖主要依靠群体的碎裂，形成新的群体，及微孢子的形成，与萌发形成新个体。

微囊藻科在本书中报道 1 属。

微囊藻属 *Microcystis* Kützing ex Lemmermann
Kützing ex Lemmermann，1907，p. 45

藻体为单细胞，常由许多细胞聚生形成胶状群体，呈浮游习性，或附着在各类基质上。初时通常为少数细胞，为微观群体，呈球形、盘状或不规则的形状，逐渐扩展成较大的团块，规则或不规则，有时呈网状的团块，内含很多细胞，有或没有公共的胶质鞘，有时密集成大群体；群体的胶质鞘无色，常均质，没有颗粒，有时呈融化状态，很少有界限，有时边缘曲折。细胞球形，或分裂后呈半球形。蓝绿色、浅灰色或淡黄色，常有很多的气泡；有时有显著的色素质。细胞有三个分裂面，相互垂直；细胞分裂后子细胞立即相互分离，逐渐长大成为母细胞的形态。自由漂浮在各种水体中，以细胞分裂或群体断裂的方式繁殖。微囊藻属的好多种类常在富营养化的水体中，形成大量或过度的繁殖，以致于在水表聚积形成浓厚的藻层（scum），称为水华现象（water blooms）。

模式种：*Microcystis aeruginasa*（Kützing）Kützing。

微囊藻属在本书中报道2种。

微囊藻属分种检索表

1. 细胞的直径较小，2～4 μm；群体多为不规则的圆球状，热带性气候的国家分布不多……………………………………………………………………………………………… **鳞状微囊藻** ***Microcystis ichthyoblabe***
1. 细胞的直径较大，4～6（～9.4）μm；群体不规则，通常长圆形，或各类叶网状，有时很大，老年时常呈黏糊状，形成严重的水华现象，除极地外，广泛分布，尤其是在热带性国家……………………………………………………………………………………………… **铜锈微囊藻** ***Microcystis aeruginosa***

Key to the species of *Microcystis*

1. Cells smaller，2-4 μm in diameter；colonies more or less irregular spherical，probably not occurrring in tropical Countries …………………………………………………… *Microcystis ichthyoblabe*
1. Cells larger，4–6（–9.4）μm diameter；colonies irregular，usually oblong，lobate and clathrate when old，usually large size and forming heavy water blooms，cosmopolitan distribution with exception of polar and subpolar regions，very common in tropical Countries …………………… *Microcystis aeruginosa*

8. 铜锈微囊藻 图5

Microcystis aeruginosa（Kützing）Kützing，1846；Hua Maosen and Zeng Chengkui（C. K. Tseng），1985，p. 1，fig. 1 : 1；Chu Hao-Jan（ed.），1991，p. 16；Komárek et Anagnostidis，1998，p. 232.

Microcystis zanardinii（Hauck）P. C. Silva，1996，p. 31.

Gloeocapsa zanardinii Hauck，1877，p. 230.

Gloeocapsa aeruginosa Kützing，1843，p. 174.

Palmogloea aeruginosa Zanardini，1872，p. 162.

Anacystis aeruginosa（Zanardini）Drouet & Daily，1948，p. 77；Silva，P. C.，E. G. Menez and R. L. Moe，1987，p. 7，p. 6.

Micraloa aeruginosa Kützing，1833，p. 371，pl. VIII，fig. 23.

模式标本产地："Tangion Datu"（Cape Datu）。

藻体由许多单个细胞群集形成囊状群体，细胞的排列很不规则，蓝绿色，橄榄绿色。幼期群体中实，圆形或长圆形，胶质鞘透明无色，很薄，没有层次；较老的群体胶质鞘略呈革质化，常出现不规则的割裂而呈窗格状裂隙。细胞极多，球形或亚球形，直径3～6 μm，细胞内含物均匀，常有细小的气泡。

习性：生长在礁湖内中潮带至低潮带，浮游习性，或附生在多管藻 *Polysiphonia* sp. 的藻体上，与颤藻 *Oscillatoria* sp.、鞘丝藻 *Lyngbya* sp.、鱼腥藻 *Anabaena* sp.和眉藻 *Calothrix* sp.等混生在一起。

产地：海南省三沙市西沙群岛。

国外分布：分布很广，陆、海均有许多报道。太平洋：马来西亚，印度尼西亚（爪哇）；澳大利亚；大西洋：波罗的海；印度洋：印度，斯里兰卡，巴基斯坦等地。

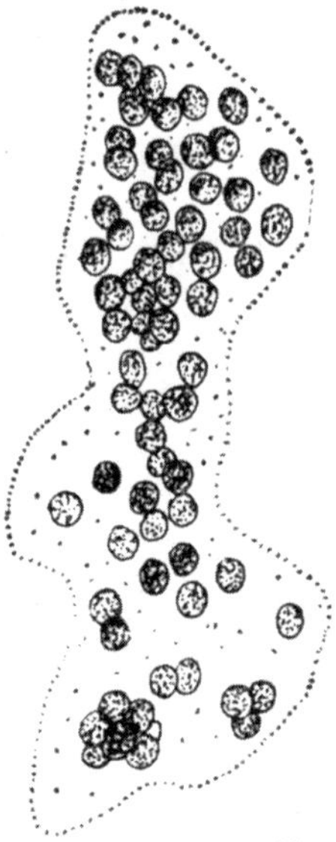

图 5　铜锈微囊藻 *Microcystis aeruginosa*（Kützing）Kützing，群体的一部分

Fig. 5　*Microcystis aeruginosa*（Kützing）Kützing，a part of colony

铜锈微囊藻是海洋中常见的浮游蓝藻种类，虽然本书的标本多数附着生长，但日后有可能在我国沿海及西沙群岛等海域浮游植物种类组成中发现该种。

关于陆地产铜锈微囊藻，我国已有许多报道。在我国广大的湖泊、河流及池塘等各类水体中，均有大量的分布。本种是形成水体水华现象的主要种类，尤其在春夏季节，常大量繁生并伴随产生毒性，危及水体中鱼虾等生物的正常生长发育，并涉及人员的健康安全，是环保研究的新课题。

9. 鳞状微囊藻　图版 I：3

Microcystis ichthyoblabe Kützing，1845，p. 7，pl. VIII；Hua Maosen and C. K. Tseng in C. K. Tseng（ed.），1983，p. 14，pl. 11：1；Komárek et Anagnostidis，1998，p. 226.

模式标本产地：不详。

藻体蓝绿色或淡蓝绿色，群体球形或不规则形，常常具有较厚的、凝胶似的群体胶质鞘，多数呈薄膜状；细胞球形，直径 2～4 μm，单生或成对。

习性：附生在其他藻体上或自由漂浮在潮间带上部。

产地：广东省。

国外分布：北美洲、欧洲。

色球藻科 Chroococcaceae Nägeli
Nägeli，1849，p. 44

藻体为单细胞，或为多细胞组成的胶质状群体。群体不定型，或球形、椭圆形、立方形、平板形；多数群体的胶质鞘较厚，常有层次，无色透明，或略呈黄色、褐色、红色等色彩。细胞形状多样，球形、椭圆形、棍棒形，少数为纺锤形；细胞内含物均匀，或具颗粒体，有时存在气泡；常有 1～3 个相互垂直的细胞分裂面。繁殖主要以细胞的分裂，或群体的裂解为主，少数属种产生微孢子。

色球藻科在本书中报道 1 属。

色球藻属 *Chroococcus* Nägeli
Nägeli，1849，p. 45

藻体为单细胞，或为多细胞组成的群体；群体通常微观，仅有几个细胞，多少呈球形，形成胶质状的群体；群体的胶质鞘较厚，柔软，无色透明，均匀或有层次，很少有明显的色彩；细胞常有一层特殊的个体胶质鞘，均匀或有层次（有时多达数层）。细胞形状不规则，很少呈球形，幼年时子细胞例外，常呈球形；通常半球形至不规则的形状，细胞原生质内含物均匀，或有颗粒体，在光学显微镜下可以看到显著的颗粒体，浅白色或亮蓝绿色，或浅黄色，及紫罗蓝色，有时具气泡，某些浮游习性的种类尤其明显；有时能见到色素质，类囊体大都分布在细胞的周边。细胞有三个相互垂直的分裂面。子细胞往往迅速形成它们自己的胶质鞘。繁殖以细胞的分裂，或群体的裂解为主。本属种类广泛分布在淡水、海水的各类水体中，大都为浮游习性的种类，也有行附生，甚至行气生性的习性。

模式种：*Chroococcus rufescens*（Kützing）Nägeli。

色球藻属在本书中报道 5 种。

色球藻属分种检索表

1. 群体球形，直径达 20～40 μm，内含 4～32（～64）个细胞，彼此散裂，细胞圆球形，细胞的直径 3.5～5 μm ··············· **湖沼色球藻盐泽变种 *Chroococcus limneticus* var. *subsalsus***

1. 群体球形或近似球形，含有 2～8（～16）个细胞，细胞常紧靠在一起，尤其在细胞分裂之后 ······· 2

  2. 群体较大，直径达 22 μm，胶质鞘厚；细胞的直径为（6～）8～32（～45）μm ··············· **膨胀色球藻 *Chroococcus turgidus***

  2. 群体的直径小于 12μm，通常 2～4（～8）细胞为一个群体 ··············· 3

3. 细胞的直径 2.5～3.5 μm，胶质鞘常有层次 ··············· **易变色球藻 *Chroococcus varius***

3. 细胞较大，胶质鞘没有层次 ··············· 4

  4. 细胞的直径 3～8 μm，具有微小的颗粒体 ··············· **膜状色球藻 *Chroococcus membraninus***

  4. 细胞的直径 2～4 μm，在光学显微镜下见不到颗粒体 ··············· **小形色球藻 *Chroococcus minor***

Key to the species of *Chroococcus*

1. Colonies spharical，20–40 μm in diameter with 4–32（–64）cells；eath other scatter，cells spherical，3.5–5 μm in diameter ··············· *Chroococcus limneticus* var. *subsalsus*

1. Colonies spherical or so with 2–8（–16）cells，more or less closely together after division ··············· 2

  2. Colonies large，up to 22 μm in diameter；sheaths thick，cells（6–）8–32（–45）μm in diameter ··············· *Chroococcus turgidus*

2. Colonies smaller than 12 μm in diameter, usually 2–4 (–8) cells in a group ········· 3

3. Cells 2.5–3.5 μm in diameter, with lamellate envelopes ········· *Chroococcus varius*

3. Cells more large, without lamellate envelopes ········· 4

4. Cells 3–8 μm in diameter with fine granular ········· *Chroococcus membraninus*

4. Cells 2–4 μm in diameter, without granular under light microscopic ········· *Chroococcus minor*

10. 湖沼色球藻盐泽变种 图 6

Chroococcus limneticus Lemm. var. **subsalsus** Lemm., 1901, p. 84; Gardner, 1932, p. 256; Geitler, 1932, p. 234; Frémy, 1934, p. 23, pl. 4, fig. 3; Desikachary, 1959, p. 107, pl. 26, fig. 2; Chu Hao-Jan, 1963, p. 119, pl. II, fig. 34; Hua Maosen and C. K. Tseng, 1985, p. 3, fig. 1:5; Chu Hao-Jan(ed.), 1991, p. 40, pl. 14:3; Komárek et Anagnostidis, 1998, p. 286.

模式标本产地：不详。

藻体为胶质状群体，内含有细胞 4～32 个，有时多达 64 个，通常为 4～16 个。群体的直径 20～40 μm。藻体生长到一定时候，群体逐渐分裂为 2 个子群体，每个子群体各含有 4～16 个子细胞。胶质鞘肥厚，但因含水较多显得稀薄，无色透明，没有层次。群体间凭借胶质鞘彼此粘连形成较大的群体。细胞球形，刚分裂后的细胞呈半球形，直径 3.5～5 μm。

习性：礁湖内中潮带至低潮带，生长在死珊瑚、死贝壳表面的空隙间，有部分呈浮游习性，与其他种色球藻 *Chroococcus* sp.等混生在一起。

产地：海南省三沙市西沙群岛，还分布在我国内陆地区。

国外分布：北美；加勒比海；欧洲；斯里兰卡。

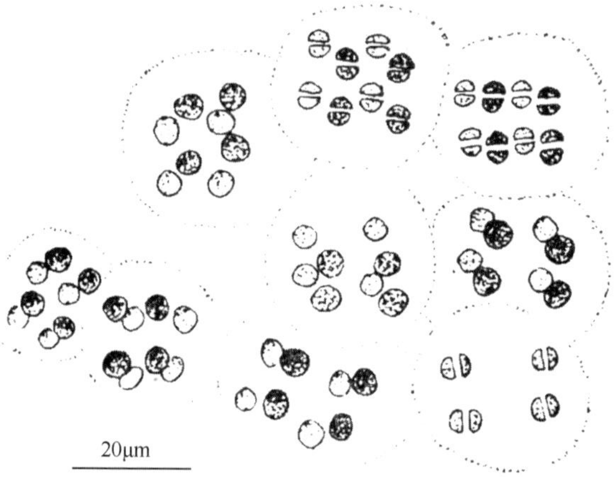

图 6 湖沼色球藻盐泽变种 *Chroococcus limneticus* Lemm. var. *subsalsus* Lemm.，藻体的各种形态

Fig. 6 *Chroococcus limneticus* Lemm. var. *subsalsus* Lemm., thalli showing its habit sketch

11. 膜状色球藻 图 7

Chroococcus membraninus(Meneghini)Nägeli, 1849, p. 46; Tilden, 1910, p. 10; Taylor, 1928, p. 39, pl. 1, fig. 3; Frémy, 1934, p. 23, pl. 4, fig. 4; Hua Maosen and C. K.

Tseng，1985，p. 3，fig. 1：6；Silva，P. C.，P，W. Basson and R. L. Moe，1996，p. 12；Komárek et Anagnostidis，1998，p. 296.

Pleurococcus membraninus Meneghini，1842，p. 34，pl. Ⅳ，figs. 1，2.

模式标本产地：意大利（Euganean thermal springs，near Padova，Italy）。

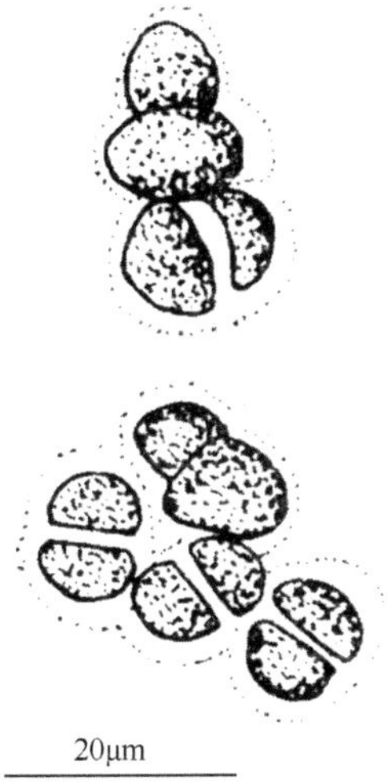

图 7　膜状色球藻 *Chroococcus membraninus*（Meneghini）Nägeli，藻体的各种形态

Fig.7　*Chroococcus membraninus*（Meneghini）Nägeli，thalli showing its habit sketch

藻体为胶质状群体，通常由 2 或 4 个细胞或成对排列组成小群体，直径 8～12 μm，长 12～14μm，铅绿色或蓝绿色。小群体间凭借胶质鞘彼此相连，呈膜状。细胞球形或半球形，直径 3～8μm，胞内原生质中有极细的颗粒体存在。胶质鞘中等厚，2～3μm，无色透明，没有层次。

习性：生长在礁湖内中潮带，附生在死贝壳上，与束丝藻 *Sirocoleum* sp.、西沙博氏藻 *Borzia xishaensis*、海生螺旋藻 *Spirulina subsalsa* 等混生在一起。

产地：海南省三沙市西沙群岛东岛。

国外分布：太平洋：社会群岛（塔希提岛）；大西洋：巴哈马群岛、百慕大群岛；美国（佛罗里达半岛、德赖托图加斯群岛）；地中海：意大利、前南斯拉夫（达尔马提亚）。

在西沙群岛采集的本种标本数量较少，但主要特征符合模式种描述，群体间彼此粘连形成膜状的特征较明显。

12. 小形色球藻　图 8

Chroococcus minor（Kützing）Nägeli，1849，p. 46；Tilden，1910，p. 9，pl. I，fig. 7；Geitler，1932，p. 240，fig. 116g；Desikachary，1959，p. 105，pl. 24，fig. 1；Chu Hao-Jan（Zhu Haoran），1963，p. 117，pl. II：23-28；Hau Maosen and C. K. Tseng，1985，p. 2，fig. 1：3；Silva，P. C.，P. W. Basson and R. L. Moe，1996，p. 13；Komárek et Anagnostidis，1998，p. 295.

Protococcus minor Kützing，1845，p. 144.

模式标本产地：德国（Nordhausen，Erfurt District，Germany）。

藻体为胶质状群体，通常由 2 个（少数 4 或 8 个）细胞彼此成对排列组成小群体，深蓝绿色或橄榄绿色。细胞球形或半球形，每对细胞的相向面扁平，直径 3～4 μm（不包括胶质鞘），内含物均匀，普通显微镜下看不到颗粒体。胶质鞘很薄，无层次，透明无色。

习性：生长在礁湖内中潮带至低潮带，附生在死珊瑚、礁石或贝壳上，与囊球藻 *Gomphosphaeria* sp.、鞘丝藻 *Lyngbya* sp.、眉藻 *Calothrix* sp.及其他种色球藻 *Chroococcus* sp.混生在一起。

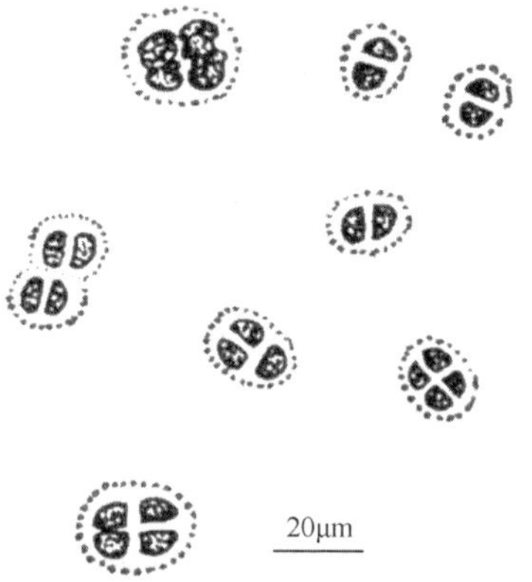

图 8　小形色球藻 *Chroococcus minor*（Kützing）Nägeli，藻体的各种形态

Fig.8　*Chroococcus minor*（Kützing）Nägeli，thalli showing its habit sketch

产地：海南省三沙市西沙群岛。

国外分布：太平洋：社会群岛（塔希提岛），智利（康塞普西翁）；大西洋：加勒比海；地中海：前南斯拉夫（达尔马提亚）。还有许多陆产记录，如美国，意大利，突尼斯，印度及缅甸（仰光）等地，以及我国内陆地区。

13. 膨胀色球藻　图 9　图版 I：4，5

Chroococcus turgidus（Kützing）Nägeli，1849，p. 46；Weber-van Bosse，1913，p. 4；Geitler，1932，p. 228，figs. 109，110；C. K. Tseng，1936b，p. 9；Chu Hao-Jan，1959，p. 2；pl. I：1；1963，p. 115，pl. II：16-20；Hau Maosen and C. K. Tseng in C. K. Tseng（ed.），1983，p. 14，pl. 11：3a，b；1985，p. 2，fig. 1：2；Silva，P. C.，P. W. Bassong and R. L. Moe，1996，p. 13；Komárek et Anagnostidis，1998，p. 306；Sun Jianzhang，2006，p. 58.

Gloeocapsa turgida（Kützing）Hollenberg，1953，p. 9.

Protococcus turgidus Kützing，1846，p. 5，pl. 6.

Anacystii dimidiata（Kützing）Drouet et Daily，1952，p. 221.

模式标本产地：德国（Freiburg im Breisgau，Baden-Württemberg，Germany）。

藻体呈球形胶质状群体，蓝绿色或橄榄绿色，通常由 2～4（～8）个细胞组成的群体，外被宽厚的胶质鞘，直径 30～40 μm，呈浮游习性，或附生；群体顶面观为球形，侧面观多为椭圆形，个体细胞的直径 8～22 μm，有时偶有 8 个以上的细胞所组成的群体，大多数细胞在接触面处呈现棱角或扁平状；细胞壁薄，但有较厚的个体胶质鞘，且常有层次。胶质鞘一般无色，透明，在群体外具有肥厚的公共胶质鞘，通常层次明显；细胞内容物均匀，或偶有颗粒体，蓝绿色、橄榄绿色，或青紫色等。繁殖以细胞的分裂或群体的散裂均能形成新个体。

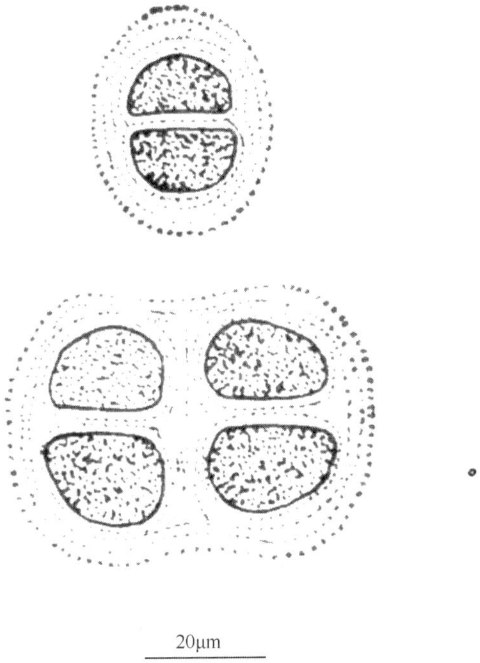

图 9　膨胀色球藻 *Chroococcus turgidus*（Kützing）Nägeli，藻体的各种形态

Fig.9　*Chroococcus turgidus*（Kützing）Nägeli，thalli showing its habit sketch

习性：生长在中潮线以下的小石沼中及礁湖内低潮带，附生在死珊瑚、礁石及死贝壳上，常与多种蓝藻混生在一起。

产地：山东省、浙江省、福建省和海南省三沙市西沙群岛。

国外分布：本种为世界性分布种类，海洋或淡水中均有大量分布。

西沙群岛产的本种标本在形态上与产于福建省厦门和山东省青岛的标本十分相似。

14. 易变色球藻　图 10

Chroococcus varius A. Braun in Rabenhorst，1876，no. 2451；Tilden，1910，p. 7；Geitler，1932，p. 236，fig. 114a；Frémy，1934，p. 25，pl. 4，fig. 7；Chu Hao-jan，1963，p. 122，pl. III，figs. 47，48；Hua Maosen and C. K. Tseng，1985，p. 3，fig. 1：4；Chu Hao-Jan（ed.），1991，p. 33，pl. 10：5；Silva，P. C.，P. W. Basson and R. L. Moe，1996，p. 14；Komárek et Anagnostidis，1998，p. 293.

模式标本产地：德国（Poppelsdorf，near Bonn，Germany）。

藻体呈球形胶质状群体，通常由 2～4 个细胞成对排列组成小群体，直径 6～9 μm。群体内的细胞很少超过 4 个，球形，直径 2.5～3.5 μm，常 2 个成对，内含物均匀，普通显微镜下未见到颗粒体。胶质鞘中等厚，微有层次，在紧贴细胞处层次明显。

习性：礁湖内低潮带，附生在积有泥沙的死珊瑚枝上，与囊球藻 *Gomphosphaeria* sp.、

颤藻 *Oscillatoria* sp.、鞘丝藻 *Lyngbya* sp.等混生在一起。

产地：海南省三沙市西沙群岛，还分布在我国内陆等地。

国外分布：印度，缅甸，意大利，美国以及巴哈马群岛。

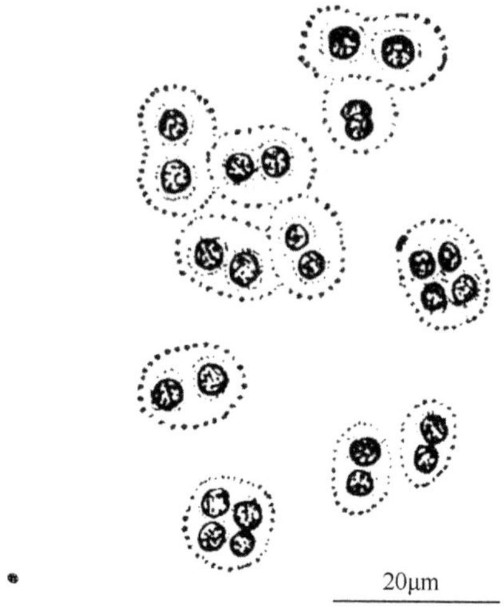

图 10　易变色球藻 *Chroococcus varius* A. Braun in Rabenhorst，藻体的各种形态

Fig. 10　*Chroococcus varius* A. Braun in Rabenhorst，thalli showing its habit sketch

石囊藻科 Entophysalidaceae Geitler

Geitler，1925，p.235

藻体为多个细胞组成的群体，固着生长，有时呈漂浮习性。群体内的细胞排列不规则，或呈单列细胞直行，或呈放射状，少数排列成多列的假丝状小群体，有的种类仅在群体的表面有呈假丝体的趋势，或群体的胶质鞘形成胶质柄，在胶质柄的顶部具有一个，或有一群细胞；细胞球形、椭圆形，少数圆锥形，存在或缺乏个体胶质鞘，胶质鞘较薄或厚，无层次或彼此融合。繁殖主要为细胞的分裂，或群体的断裂也能形成新个体。

石囊藻科在本书中报道 1 属。

石囊藻属 *Entophysalis* Kützing

Kützing，1843，p. 177

藻体为不规则的胶质状群体，皮壳状黏附在基质上，由许多色球藻状的囊状小群体组成，小群体在藻体中有时放射排列。每个小群体外具有均匀、坚韧并有层次的胶质鞘。细胞球形，或不规则，在同一群体内细胞的大小常不同，呈灰蓝绿色、橄榄绿色或淡黄色，在个体胶质鞘内，常有小颗粒存在。小群体排列常呈假丝体，小群体侧面彼此相连或重叠，形成较大的藻团，或产生若干垂直、向上的假丝体。细胞有 3 个相互垂直的细胞分裂面。繁殖主要以小群体，或细胞的分裂为主。大多数种类生长在潮间带石沼中，多数为附着生长在基质上，如海岸边的岩石上，很少有呈浮游习性的种类。

模式种：*Entophysalis granulosa* Kützing。

石囊藻属在本书中报道 1 种。

15. 颗粒石囊藻 图 11

Entophysalis granulosa Kützing，1843，p. 177，pl. 18，fig. 5；Tilden，1910，p. 24，pl. 1，fig. 33；Newton，1931，p. 11，fig. 10；Geitler，1932，p. 298，fig. 146；Chu Hao-Jan，1959，p. 3，pl. I：3，pl. II：5；Hua Maosen and C. K. Tseng，1985，p. 5，figs. 6-9；Silva，P. C.，P. W. Basson and R. L. Moe，1996，p. 20；Komárek et Anagnostidis，1998，p. 335.

模式标本产地：前南斯拉夫（Split，Croatia）。

藻体为胶质状群体，皮壳状，由许多较小的群体堆积构成，厚达 0.5～1 cm。每个小群体内含有数个或数十个细胞，呈球形、长圆形，或其他不规则形状，蓝绿色，直径 2～5 μm。小群体的形状不规则，外周由胶质鞘所包被，无色透明，有时呈淡黄色或亮黄色，并具有层次，2～3 层；数个或十多个小群体堆积形成假分枝状的大群体，其外周还有一个公共的胶质鞘，无色透明，或呈淡黄色，有时呈亮黄色，常具有层次。

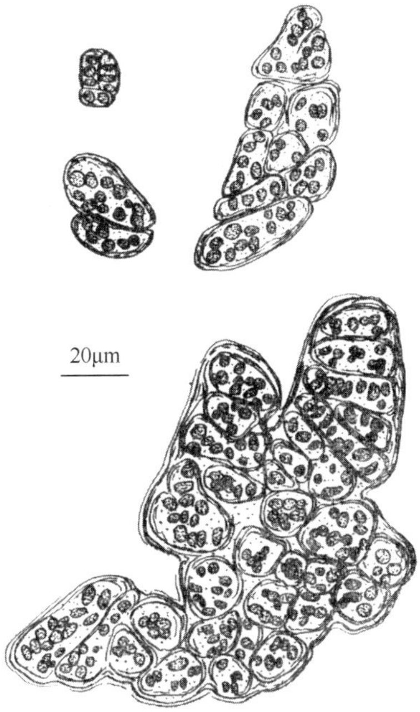

图 11　颗粒石囊藻 *Entophysalis granulosa* Kützing，藻体的各种形态

Fig. 11　*Entophysalis granulosa* Kützing，thalli showing its habit sketch

习性：附生在低潮线处的石沼中，或中潮带礁湖内，附生在螺壳或牡蛎的外壳上。

产地：山东省青岛，海南省三沙市西沙群岛。

国外分布：太平洋：马绍尔群岛；大西洋：北美沿岸，英国，法国；印度洋：印度（南部沿岸）。

水胞藻科 Hydrococcaceae Kützing
Kützing，1843，p.159，177

藻体由许多个细胞组成胶群体，多少呈放射状的形态，具有假丝体状的细胞列，或呈多型的细胞团块，规则或不规则地附着在基质上，形成半球形，或不规则球形的细胞群体，略呈扁平形态，一到几层细胞厚。在藻体的边缘部位，其放射状构造特别地明显。基部通常是无柄的。细胞呈不规则球形，长球形，或呈多角圆形。胶质鞘坚韧，无色透明，很少有层次。

细胞分裂以不规则的二分裂为主，细胞分裂常发生在与细胞长轴的垂直面，尤其在藻体的发育期，形成假丝体。没有发现微孢子。

水胞藻科在本书中报道 3 属。

水胞藻科分属检索表

1. 藻体呈管条状的胶质鞘群体，丛生，细胞通常位居胶质鞘的顶端部位 …… **管鞘藻属 *Hormathonema***
1. 藻体为胶质鞘状群体，球形或不规则形状，细胞常位居于群体周表层次…………………………………… 2
   2. 藻体多少呈球形群体，细胞位居于群体胶质鞘的表层………………………………………**瘤皮藻属 *Placoma***
   2. 藻体为多列假分枝状的群体，辐射状排列，细胞圆形或长圆形 ………………… **胶凝藻属 *Myxohyella***

Key to the genus of Hydrococcaceae

1. Colonies tubular mucilaginous，almost in rows clustered；cells usually located at top of mucilaginous…… …… *Hormathonema*
1. Colonies mucilaginous，spherical or irregular forms；cells arranged in peripheral layers ……………………… 2
   2. Colonies in more or less globular；cells located near the surface of mucilaginous………………… *Placoma*
   2. Colonies composed of multiseriate pseudofilaments，arise radially；cells rounded，or oblong ………… …… *Myxohyella*

管鞘藻属 *Hormathonema* Ercegovic
Ercegovic，1929，p. 167

藻体为许多个细胞组成的胶群体，有穿越石灰岩生长的能力，假丝体生长在石表面及有时穿越深入石内。石表面的假丝体形成不规则的藻体，常为单列细胞，或多列丝状的细胞群。细胞呈球形，或不规则的球形。这些细胞都有它们自己的胶质鞘，胶质鞘有时宽厚，有时稍有层次；石内的（穿孔）假丝体由单列细胞组成，直接穿越石灰石基质，这些细胞通常彼此隔开，被宽厚的黏胶质所分离，通常呈斜、横的片状层次。所有假丝体被层状的、宽厚的胶质鞘包被，有时略呈色彩，呈浅黄褐色或紫罗兰色，有时呈分叉状。假丝体的细胞通常呈球形，不规则形或多角形，有时细胞稍伸长。假丝体的末端常常变宽大。细胞分裂不规则，有明显的斜横的二分裂。分裂后，它们彼此分开，并产生它们自己的胶质鞘。

繁殖是以细胞分裂，或较小的胶群体逃逸出胶质鞘形成新个体。微孢子（nanocyles）没有发现。所有已描述的种类多发现产自地中海，为海生习性种类，生长在具石灰岩的沿岸。

模式种：*Hormathonema paulocellulare* Ercegovic。

管鞘藻属在本书中报道 1 种。

16. 附钙管鞘藻 图 12

Hormathonema epilithicum Ercegovic，1932，p. 294；Frémy，1934，p. 30，pl. 6，fig. 1；Hua Maosen and C. K. Tseng，1985，p. 4，figs. 2：1-6；Komárek et Anagnostidis，1998，p. 347.

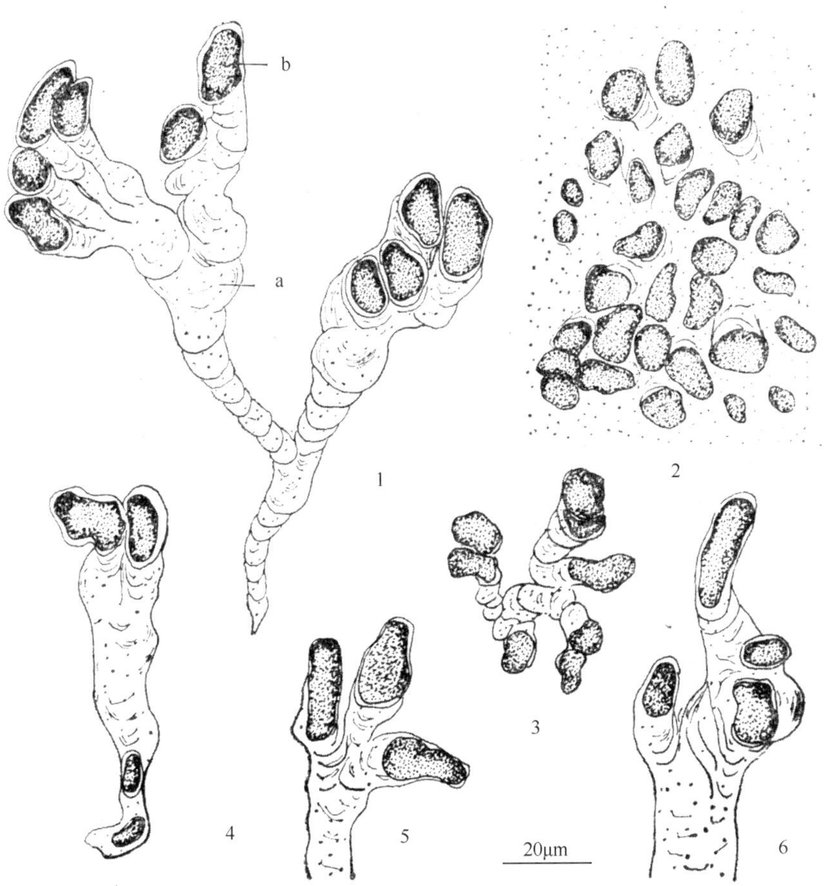

图 12　附钙管鞘藻 *Hormathonema epilithicum* Ercegovic，藻体的各种形态，其中胶质鞘管（a）发达，细胞在胶质鞘管分枝的顶端（b）

1. 4-6. 侧面观；2-3. 顶面观

Fig.12　*Hormathonema epilithicum* Ercegovic，thalli showing its habit sketch，heaths tubular（a）developed，cells in the apex of branched sheaths tubular（b）1，4-6. lateral view；2-3. apical view

模式标本产地：不详。

藻体具有明显的胶质鞘管状物，透明，无色或略呈灰蓝绿色，较坚韧，不呈水解状态。藻体的胶质鞘管直立，或近乎直立，附生在含钙基物的表面，有些则穿越，生长在基物之中，高 100～400 μm。胶质鞘管基部较细小，直径 4～6 μm，向上端逐渐粗大，直径可达 10～20 μm；在上端常具有叉状分枝，分枝较短，其顶端有一个顶生细胞，呈球形、椭圆形或其他不规则形状，直径 8～12 μm，长 8～23 μm。从标本正面只能看到藻体的顶生细胞，把材料进行脱钙处理，制片之后方能在显微镜下观察到胶质鞘管部分，胶质鞘管从上至下具有许多不规则的环状皱折。

习性：生长在礁湖内中潮带附近，附生在死贝壳上。

产地：海南省三沙市西沙群岛。

国外分布：地中海：法国（马赛），前南斯拉夫（达尔马提亚群岛）。

附钙管鞘藻在西沙群岛数量较多，生长茂盛。

瘤皮藻属 *Placoma* Schousboe ex Bornet et Thuret
Schousboe ex Bornet et Thuret，1876，p. 2

藻体为多细胞的胶状群体。细胞球形、长圆形，或不规则的球形，蓝绿色。细胞通常在群体的表层部位，排列成扁平的层次，或形成细胞群，胶质鞘存在，有时较厚，细胞有时具个体胶质鞘，群体的公共胶质鞘。细胞分裂不规则，有多个细胞分裂面。繁殖主要依靠细胞分裂和群体的断裂。

瘤皮藻属在本书中报道 1 种。

17. 亚的里亚瘤皮藻

Placoma adriatica（Hauck）Umezaki et Watanabe，1994，p. 187.

Oncobyrsa adriatica Hauck，1885，p. 315，fig. 230；C. K. Tseng，1936a，p. 173；Chou Chen-Ying and Chen Zhou-Hua，1965，p. 2；1983，p. 100；Komárek et Anagnostidis，1998，p. 349.

模式标本产地：不详。

藻体为多细胞的胶质群体，暗蓝绿色；中实且呈胶状。内部由许多小细胞组成；细胞宽 4～5μm，长 8～10 μm。在群体的周围，细胞或多或少呈亚球形，但在内部则是长圆形且弯曲，通常为一新月形。

习性：附生在潮间带石花菜（*Gelidium amansii* Lmx.）的藻体上。

产地：山东省荣成石岛，福建平潭岛。

国外分布：日本；亚得里亚海。

黏叶藻属 *Myxohyella* Geitler
Geitler，1925

藻体为单层细胞结构的膜状群体。内由多条明显的、呈辐射状排列的假丝体及其侧生的假分枝，彼此紧密排列在一起，形成原始的假薄壁组织状的膜状藻层，黏附在基质上。假丝体有反复的分枝，总是呈辐射状的排列。假丝体之间并不彼此融合在一起，而是彼此分离，但呈现初步的假薄壁组织状。细胞形状不规则，球形，或其他不规则状，假分枝的顶部细胞更具有细胞分裂的能力。本属所有种类附生或内附生在各种海藻的丝体上。

黏叶藻属在本书中报道 1 种。

18. 黄色黏叶藻

Myxohyella lutea（Setchell & Gardner）Geitler，1925，p. 247；Komárek et Anagnostidis，

1998，p. 357，fig. 471.

*Chlorogloea lutea*Setchell et Gardner in Gardner，1918，p. 434，pl. 36，fig. 1；1919，p. 18，pl. 2，fig. 1；Zhou Zhenying and Chen Zhuohua，1983，p. 100.

模式标本产地：不详。

藻体呈叶状，细胞的大小、形状变异很大，许多细胞构成垫状的胶群体。细胞的排列起初不规则，后呈辐射状，黏附在基质上。其中某些细胞，具有穿透寄主表层的能力，进入寄主机体内 4 μm 的深处。假分枝顶端的细胞具有细胞分裂的能力。细胞内含物均匀，呈淡黄绿色，胶质鞘存在，无色透明。

习性：海产种类，附生或内附生在其他海藻的丝体上。

产地：福建省。

国外分布：北美加利福尼亚州沿岸及爱琴海沿岸。

我们没有看到标本，根据记录列入本卷册。以上描述主要根据 Komárek 和 Anagnostidis，（1998）。

管孢藻科 Chamaesiphonaceae Borzì

Borzì，1878，p. 238

藻体最初为单细胞，成熟后为管状的假丝体。具有明显的基部和顶端部分化。单独生长，或许多个细胞聚生。藻体椭圆形、梨形，或短杆形等，以细胞长轴的基部附着在基质上。细胞分裂面通常为一个，水平方向的分裂面，即垂直于细胞纵轴的分裂面。通常存在不对称分裂，形成上下两个子细胞，通常在形状上不一致，上部的子细胞能同时进行再分裂，使藻体成为单列的、多细胞假丝体。有时存在假分枝形态。在丝体顶端的末端细胞往往能分裂形成外生孢子，脱离母体，萌发形成新个体。

管孢藻科在本书中报道 1 属。

囊果藻属 *Chamaecalyx* Komárek et Anagnostidis

Komárek et Anagnostidis，1986，p. 398

藻体最初为单细胞，发育后成为多细胞的管状群体，有基部和上端部的异极分化，长圆棒形，以基部附着于基质上。细胞的第一次分裂发生在垂直于细胞纵轴的水平方向，将细胞分裂为上下不等的两个子细胞：下面的子细胞有时略长而狭小，以此附着于基质上；上面的子细胞圆而膨大，原生质逐渐增大，成为圆球状，或圆棒状。成熟时，整个原生质体几乎是同时发生由不同细胞分裂面的细胞裂变，形成若干原生质小块，每一小块进而发育成内生孢子，随着孢子囊壁的破裂而释出，萌发形成新个体。至于下面的子细胞，大都借此附着于基质上。但有时也能发生、形成母细胞，原生质分裂形成孢子囊，释放出外生孢子，或内生孢子。繁殖主要依靠外生孢子，或内生孢子的形成及释出。

囊果藻属在本书中报道 2 种。

囊果藻属分种检索表

1. 细胞单独生存，个体细胞间不联合成群体………………………………… **孤生囊果藻 *Chamaecalyx solitaria***

1. 细胞之间彼此侧面愈合成为一个群体 ··· **棍棒囊果藻 *Chamaecalyx fucicola***

Key to the species of *Chamaecalyx*

1. Cells solitary，individual cells not united into a group ·· *Chamaecalyx solitaria*

1. Cells united side by side into a group·· *Chamaecalyx fucicola*

19. 棍棒囊果藻　图 13

Chamaecalyx fucicola（Saunders）Komárek et Anagnostidis，1986，p. 401.

Dermocarpa fucicola Saunders in Collins，Holden and Setchell，1901，p.397，pl. XLVI，figs. 4，5；Chu Hao-Jan，1959，p. 4，pl. II：2；Komárek et Anagnostidis，1998，p. 401.

模式标本产地：不详。

藻体一般由数个，至很多个细胞紧密聚生，排列成丛生的群体，直径可达 2～12 mm，形成圆形的，或不整齐的片状，深紫红色或橄榄绿色。幼年期的藻体，常附着在寄主体的表面，齐聚成群，成年期的细胞呈细长的棍棒状，直径达 4～18 μm，高达 28 μm；以后其上部逐渐膨大，呈棍棒状，逐渐形成孢子囊，直径达 25～30 μm。孢子囊中的原生质体分割形成若干原生质小块，每一小块进而发育成内生孢子，随着孢子囊壁的破裂而释出，萌发形成新个体；细胞的下部延长成“柄”，高达 40～60 μm 附着在基质上。繁殖依靠内生孢子的形成及释出。

习性：附生于各种海藻体上。其繁盛期为秋冬之交。

产地：我国北方沿海常见种。

国外分布：美国。

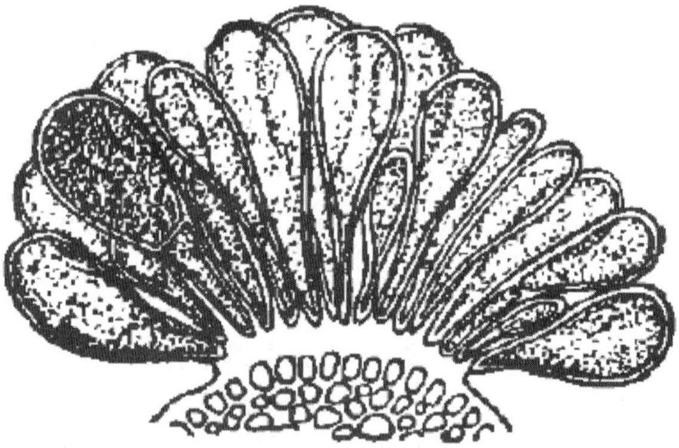

图 13　棍棒囊果藻 *Chamaecalyx fucicola*（Saunders）Komárek et Anagnostidis
藻体的形态（仿朱浩然，1959）

Fig.13　*Chamaecalyx fucicola*（Saunders）Komárek et Anagnostidis，thalli showing its habit sketch（after Chu Hao-Jan，1959）

20. 孤生囊果藻　图 14

Chamaecalyx solitaria（Collins et Hervey）Hua，2015

Dermocarpa solitaria Collins et Hervey，1917，p. 17；Taylor，1928，p. 41，pl. 1，fig. 1；Hua Maosen and C. K. Tseng，1985，p. 28，fig. 2；Komárek et Anagnostidis，1998，p. 403.

模式标本产地：百慕大群岛。

藻体通常单个孤生，很少有数个聚生，鲜蓝绿色，呈棍棒状，基端直立附着。细胞长 30～75（～87）μm，基端略细小，直径 5～8 μm；向顶端逐渐粗大，直径达 8～16 μm，顶端呈钝圆形。藻体成熟时，细胞渐渐伸长，分成上下两部分，下部延长成基柄，上部逐渐膨大形成孢子囊，其原生质体以三个分裂面分裂成几个至 20 多个原生质团块，随即形成内生孢子。内生孢子通常球形，有时略有棱角，直径 5～6（～8）μm。放散时内生孢子冲破孢子囊顶壁释出，萌发后形成新藻体。

习性：礁湖内低潮带位，附生在鞘丝藻 *Lyngbya* sp.、异管藻 *Heterosiphonia* sp.的丝体上。

产地：海南省三沙市西沙群岛琛航岛、广金岛及东岛。

国外分布：大西洋：百慕大群岛及美国（佛罗里达及德赖托图加斯群岛）。

孤生囊果藻自 Collins and Hervey（1917）报道以来，很少有其他报道。西沙群岛的本种标本不仅数量多，而且个体较大，多数藻体长度超过 50 μm，个别达 87 μm，镜检时观察到不同时期的孢子囊形态，材料相当丰富，其主要特征与模式标本描述完全一致。

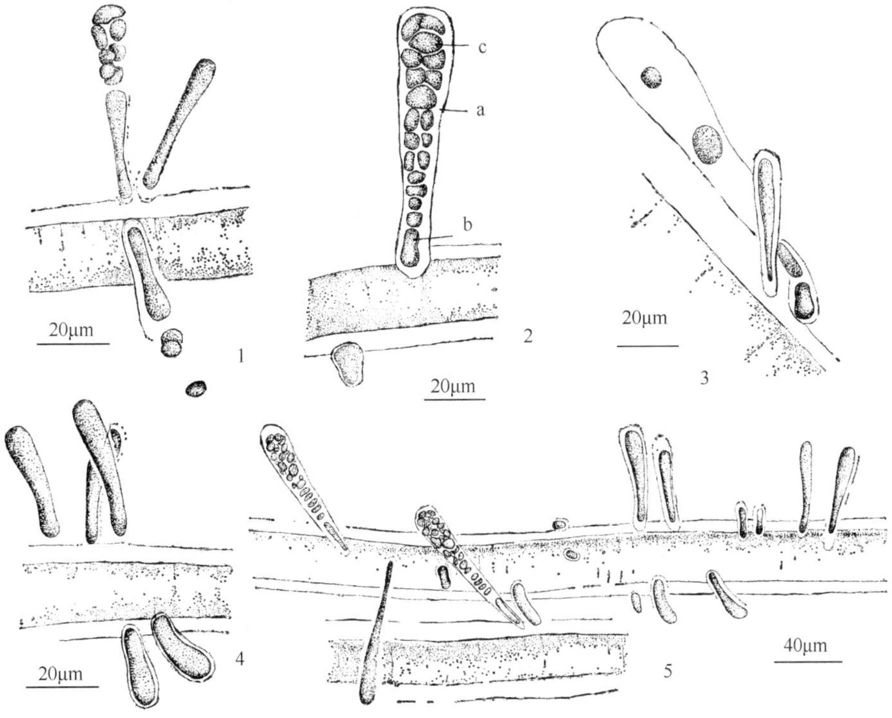

图 14　孤生囊果藻 *Chamaecalyx solitaria*（Collins et Hervey）Hua

1-5. 各发育阶段的藻体形态

a. 孢子；b. 孢子柄；c.内生孢子

Fig. 14　*Chamaecalyx solitaria*（Collins et Hervey）Hua

1-5. The forms of various development stage of frond

a. Spores；b. Handle of spore；c. Endospore

皮果藻科 Dermocarpellaceae Ginsburg-Ardré ex Christensen，1980，p.403

藻体为单细胞，单生或聚生，具有顶部和基部的分化，细胞球形、椭圆形、梨形或棍棒状。基部无柄，或具胶质鞘柄，附生在基质上。少数球状的藻体则以其细胞的一侧附着在基质上。胶质鞘厚，无层次，无色透明，细胞的第一次分裂通常是一分为二，形成上下两个子细胞，上部的子细胞通常形成孢子囊，下部的子细胞通常专职附着于基质上。

繁殖主要依靠外生孢子，或内生孢子的形成。孢子囊的形成主要依靠母细胞原生质的分裂，形成多数内生孢子，通常 8～32 个，有的则更多，随着内生孢子的长大，孢子囊壁的破裂，内生孢子的释出，萌发形成新个体。

皮果藻科在本书中报道 3 属。

皮果藻科分属检索表

1. 藻体细胞球状，没有极性分化，细胞的任何一侧均可附生于基质上……………………**立毛藻属** ***Stanieria***
1. 藻体细胞球状、半球状、长圆柱状、卵状或圆棍棒状或梨形；以其狭小的基部或宽厚的基部细胞附着在基质上……………………………………………………………………2
    2. 内生孢子数量很多，第一次细胞分裂通常发生在垂直于基质的分裂面进行·**孢囊藻属** ***Cyanocystis***
    2. 内生孢子数量有限，第一次细胞分裂或其后的多次分裂，通常发生在与基质为水平方面的分裂面进行……………………………………………………**包皮藻属** ***Dermocarpella***

Key to the genus of Dermocarpellaceae

1. Cells spherical, not polarized; attached to the substrate by any side…………………… *Stanieria*
1. Cells spherical, hemispherical or elongate, oval, obovoid, club-shaped or pyriform; attached to the substrate by narrowed end, or by widened base ……………………………………………………2
    2. Endospores numerous; the first cell division plane (start multiple fission) is vertical, more or less perpendicular to the base…………………………………………… *Cyanocystis*
    2. Endospores less; the first cell division plane or planes are horizontal to the substrate…… *Dermocarpella*

立毛藻属 *Stanieria* Komárek & Anagnostidis Komárek & Anagnostidis，1986，p. 208

藻体为单细胞，或多个细胞聚生，形成不规则的细胞群。细胞球形或宽卵形，尚无明显的极性分化。细胞壁的任何部位均可附生到基质上。蓝绿色、黄绿色、橄榄绿色或红紫色等。胶质鞘薄而坚韧，无色透明。繁殖时表面任何地方都可以开口。细胞内含物浅灰蓝绿色或浅红色，类囊体平行束状，位于细胞的周围层或不规则地贯穿整个细胞内部；细胞常缺乏气泡。孢子囊的形成，是由于细胞内原生质进行三个分裂面的裂变，形成多个内生孢子，成熟后释出孢子囊，实现繁殖的功能。

模式种：*Stanieria sphaerica*（Setchell & Gardner）Anagnostidis & Pantazidou。

立毛藻属在本书中报道 1 种。

21. 球形立毛藻　图 15，图版 I：10

Stanieria sphaerica (Setchell & Gardner) Anagnostidis & Pantazidou, 1991, p. 147; Silva P. C., P. W. Basson and R. L. Moe, 1996, p. 19; Komárek et Anagnostidis, 1998, p. 404.

Dermocarpa sphaerica Setchell & Gardner in Gardner, 1918, p. 457, pl. 39, fig. 14; Chou Chen-Ying and Chen Zhuo-Hua, 1965, p. 2; 1983, p. 100; Hua Maosen and C. K. Tseng in C. K. Tseng (ed.), 1983, p. 16, pl. 12: 4; Sun Jianzhang, 2006, p. 58.

模式标本产地：美国（San Pedro，California）。

藻体为单细胞，或许多个细胞群集形成群体，淡蓝绿色，单生，通常附生在鞘丝藻类 *Lyngbya* sp. 的藻体上。孢子囊球形，直径 8～16 μm。内生孢子球形，直径 2.5～3 μm，由原生质体同时发生分裂而形成，待整个孢子囊壁分解后释出，并萌发形成新个体。

习性：附生在潮间带中、低部生长的鞘丝藻藻体上。

产地：福建省、浙江省、海南省海南岛及三沙市西沙群岛。

国外分布：美国加利福尼亚州；印度洋。

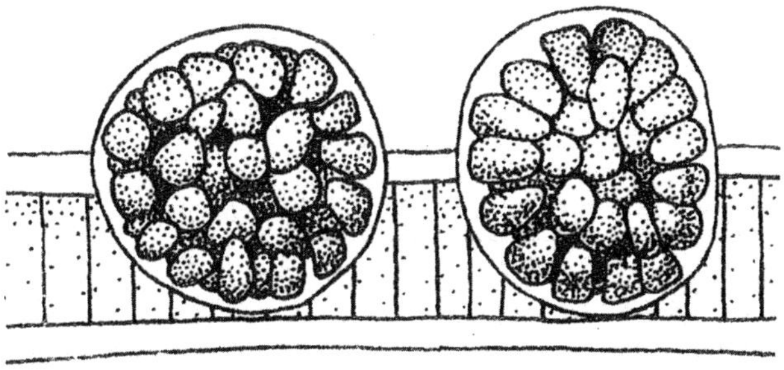

图 15　球形立毛藻 *Stanieria sphaerica* (Setchell & Gardner) Anagnostidis & Pantazidou 孢子囊（仿曾呈奎，1983）

Fig.15　*Stanieria sphaerica* (Setchell & Gardner) Anagnostidis & Pantazidou, sporangia (after Tseng, 1983)

孢囊藻属 *Cyanocystis* Borzì
Borzì，1882，p.308

藻体为单细胞，或多个单细胞群集，蓝绿色、黄绿色、橄榄绿色或红紫色等，细胞球形、卵形、梨形或棍棒形，有明显的极性分化，有基部和顶部之分，基部附生于基质上。成熟藻体都呈棍棒形，基部狭小，上部膨大逐渐形成孢子囊。

细胞的第一次分裂通常形成上下两个子细胞，上部的子细胞常直接形成孢子囊，下部的子细胞直接附着于基质，它发生的第一次细胞分裂，通常发生在垂直于基部的细胞分裂面。藻体成熟时，常整个细胞直接形成孢子囊。孢子囊在形成时，原生质团会快速地同时发生多个细胞分裂面的裂变，形成无数个几乎相同大小的原生质小块，每一个原生质小块，发育成为内生孢子。随着内生孢子的长大成熟，孢子囊壁破裂，内生孢子顿时全部释出，待萌发后形成新个体。内生孢子的数量很多，有时多达数百个。繁殖主要依靠内生孢子的形成及萌发。

孢囊藻属在本书中报道 1 种。

22. 粉红孢囊藻

Cyanocystis violacea（Crouan）Komárek et Anagnostidis，1998，p. 411，figs. 537.

Dermocarpa violacea P. Crouan et H. Crouan，1858，p. 70，pl. 3，fig. 2；Collins，1900，p. 41；De-Toni，1907，p. 129；Geitler，1932，p. 397，fig. 221；Chu Hao-Jan，1959，p. 4，pl. I：4；Hua et al.，1989.

模式标本产地：不详。

藻体为单细胞，或多个单细胞群集，呈美丽的玫瑰红色；细胞倒卵形或梨形；胶质鞘中等厚度而无层次；细胞内含物玫瑰红色或紫蓝色，细胞直径一般在 6～24 μm，孢子囊在形成时，原生质团会快速地同时发生多个细胞分裂面的裂变，形成无数个几乎相同大小的原生质小块，每一个原生质小块，发育成为内生孢子。待孢子囊壁破裂，内生孢子释出，发育成新个体。

习性：在华北沿海比较常见。

产地：华北沿海。

国外分布：美国；英国，法国。

包皮藻属 *Dermocarpella* Lemmermann

Lemmermann，1907，p. 349

藻体为单细胞，或多个单细胞群集。细胞有明显的极性分化，有基部、顶端之分。基部狭小，或扁平膨大，球形或半球形，很少有棍棒形。细胞分裂通常以平行于基质的水平方向进行，上部的子细胞形成孢子囊，产生内生孢子，内生孢子的数量有限，很少见到有无数个内生孢子。

包皮藻属在本书中报道 1 种。

23. 草绿包皮藻　图 16

Dermocarpella prasina（Reinsch）Komárek et Anagnostidis，1995；Barton，1893，p. 53；Delf and Michell，1921，p. 91；Chu Hao-Jan，1959，p. 4，pl. II：1.

Sphaenosiphon prasinus Reinsch，1875，p. 17；Silva，P. C.，P. W. Basson and R. L. Moe，1996，p. 18.

模式标本产地：亚得里亚海（Adriatic Sea）。

藻体很少见到单个细胞孤独生长，通常由数个细胞密集排列形成群体，有时更扩大成褥状的藻团，附生在基质上。细胞一般为长圆形、梨形或棍棒形，通常多个细胞侧面相连。细胞直径为 4～24 μm，高达 15～40 μm，内含物均匀，无颗粒体，深蓝绿色，或棕褐色，胶质鞘极薄，无层次。成熟时由营养细胞直接转变成孢子囊，其中的原生质体分割成数个原生质小块，每一个原生质小块，发育成为内生孢子。在狭小的孢子囊中，原生质经多次横分裂，产生数个单列的内生孢子，内生孢子的排列及数目常随孢子囊的大小及形状而异；在大型的孢子囊中，其原生质经三个细胞分裂面的分裂而产生许多个立方形的原生质小块，发育成为内生孢子，其排列整齐或不整齐。繁殖主要依靠内生孢子的形成、释出，发育成新个体。

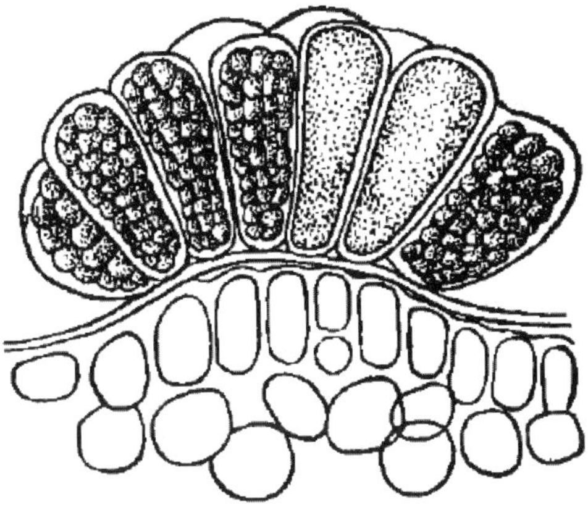

图 16　草绿包皮藻 *Dermocarpella prasina*（Reinsch）Komárek et Anagnostidis，藻体的形态（仿朱浩然，1959）

Fig. 16　*Dermocarpella prasina*（Reinsch）Komárek et Anagnostidis，thalli showing its habit sketch（after Zhou Hou-Jan，1959）

习性：通常附生在各种大型海藻藻体的基部及其他部分，寄主亦不一定是海藻，一年四季都有，夏、秋季最为繁盛，往往形成一大片。

产地：我国华北沿海。

国外分布：英国；印度洋南非。

异球藻科 Xenococcaceae Ercegovic

Ercegovic，1932，p. 138，141.

藻体幼时为单细胞，或为多个单细胞个体聚生，或为多细胞的群体。球形，或不规则的球形，细胞有原始的极性分化，有时聚生形成扁平的层状，附生在基质上。蓝绿色或橄榄蓝绿色。胶质鞘存在，较薄，坚韧，少数有层次，有的呈水解状态。细胞分裂不规则，具多向分裂面，或反复的细胞二分裂，分裂面有时垂直于基质。随着藻体细胞的成熟，形成孢子囊，以释放内生孢子和微孢子进行繁殖。

异球藻科在本书中报道 1 属。

异球藻属 *Xenococcus* Thuret

Thuret in Bornet et Flahault，1880，p. 428

藻体为单细胞，多为球形，或许多单细胞个体聚生，形成单层细胞的群体。有时许多细胞聚生彼此挤压，形成类似假薄壁组织状的藻层。细胞具有原始的极性分化。胶质鞘薄，无色透明，通常没有层次；细胞分裂不规则，具 1～2 个细胞分裂面，起初细胞行水平方向的二分裂，形成 2 或 4 个子细胞，其中只有上部的子细胞形成孢子囊。内生孢子的形成主要由细胞原生质裂变成很多小块，每一个小块生长发育成内生孢子，成熟后释出孢子囊，萌发成新的个体。

异球藻属在本书中报道 3 种。

异球藻属分种检索表

1. 藻体细胞附生，起初形成一层细胞，后来相互叠积成一个群体，细胞直径 3～6μm……………………………………………………………………………………………………**堆生异球藻 *Xenococcus acervatus***
1. 藻体细胞单独生长，起初不为一层细胞，后来也不堆积成群体……………………………………2
   2. 细胞圆球形或具棱角，直径 4.5～5 μm ……………………… **顽固异球藻 *Xenococcus chaetomorphae***
   2. 细胞圆球形，或梨形，直径 8～15（～20）μm……………… **刚毛异球藻 *Xenococcus cladophorae***

Key to the species of *Xenococcus*

1. Cells epiphytic，at first forming one cell-layered，later heaped up；cells 3-6 μm in diameter……………………………………………………………………………………………………*Xenococcus acervatus*
1. Cells solitary，not forming one cell-layered colonies，later not heaped up……………………………2
   2. Cells spherical，or angular，4.5–5 μm in diameter ……………………………*Xenococcus chaetomorphae*
   2. Cells spherical or pyriform，8–15（–20）μm in diameter ………………………*Xenococcus cladophorae*

24. 堆生异球藻　图版 I：8，9

Xenococcus acervatus Setchell & Gardner in Gardner，1918，p. 459，pl. 39，fig. 13；Boergesen，1936，p. 59；Desikachary，1959，p. 182，pl. 31，fig. 28；Dixit，1968，p. 11；1980，p. 59；Hua Maosen and C. K. Tseng in C. K. Tseng（ed.），1983，p. 16，pl. 12：5a，b；Shameel & J. Tanaka，1992，p. 5.

Dermocarpa acervata（Setchell & Gardner）Pham-Hoang Ho，1969，p. 18；Silva，P. C.，P. W. Basson and R. L. Moe，1996，p. 15.

模式标本产地：美国（San Francisco Bay，California，U. S. A.）。

藻体为单细胞，深蓝绿色，群体初为一层细胞，后来细胞堆积形成一个不定型的团块，细胞开始具棱角，很快变为球形或梨形，直径 3～6 μm。内生孢子很多，球形。

习性：生长在潮间带上部贝壳上。

产地：山东省。

国外分布：美国（加利福尼亚州）；印度洋。

25. 顽固异球藻　图 17，图版 I：6，7

Xenococcus chaetomorphae Setchell et Gardner，1918，p. 436，pl. 36，figs. 2-4；Iyengar and Desikachary，1944，p. 41，fig. 4；Islam，1974，p. 21，pl. 8，figs. 4-5；Hua Maosen and C. K. Tseng in C. K. Tseng（ed.），1983，p. 16，pl. 12：6a，b；Thajuddin and G. Subramanian，1992，tab. III.

Dermocarpa chaetomorphae（Setchell & Gardner）P. C. Silva，1996，p. 15.

模式标本产地：美国（Cypress Point，Monterey County，California，U. S. A）。

藻体深蓝绿色、橄榄绿色、淡黄绿色或灰红色，细胞球形或具棱角，或稍伸长，直径 5～45 μm，各种样式地排列。孢子囊球形，直径 40～50 μm。内生孢子为细胞原生质体连续分裂而形成。数量很多，球形，直径 2.5～5 μm，习性：附生在潮间带上部的鞘丝藻 *Lyngbya*sp.，江蓠 *Gracilaria* sp.的藻体上。

产地：山东省。

国外分布：北美洲，印度洋。

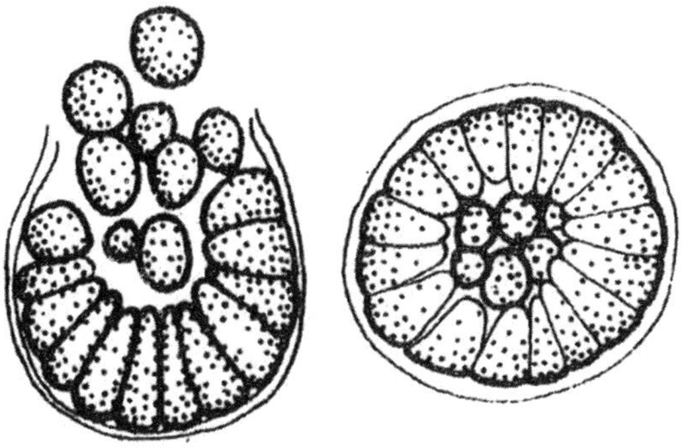

图 17　顽固异球藻 *Xenococcus chaetomorphae* Setchell et Gardner，藻体及其孢子囊（仿曾呈奎，1983）

Fig. 17　*Xenococcus chaetomorphae* Setchell et Gardner，thallus and its sporangia（after Tseng，1983）

26. 刚毛异球藻　图 18

Xenococcus cladophorae（Tilden）Setchell & Gardner in Gardner，1918，p. 461；Chu Hao-Jan，1959，p. 6，pl. II，fig，3；Islam，1976，p. 69，pl. 72，fig. 407.

Dermocarpa cladophorae（Tilden）P. Silva，1996，p. 15.

Pringsheimia scutata Reinke forma *Cladophorae* Tilden，1900，no. 382.

模式标本产地：加拿大（Strait of Juan de Fuca，British Columbia，Canada）。

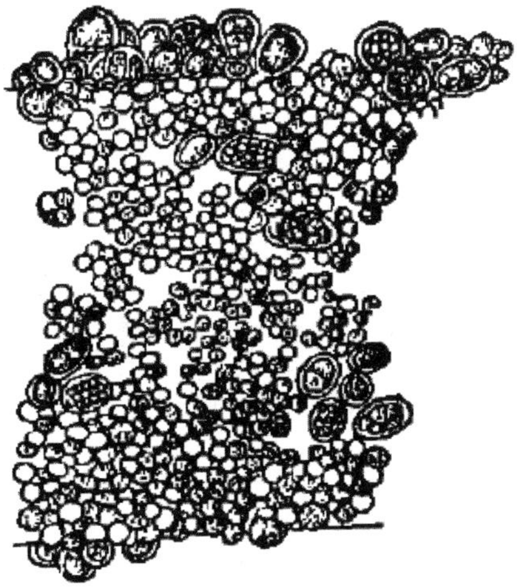

图 18　刚毛异球藻 *Xenococcus cladophorae*（Tilden）Setchell & Gardner，藻体及其孢子囊的外形（仿朱浩然，1959）

Fig. 18　*Xenococcus cladophorae*（Tilden）Setchell & Gardner，thalli and its sporangia（after Chu Hao-Jan，1959）

藻体为单细胞，或由许多细胞集合成群，或孤独地附着于寄主的藻体上，往往形成单层细胞的、盘状的藻群，个体细胞常呈球形，但在形成薄壁组织的群体中，因受互相压挤的影响，成为具棱角的球形（顶面观），或梨形（侧面观）。群体中的细胞，其大小的差别极大，幼小的细胞直径仅（2～）3～4 μm，成熟时的细胞直径达 8～15 μm，最大的细胞直径可达 20 μm。细胞壁大多胶质化，但尚清楚，无色透明、薄而无层次，细胞内容物为灰绿色、蓝绿色。孢子囊的大小差别不大，一般为球形，产生的内孢子直径 1.5～2.0μm。

习性：本种多附生在各种刚毛藻的藻体上。

产地：在我国华北海中极普通，几乎随处可见。

国外分布：美国，加拿大；印度洋。

蓝枝藻科 Hyellaceae Borzì
Borzì，1914，p.359

藻体为多细胞的、常具假丝体的胶质状群体，通常着生在不同的基质上。假丝体起源于基部群体团块的某些细胞连续单向分裂而形成，规则或不规则，形成多少呈扁平的、一到几层细胞厚的球形或半球形藻团。其假丝体部分，有时能穿越生长在石灰质的基质内，成为穿钙藻类。细胞呈不规则球形、多角圆形。胶质鞘坚硬，很少细柔，有时具层次，无色或具色透明。细胞有 1～3 个细胞分裂面。繁殖主要依靠细胞分裂及产生内生孢子。

蓝枝藻科在本书中有 1 个亚科。

蓝枝藻亚科 Hyelloideae Komárek et Anagnostidis
Komárek et Anagnostidis，1998，p. 447

藻体具有明显的极性分化，具基部的团块状和延伸的假分枝状。假分枝的形成主要藉藻体团块内的某些细胞，连续产生垂直于纵轴的横向分裂而至。假分枝简单或复杂，单列细胞至多列细胞各异，细胞形状也多样。孢子囊通常由假分枝上的细胞形成，产生内生孢子。

蓝枝藻亚科在本书中报道 3 属。

蓝枝藻亚科分属检索表

1. 藻体由多列细胞的假丝体组成，其细胞之间明显地间隔，彼此远离 ………………… **胶枝藻属 *Dalmatella***
1. 藻体由单列细胞和多列细胞的假丝体组成，其细胞之间彼此紧贴 ……………………………………………… 2
    2. 藻体由不规则的、色球藻状类型的薄层细胞群组成，常匍匐、附生于基质上 ……… **厚球藻属 *Pleurocapsa***
    2. 藻体高度分化，形成基部不规则的多细胞藻团，和多少呈单一或叉状的假丝体两部分组成 ……… **蓝枝藻属 *Hyella***

Key to the genus of Hyelloideae

1. Pseudofilaments composed of multiseriate rows of cells; cells are distinctly distant from each other ……………………………………………………………………………………………………… *Dalmatella*
1. Pseudofilaments composed of uniseriate, or multiseriate rows of cells; cells tightly arranged from each other

·· 2

2. Thallus composed of irregular groups of chroococcacean stages; creeping on the substrate in a thin layer ··· *Pleurocapsa*

2. Thallus highly differentiated, composed of irregular cell groups at base, and more or less single or ramified pseudofilaments ·· *Hyella*

胶枝藻属 *Dalmatella* Ercegovic
Ercegovic, 1929, p. 458

藻体为多细胞的胶状群体，匍匐附着在基质上。具有肥厚的胶质鞘管状物，多数无色透明，质地均匀，有时略有层次，内有疏松排列的细胞，其形状各异，形成假丝体结构，随着藻体的生长，这种假丝体能逐步穿越含钙的基质，成为穿钙藻类。细胞的分裂不规则，通常具 1～3 个细胞分裂面。繁殖方式主要借群体细胞的分裂，内生孢子的产生及假分枝部分的断裂。

胶枝藻属在本书中报道 1 种。

27. 穿钙胶枝藻　图 19

Dalmatella buaensis Ercegovic, 1929, p. 49, figs. 1-7; Geitler, 1932, p. 375, fig. 204-205; Frémy, 1934, p. 48, pl. 11; Hua Maosen and C. K. Tseng, 1985, p. 29, fig. 1: 2; Silva, P. C., P. W. Basson and R. L. Mao, 1996, p. 21; Komárek et Anagnostidis, 1998, p. 461.

模式标本产地：前南斯拉夫。

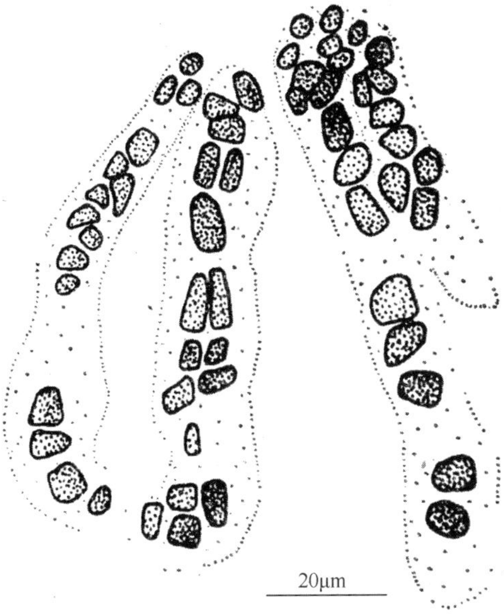

图 19　穿钙胶枝藻 *Dalmatella buaensis* Ercegovic，藻体的部分形态

Fig.19　*Dalmatella buaensis* Ercegovic, thalli showing its habit sketch

藻体为多细胞的胶状群体，由匍匐部和直立部组成，全部或部分地穿生在石灰质基质内，蓝绿色。匍匐部分的细胞呈色球藻状，球形或近似球形。直立部分呈丝状，胶质鞘透明，无色，没有层次。丝体长 50～75 μm，直径 7.5～15 μm，假分枝呈双叉状，或不分枝。细胞双列或单列，形状不规则，呈圆球形、方形或三角形，通常有棱角，直径一般为 2.5～5 μm，长 3～7.5 μm。

习性：礁湖内中潮带至低潮带，附生或穿越生长在死贝壳上，与附钙管鞘藻 *Hormathonema epilithicum*，鞘丝藻 *Lyngbya* sp.等混生在一起。

产地：海南省三沙市西沙群岛。

国外分布：地中海：前南斯拉夫（达尔马提亚沿岸）、法国（马赛）沿岸；印度洋沿岸。

穿钙胶枝藻在世界上的报道较少。我国西沙群岛仅在琛航岛发现。由于其藻体穿越生长在钙质的贝壳内，发现本种标本比较困难。我们的标本数量不多，藻体略比模式标本描述的要小些，双叉状假分枝较短，但其主要特征，如藻体的整个形态，假分枝从匍匐部伸出呈双叉状以及细胞的大小、形状（多数具棱角）和呈双列排列等性状，与模式标本的描述是相符合的。我们现有的标本较小，估计可能是幼年藻体。

厚球藻属 *Pleurocapsa* Thuret
Thuret，1885，p.515

藻体为多细胞的胶状团块。通常有多数细胞组成的基部及其直立部组成，直立部是指基部细胞延伸形成的假丝体，匍匐生长在基质上。细胞分裂不规则，有 1～3 个细胞分裂面，尤其在基部细胞借分裂形成色球藻状的细胞群体，或形成假根状的短分枝，呈平行或辐射状排列；直立部分的假分枝，有呈多列细胞的，也有在单列细胞的假分枝的顶端，常呈叉状的分枝结构。胶质鞘存在，通常无色透明。繁殖主要依靠内生孢子。

厚球藻属在本书中报道 1 种。

28. 微小厚球藻

Pleurocapus minuta Geiller，1932，p. 355，fig. 188，c-f；Hao-Jan Chu，1959，p. 6，pl. II：4；Komárek et Anagnostidis，1998，p. 469.

藻体为多细胞胶状团块，棕黄色或灰绿色，匍匐附生在基质上，直立丝体有时在侧面互相愈合；其基部的丝体由单列，上部一般由 2 列，有时为多列细胞所组成。细胞呈长圆形，直径（3～）4～7 μm；基部胶质鞘无色透明，甚薄；直立部外的胶质鞘则为黄色或深棕色，薄而坚固，有时出现层次，细胞的内容物亮蓝色或灰绿色；内孢子产生的方式不详。

习性：海产种类，本种一般附生于各种海产软体动物的贝壳上。

产地：辽宁省大连，山东省青岛、烟台等地，为我国北部分布较广的蓝藻。

蓝枝藻属 *Hyella* Bornet & Flahault
Bornet & Flahault，1888，p. 163

藻体高度分化，具有基部和假丝体的直立部两部分，基部呈不规则、多细胞的藻团，假丝体都由基部细胞延伸而成，具有穿越生长在钙质基物的功能。幼年藻体通常在基部呈色球藻状的小群体，其细胞的形状、排列不规则，假丝体呈单列或多列细胞，有时具叉状的分枝。胶质鞘较厚，坚韧或部分水解，偶有层次。

细胞有 1～3 个细胞分裂面，假分枝的顶部为主要的生长点，借细胞分裂延伸分枝的长度，尤其是具穿越石灰质基质的假丝体。藻体基部的细胞有时形成膨大的孢子囊，形成内生孢子。繁殖主要依靠产生内生孢子。

本属主要为海产种类，大都生长在海水或含盐的水体环境中，附生在含钙基质或各种软体动物的贝壳上。

模式种：*Hyella caespitosa* Bornet et Flahault。

蓝枝藻属在本书中报道 2 种。

蓝枝藻属分种检索表

1. 假丝体单一，不存在分枝……………………………………………………**单丝蓝枝藻 *Hyella simplex***

1. 假丝体通常具有叉状分枝…………………………………………………**簇生蓝枝藻 *Hyella caespitosa***

Key to the species of *Hyella*

1. Pseudofilaments always single，without branched……………………………………*Hyella simplex*

1. Pseudofilamente usually branched…………………………………………………*Hyella caespitosa*

29. 簇生蓝枝藻　图 20

Hyella caespitosa Bornet et Flahault，1888，p. 162；Tilden，1910，p. 51，pl. III，fig. 9-11；Weber-van Bosse，1913，p. 9；1926，p. 63；Setchell and Gardner，1919，p. 41；Setchell，1926，p. 62；Taylor，1928，p. 42，pl. 1，fig. 10；Geitler，1932，p. 369，fig. 198；Frémy，1934，p. 49，pl. 12，fig. 4-10 & pl. 13；Umezaki，1956，p.84，fig. 1，B；Chu Hao Jan（Zhu haoran，1959，p. 5，pl. I，fig. 5，6；Desikachary，1959，p. 183，pl. 34；Hua Maosen and C. K. Tseng，1985，p. 29，fig. 3；Silva，P. C.，P. W. Basson and R. L. Moe，1996，p. 22；Komárek et Anagnostidis，1998，p. 485.

Hyella tenuior Ercegovic，1932，p. 147，pl. VI，fig. 5.

模式标本产地：法国。

藻体为多细胞的胶质丝状群体，附生或穿越生长在钙质基质上，幼年时通常呈色球藻状的群体，膜状或皮壳状，淡蓝色或蓝绿色。随着藻体的长大，直立丝体在向基物一侧逐渐生长并延伸穿越至基物内部。丝体很长，有发达的分枝，丝体直径 5～9 μm，有时达 12.5 μm。细胞单列，呈球形、方形或长圆柱形，直径一般 3～5 μm，顶端细胞（包括分枝的顶端细胞）较中部细胞长得多，一般长 15～25（～30）μm。匍匐部细胞小而不规则，球形或略有棱角，色球藻状，常为胶质鞘所包被。胶质鞘无色透明，没有层次，在老年藻体的顶端分枝，胶质鞘有时微有层次。

孢子囊大都形成在丝体的基部，或丝体的顶端，在后者其孢子囊较大，梨形或卵形，壁较厚，有明显的层次，此孢子囊中，产生无数的内孢子，每个内孢子的直径，一般在 2 μm 左右。

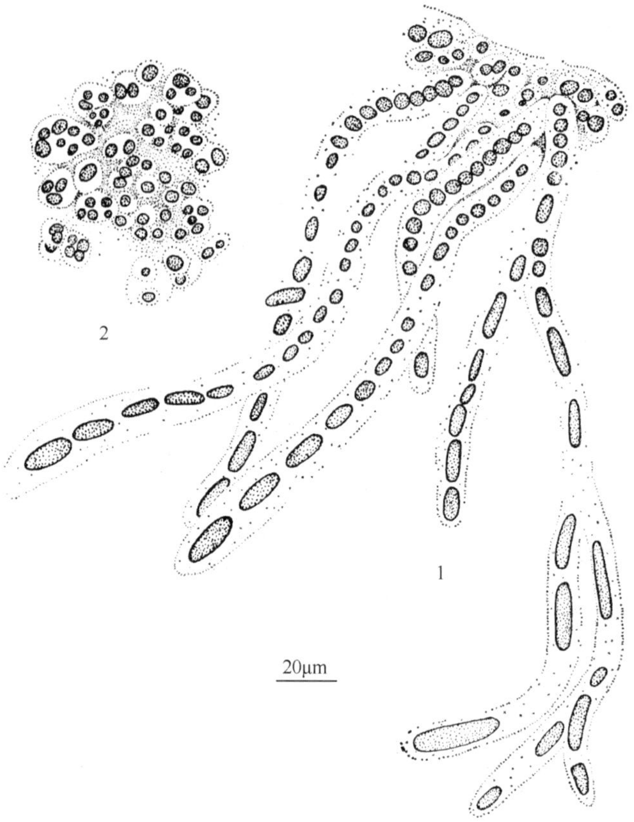

图 20 簇生蓝枝藻 *Hyella caespitosa* Bornet et Flahault，藻体的部分形态
1. 藻体的侧面观，直立丝体有分枝；2. 藻体匍匐部的切面观，呈色球藻状的群体
Fig. 20 *Hyella caespitosa* Bornet et Flahault，thalli showing its habit sketch
1. Lateral view of frond，with branching of erect filaments；2. Transection of creeping part of frond，showing the colonies of Chroococcus-like

习性：礁湖内低潮带，附生或穿越生长在含钙基质，或死贝壳上，常与石囊藻 *Entophysalis* sp.、鞘丝藻 *Lyngbya* sp.和眉藻 *Calothrix* sp.等混生在一起。

产地：海南省三沙市西沙群岛琛航岛及金银岛，还分布在我国黄海、渤海沿岸。

国外分布：太平洋：日本，印度尼西亚，哥伦比亚，美国（加利福尼亚州），社会群岛（塔希提岛）；大西洋：美国（佛罗里达半岛），英国，法国；印度洋：印度等地沿岸。

30. 单丝蓝枝藻 图 21，图版 I：11，12

Hyella simplex Chu et Hua，1982，p. 111，fig. 1；Hua Maosen and C. K. Tseng in C. K. Tseng（ed.），1983，p. 18，pl. 13，fig. 2a，b；Komárek et Anagnostidis，1998，p. 491.

模式标本产地：海南省三沙市西沙群岛。

藻体为胶质丝状群体。具有明显的异丝体性分化，蓝绿色，或亮黄色，长 90～175 μm，直立丝体发达，向顶端逐渐狭小，不存在分枝的现象，中部丝体直径 8～12（～14）μm，靠近匍匐部的直径较大，其内含有 2～4（～8）个细胞组成的小群体，呈色球藻状。这些小群体具有个体（细胞的）和公共（群体的）胶质鞘，胶质鞘较肥厚，层次分明，透明或呈亮黄色。在丝体的顶端其细胞单列，球形或长圆形，顶端细胞最长，长为6～12 μm；匍匐部分的细胞呈色球藻状，球形，或略具棱角。

繁殖主要依靠形成孢子囊，产生内孢子，萌发形成新藻体。孢子囊由匍匐部的一些细胞形成。内孢子萌发时，首先进行横裂形成上下两子细胞，上面的子细胞形成色球藻状的匍匐部，下面的子细胞具有顶端生长，横裂形成单列细胞的丝体。

习性：生长在礁湖内高潮带至中潮带上部位，常穿越生长（有时附生）在牡蛎死壳的内面。

产地：海南省三沙市西沙群岛金银岛。

本种为我国特有种。

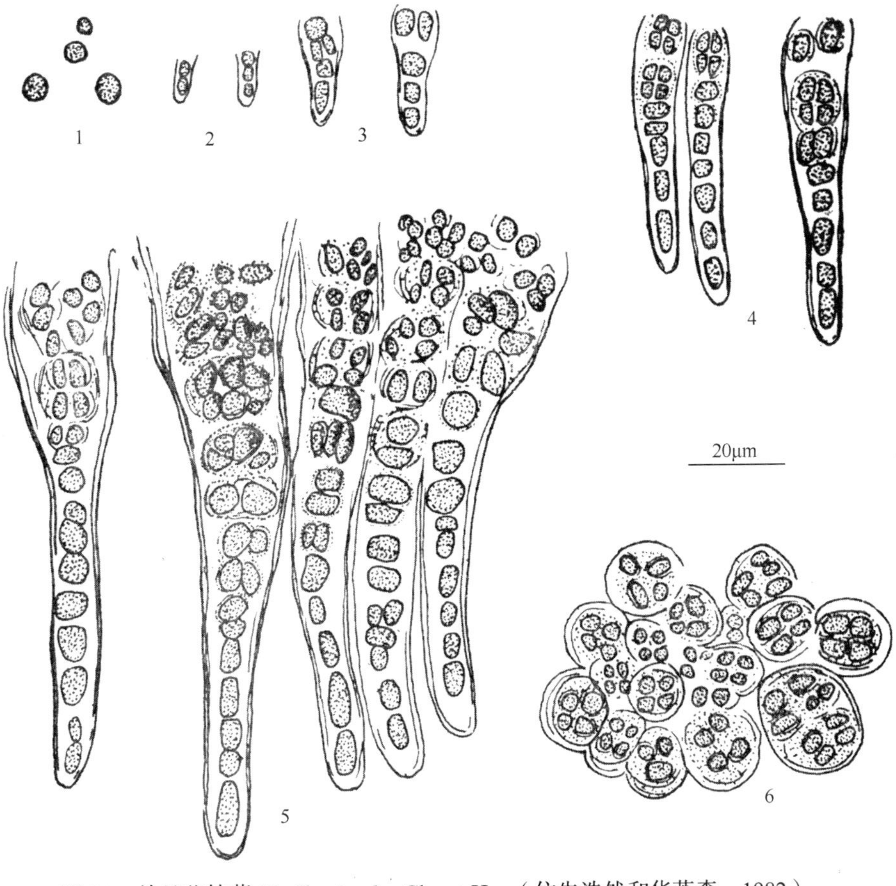

图 21　单丝蓝枝藻 *Hyella simplex* Chu et Hua（仿朱浩然和华茂森，1982）

1. 孢子，2-4. 幼藻体；5. 几株成熟藻体；6. 匍匐部的顶面观

Fig.21　*Hyella simplex* Chu et Hua（after Zhu and Hua，1982）

1. Spores；2-4. Young frond；5. Some mature fronds；6. Apical view of creeping part

资料表明，蓝枝藻属自 Bornet 和 Flahault（1888）创建以来，所有的种类均具有分枝状的构造。有一些种类如簇生蓝枝藻 *Hyella caespitosa* 的分枝具有真分枝状的性质，

已引起分类学家们的重视，然而单丝蓝枝藻呈单丝状，完全没有分枝的特征，在蓝枝藻属中尚属首次记载。

单丝蓝枝藻在形态上与海滨蓝枝藻 *Hyella littorinae* Set. et Gard.比较相近。两种的主要区别除了上述分枝特征上的明显不同外，还在于本种的藻体较大，而后者很短小，仅长 75～85 μm；此外，单丝蓝枝藻的顶端细胞较短，仅长 6～12 μm，而后者却很长，达 20～30 μm，几乎是本种的 2～5 倍。因此，这两种是容易区分的。

单丝蓝枝藻在我国西沙群岛数量较多，在一些牡蛎死壳的内面，密密聚生亮黄色的一层，几乎全是此种蓝藻，为明显的优势种。

颤藻目 Oscillatoriales Cavalier-Smith Cavalier-Smith，2002

藻体绝大多数为多细胞的丝状体，具有胶质鞘，或缺乏。螺旋藻属 *Spirulina* 是本目中唯一被视为单细胞的种类。胶质鞘内具一条，或多条藻丝；藻丝圆柱形，直走，弯曲或呈螺旋状的丝体；两端同形，直径相同，或略有不同，有的在顶端略狭小，丝体不分枝或偶具有假分枝。没有异形胞，不存在真分枝。

颤藻目在本书中可分为 5 个科。

假鱼腥藻科 Pseudanabaenaceae Anagnostidis et Komárek Anagnostidis et Komárek，1988，p.379

藻体为长圆柱形多细胞丝状体。藻丝通常很细小，其细胞直径小于 3（～5）μm，没有明显的胶质鞘，如有，也仅仅是一层很薄，而且融化了的胶质鞘膜。藻丝直走，略有弯曲，或呈波状，或呈规则的螺旋状卷曲，单独生存，或群集形成藻团。丝体一般没有假分枝，没有极性分化。部分种类依靠藻丝的一端直立附着在基质上，另一端游离，或以丝体的中部，或丝体的某部分附着在基质上，蓝绿色或橄榄绿色。细胞通常呈圆柱形，其细胞的长大于宽，藻丝两端的细胞有时略狭小，多数为圆柱形。繁殖主要依靠细胞的分裂和藻丝的折断，或形成初步的藻殖段，藻殖段萌发形成新的个体。

假鱼腥藻科在本书中可分为 4 个亚科。

假鱼腥藻科分亚科检索表

1. 藻丝缺乏胶质鞘，或仅以一层很薄的无色匀称的黏胶所包被……………………2
1. 藻丝存在一层薄而坚韧、明确的胶质鞘……………………3
  2. 藻丝直走，波状，或弯曲，但不呈螺旋状形态……………………**假鱼腥藻亚科 Pseudanabaenoideae**
  2. 藻丝为规则的、典型的螺旋状卷曲……………………**螺旋藻亚科 Spirulinoideae**
3. 藻丝两端同型，单独生存，通常生存于水体内，行浮游习性………**细鞘丝藻亚科 Leptolyngbyoideae**
3. 藻丝有异端分化，常以其一端基部附着于基质上，附生…………**异莱包藻亚科 Heteroleibleinioideae**

Key to the subfamilies of Pseudanabaenaceae

1. Trichomes without sheaths, or enveloped by very thin, colourless, homogeneous and diffuent slime······2
1. Trichomes with thin, firm clear sheaths······3
   2. Trichomes straight, wavy, or curved, but not coiled······Pseudanabaenoideae
   2. Trichomes regularly, typical screw-like coiled······Spirulinoideae
3. Trichomes isopolar, solitary, usually planktic, free-living······Leptolyngbyoideae
3. Trichomes heteropolar, with one end attached to the substrate······Heteroleibleinioideae

假鱼腥藻亚科 Pseudanabaenoideae Anagnostidis et Komárek
Anagnostidis et Komárek, 1988, p. 379

藻体为长圆柱形多细胞的丝状体，藻丝通常很小，其细胞直径小于 3（～5）μm，胶质鞘缺乏，藻丝直走或略弯曲，细胞的长通常大于其直径，主要行浮游习性。细胞分裂、丝体的断裂为主要繁殖方式。

假鱼腥藻亚科在本书中报道 1 属。

盖丝藻属 *Geitlerinema*（Anagnostidis & Komárek）Anagnostidis
Anagnostidis，1989，p. 35

藻体为长圆柱形、多细胞的丝状体，蓝绿色或橄榄绿色，藻丝缺乏胶质鞘。细胞的直径（0.6～）1～4（～6）μm，细胞的长大于其直径。藻丝的顶端通常渐尖，顶端细胞长而弯曲呈钩状。

盖丝藻属在本书中报道 1 种。

31. 盖丝藻

Geitlerinema amphibium（C. Agardh）Anagnostidis, 1989, p. 35; Silva, P. C., P. W. Basson and R. L. Moe, 1996, p. 59; Komárek et Anagnostidis, 2005, p. 127, fig. 186

Oscillatoria amphibia C. Agardh, 1827, p. 632; Zhou Zhenying and Chen Zhuohua, 1983, p. 100.

模式标本产地：Carlsbad。

藻体为长圆柱形的多细胞丝状体，蓝绿色、橄榄绿色。藻丝很长，平均达 750 μm，直径 2～3 μm，细胞长（2.5～）3～9 μm，相邻细胞间横壁处不缢缩，常有颗粒体。直走，通常许多丝体平行排列群集形成大的藻团。藻丝的顶端细胞外壁圆形，不呈冠状，亦不渐尖。繁殖主要为细胞的分裂、藻丝的断裂及藻殖段的形成。

本种主要为淡水种类，盛产于各类淡水水体及温泉，也有记录分布在咸水或海洋中。

产地：福建省。

我们没有看到标本，根据记录列入本卷册。以上描述根据 Komárek 和 Anagnostidis，（2005）。

螺旋藻亚科 Spirulinoideae Gomont
Gomont，1892，p. 249

藻体为螺旋状的丝状体。整个丝体呈规则的螺旋状卷曲，绝不直走。藻丝缺乏胶质鞘，不分枝，或仅有很薄的、呈无色透明的胶状薄膜。繁殖依靠藻丝的断裂，或藻殖段的形成。

螺旋藻亚科在本书中报道 2 属。

螺旋藻亚科分属检索表

1. 藻丝为螺旋状丝状体，呈单一细胞的，在显微镜下见不到任何细胞横壁；丝体通常较短……………………………………………………………………………**螺旋藻属 *Spirulina***
1. 藻丝为螺旋状的多细胞丝体，两细胞间存在横壁，丝体通常较长……………………**节旋藻属 *Arthrospira***

Key to the genus of Spirulinoideae

1. Trichomes 1-celled，spiralled，without any cross-wall of cells under microscopic；usually relatively short……………………………………………………………………*Spirulina*
1. Trichomes multi-celled，spiralled，with cross-wall between two cells；much longer……………*Arthrospira*

螺旋藻属 *Spirulina* Turpin ex Gomont
Turpin ex Gomont，1892，p. 249

藻体为螺旋状的丝状体，单一细胞。在光学显微镜下，在两细胞之间看不到细胞的横壁。丝体呈规则的螺旋状卷曲。蓝绿色，或橄榄绿色，或灰蓝、浅红等色。细胞内含物均匀，或具颗粒体。繁殖主要依靠藻丝的断裂。

模式种：*Spirulina major* Kützing。

螺旋藻属在本书中报道 5 种。

螺旋藻属分种检索表

1. 藻丝卷曲的螺环之间彼此紧贴，很少留有空隙……………………………………………2
1. 藻丝卷曲的螺环之间彼此疏松，在螺环之间多少留有空隙…………………………………3
    2. 藻丝的直径 1～2 μm，而螺环的直径为 4 μm ……………………**海生螺旋藻 *Spirulina subsalsa***
    2. 藻丝的直径 1～1.3 μm，而螺环的直径为 2～2.5 μm…………**短丝螺旋藻 *Spirulina labyrinthiformis***
3. 藻丝很小，直径为 0.4～0.6 μm，而螺环的直径为 1.2～1.6 μm ………**细丝螺旋藻 *Spirulina tenerrima***
3. 藻丝的直径大于 0.6 μm，而螺环的直径大于 1.5 μm……………………………………………4
    4. 藻丝的直径 0.6～1 μm，而螺环的直径 1.5～2.5 μm………………**细致螺旋藻 *Spirulina subtilissima***
    4. 藻丝的直径 1～2 μm，而螺环的直径 2.5～2.7 μm……………………………**大螺旋藻 *Spirulina major***

Key to the species of *Spirulina*

1. Trichome very tightly coiled，only rarely with indistinct space between coils ……………………………2
1. Trichome loosely coiled，more or less loosely with distinct space between coils ……………………………3

2. Trichome 1–2 μm in diameter；spirals 4 μm in diameter ············ *Spirulina subsalsa*

2. Trichome 1–1.3 μm in diameter；spirals 2–2.5 μm in diameter············ *Spirulina labyrinthiformis*

3. Trichomes smaller，0.4–0.6 μm in diameter；spirals 1.2–1.6 μm in diameter ············ *Spirulina tenerrima*

3. Trichomes more than 0.6 μm in diameter；spirals more than 1.5 μm in diameter ············ 4

4. Trichomes 0.6–1 μm in diameter；spirals 1.5–2.5 μm in diameter ············ *Spirulina subtilissima*

4. Trichomes 1–2 μm in diameter；spirals 2.5–2.7 μm in diameter ············ *Spirulina major*

32. 短丝螺旋藻 图 22

Spirulina labyrinthiformis（Menegh.）Gomont，1892，p. 255；Gritler，1932，p. 928；Frémy，1934，p. 134，pl. 31，fig. 25；Desikachary，1959，p. 195，pl. 36，fig. 11 & pl. 49，fig. 1；Umezaki，1961，p. 67，pl. 10，fig. 10；Hua Maosen，1978，p. 60，pl. I：2；Lee In kyu and Jae Won Kang，1986，p. 313；Silva P. C.，P. W. Basson and R. L. Moe，1996，p. 56；Komárek et Anagnostidis，1998，p. 146.

Ulva labyrinthiformis Linnaeus，1763，p. 1633.

模式标本产地：意大利（Abano Terme，near Padova，Italy）。

藻体为螺旋状的丝状体。绝大多数的藻丝为单条藻丝混生在其他藻类之间，藻丝蓝绿色，宽 1～1.3 μm，紧密地卷曲成规则的螺旋状，螺环之间彼此紧贴，螺环宽为 2～2.5 μm。

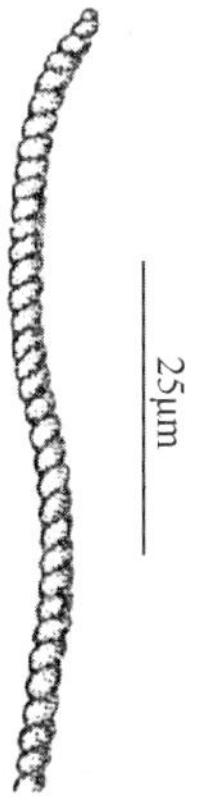

图 22 短丝螺旋藻 *Spirulina labyrinthiformis*（Menegh.）Gomont，一条丝体的一部分

Fig.22 *Spirulina labyrinthiformis*（Menegh.）Gomont，a part of a filament

习性：生长在礁湖内低潮线附近，与其他藻类混生在一起，如席藻 *Phormidium* sp.、颤藻 *Oscillatoria* sp.等。

产地：海南省三沙市西沙群岛的永兴岛及琛航岛。

国外分布：太平洋：朝鲜半岛，日本，美国（加利福尼亚沿岸），墨西哥；大西洋：英国，法国（瑟堡），加勒比海的阿鲁巴岛，博奈尔岛，库拉索岛，牙买加；印度洋：印度；地中海：意大利，阿尔及利亚沿岸。

由于短丝螺旋藻比较细小，整个藻丝全长 175～250 μm，它在自然界并不形成比较大的藻团，所以比较难以采集到。我国西沙群岛的短丝螺旋藻的标本都是在其他蓝藻类的标本中发现的，数量也不多。其藻丝的直径比产自印度金奈等地的标本（直径 1 μm）

大些。

33. 大螺旋藻 图 23

Spirulina major Kützing，1843，p. 183；Tilden，1910，p. 87，pl. IV，fig. 46；Setchell and Gardner，1919，p. 56，pl. 1，fig. 5；Newton，1931，p. 15，fig. 13；Geitler，1932，p. 930，fig. 595；Desikachary，1959，p. 196，pl. 36，fig. 13；Umezaki，1961，p. 65，pl. 10，fig. 8；Hua Maosen，1978，p. 59，fig. I：1；Lee In Kyu and Jae Won Kang，1986，p. 313；Chu Hao-Jan，2007（ed.），p. 128，pl. LXXXII：5，13.

Arthrospira major（Kützing）Crow，1927，p. 142；Silva，P. C.，L. W. Basson and R. L. Moe，1996，p. 46.

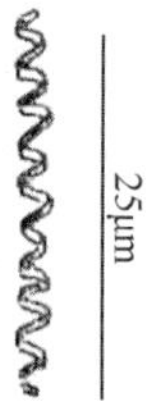

图 23　大螺旋藻 *Spirulina major* Kützing，一条丝体的外形

Fig. 23　*Spirulina major* Kützing，thallus showing its habit sketch

模式标本产地：德国（Weissenfels，Germany）。

藻体为螺旋状的丝状体，通常混生在其他海藻丝体之间，在大量出现时，形成薄薄的膜状藻层，蓝绿色或黄绿色。藻丝缺乏胶质鞘，直径 1 μm，往往卷曲成为松弛的螺旋状，螺环的直径为 2.5～2.7 μm，螺距为 2.7 μm。

习性：礁湖内的低潮线附近，混生在其他海藻，如刚毛藻 *Cladophora* sp.，席藻 *Phormidium* sp. 和颤藻 *Oscillatoria* sp.的藻丝中间。

产地：我国福建省的厦门，海南省三沙市西沙群岛的永兴岛及金银岛；本种还分布在我国陆地上的淡水环境和温泉等水体中。

国外分布：太平洋：朝鲜半岛，日本，加拿大，美国（夏威夷、华盛顿州至加利福尼亚州中部沿岸）；大西洋：英国，法国（瑟堡），加勒比海及巴西（北部沿岸）；印度洋：印度。

大螺旋藻的藻丝的宽度变异幅度不大。我国西沙群岛的标本的藻丝宽度与日本产的标本相同，但比印度孟买产的标本（直径 1.5 μm）略小。

34. 海生螺旋藻 图 24

Spirulina subsalsa Oested，1842，p. 566，pl. VII，fig. 4；Chu Hao-Jan，1959，p. 7，pl. II，fig. 6；Tilden，1910，p. 89，pl. IV，fig. 49；Frémy，1934，p. 133，pl. 31，fig. 24；Desikachary，1959，p. 193，pl.36，fig. 3，9；Umezaki，1961，p. 66，pl. 10，fig. 9；Hua Maosen，1978，p. 59，pl. I：3；Lee In Kyu and Jae Won Kang，1986. p. 313；Silva，P. C.，L. W. Basson and R. L. Moe，1996，p. 56；Komárek et Anagnostidis，1998，p. 150；Chu Hao-Jan，2007（ed.），p. 128，pl. LXXXII：12.

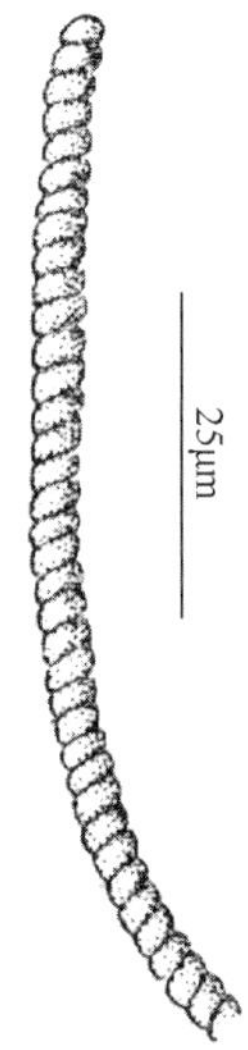

图 24　海生螺旋藻 *Spirulina subsalsa* Oested，一条丝体的外形
Fig.24　*Spirulina subsalsa* Oested，thallus showing its habit sketch

模式标本产地：丹麦（Odense，Fjord，Denmark）。

藻体为螺旋状的丝状体。它们绝大多数单独地存在于其他藻类的丝体之间。藻丝在大量出现时密集在一起形成膜状的藻层，蓝绿色或黄绿色。藻丝宽 1～2 μm，呈螺旋状缠绕，螺环之间彼此紧贴，螺环的直径为 4μm，有时呈紧密的螺旋状，有时则略松弛些。

习性：生长在礁湖内的低潮线附近，附生在礁石或死珊瑚上，或与其他藻类混生在一起，如颤藻 *Oscillatoria* sp.、双须藻 *Dichothrix* sp.等丝体上。

产地：海南省三沙市西沙群岛的琛航岛、中建岛及东岛，在我国还分布在山东省的青岛。

国外分布：本种为世界性分布的种类，热带、温带至寒带的广大地区均有报道；还广泛分布在陆地的淡水环境中。

海生螺旋藻的藻体与邻近种类大螺旋藻、短丝螺旋藻有类似处，彼此极易相混。它们之间的区别主要在于藻丝宽度的大小及螺距的紧密与松弛。除藻丝宽度不同外，大螺旋藻的螺距十分松弛，有点像已经拉松了的弹簧，而海生螺旋藻的螺旋状卷曲十分紧密。短丝螺旋藻的藻丝宽度较小，只及海生螺旋藻的 1/2 倍。我国西沙群岛的海生螺旋藻的标本与模式种的描述完全符合。大多数藻丝为单独存在，通常没有形成藻层，只有一号标本（75～1249）的丝体生长很繁茂，由无数藻丝几乎是彼此平行的排列着，形成了一层薄薄的藻层，呈蓝绿色，它是这号标本中的优势种之一。

海生螺旋藻在实验室的培养过程中，常常可以观察到它的蠕颤似的运动情况，是观察蓝藻运动的好材料。

35. 细致螺旋藻　图 25

Spirulina subtilissima Kützing，1843，p. 183；Tseng and Li，1935，p. 196；Iyengar & Desikachary，1944，p. 56；Chu Hao-Jan，1959，p. 7，pl. II：7；Desikachary，1959，p. 196，pl. 36，fig. 10；Silva，P. C.，P. W. Basson and R. L. Moe，1996，p. 57；Komárek et Anagnostidis，1998，p. 144；Chu Hao-Jan（ed.），2007，p. 128，pl. LXXXII：9.

图 25　细致螺旋藻 *Spirulina subtilissima* Kützing，一条丝体的外形（仿朱浩然，1959）
Fig. 25　*Spirulina subtilissima* Kützing，thallus showing its habit sketch（after Chu Hao-Jan，1959）

模式标本产地：意大利（Abano Terme，near Padova，Italy）。

藻体为螺旋状的丝状体，藻丝十分细小，其直径仅 0.6～1.0 μm，黏滑，深绿色，较柔软，无数藻丝密集生长，或有时散生于其他种藻类间，不成团块。整个藻丝十分整齐的螺旋状卷曲，螺环的直径为 1.5～2.5 μm，上下两螺环间的距离为 1.2～2.0 μm，细胞的内含物为淡灰蓝绿色或带黄色。

习性：生长在低潮线的岩石上，混生于黑顶藻 *Sphacelaria* sp.的藻丝间，或与其他微观藻类混生在室内培养皿中。

产地：山东省青岛。

国外分布：大洋洲，印度。

36. 细丝螺旋藻　图 26

Spirulina tenerrima Kützing，1836，no. 1；1843，p. 183；Tilden，1910，p. 88，pl. IV. fig. 48；Gardner，1932，p. 272，pl. 1，fig. 1；Geitler，1932，p. 929；Frémy，1934，p. 132，pl. 31，fig. 21；Umezaki，1961，p. 65，pl. 10，fig. 7；Hua Maosen，1983，p. 55，fig. 1：1；Silva，P. C.，L. W. Basson and R. L. Moe，1996，p. 57；Komárek et Anagnostidis，1998，p. 144.

Spirulina socialis Gardner，1932，p. 272，pl. 1，fig. 1；Umezaki，1961，p. 65.

模式标本产地：意大利（Triester，Italy）。

藻体为螺旋状丝状体。常与他种蓝藻混生，大量出现时藻体密集生长，形成薄薄的膜状藻层，呈淡蓝绿色。藻丝缺乏胶质鞘，直径 0.4～0.6 μm，卷曲成较疏松的螺旋状，螺环直径为 1.2～1.6 μm，螺距为 1～1.5 μm。在普通光学显微镜下看不到细胞横壁，细胞内原生质均匀，看不到颗粒体存在。

习性：生长在礁湖内的低潮带，附生在泥沙地表面或他种海藻的丝体上，与鞘丝藻 *Lyngbya* sp.、颤藻 *Oscillatoria* sp.、微鞘藻 *Microcoleus* sp.及海生螺旋藻 *Spirulina subsalsa* 等混生在一起，有时附生在仙掌藻 *Halimeda* sp.的藻体上。

产地：海南省三沙市西沙群岛。

国外分布：本种为世界性分布种，主要为淡水习性。海产主要分布在吐噶喇列岛，琉球群岛的奄美大岛，及日本的本州岛以南沿岸，太平洋的热带、亚热带地区沿岸，北美的加勒比海，地中海及大西洋沿岸。

细丝螺旋藻的藻丝十分细小，是螺旋藻属中最小的种类之一。镜检时必须仔细观察才能在由许多藻类混生的藻团中发现本种。本种在我国西沙群岛数量较多，虽然很小，但生长很茂盛，许多丝体密集交织，或彼此平行形成蓝绿藻层；有时为优势种。

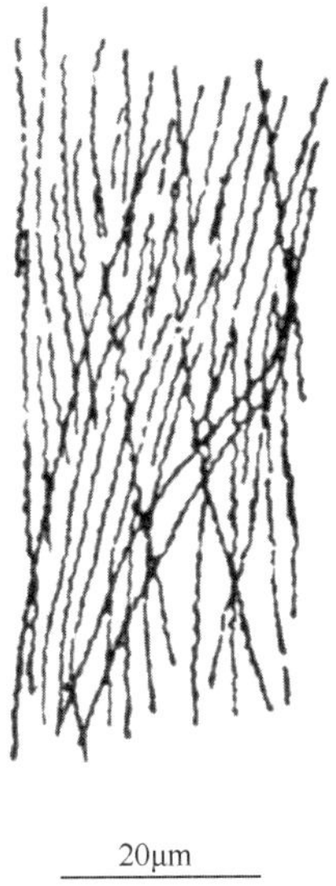

图 26　细丝螺旋藻 *Spirulina tenerrima* Kützing，许多丝体密集生长在一起

Fig. 26　*Spirulina tenerrima* Kützing，thalli showing its habit sketch

节旋藻属 *Arthrospira* Stizenberger ex Gomont
Stizenberger ex Gomont，1892，p. 246

藻体为螺旋状的多细胞丝状体。在两相邻细胞间的细胞横壁存在。藻丝圆柱形，缺乏胶质鞘，呈规则的螺旋状卷曲。两端细胞不渐尖或略渐尖，不呈冠状，细胞内含物蓝绿色或橄榄绿色。浮游种类通常在细胞内有气泡。繁殖主要依靠细胞的分裂，及藻丝的折断或形成藻殖段。

选模式种：*Arthrospira jenneri* Stizenberger。

节旋藻属在本书中报道 1 种。

37. 极大节旋藻

Arthrospira maxima Setchell et Gardner in Gardner，1917，p. 377，pl. 33，fig. 3；1919，p. 54；Chou Chenying and Chen Zhouhua，1965，p. 2；1983，p. 100；Komárek et Anagnostidis，2005，p. 346.

藻体为规则疏松的螺旋状丝体，附着或呈浮游习性。藻丝很长，很大，直径（6.5～）7～9（～10）μm，螺矩直径达 40～60 μm，两个相邻螺矩的距离为 70～80 μm。细胞的长为 5～7 μm，内含多个气泡。顶端细胞的外端圆形，外壁通常略加厚。

极大节旋藻是广泛分布的种类，在淡水、咸水水体中常有发现。也是实验室大量培育养殖的蓝藻种类。本种有时被误定为螺旋藻 *Spirulina*。

产地：福建省。

国外分布：北美太平洋沿岸。

我们没有看到标本，根据记录列入本卷册。以上描述根据 Komárek 和 Anagnostidis（2005）。

细鞘丝藻亚科 Leptolyngbyoideae Anagnostidis et Komárek

Anagnostidis et Komárek，1988，p. 156.

藻体为多细胞的丝状体，通常较细小，常小于 3（～4）μm，藻丝长圆柱形，具有薄而坚韧的胶质鞘，细胞内含物均匀，有时具微小的颗粒体，通常不含有气泡。繁殖主要依靠藻丝的折断，或藻殖段的形成。

细鞘丝藻亚科在本书中报道 2 属。

细鞘丝藻亚科分属检索表

1\. 丝体单独生长，或呈波状，弯曲，常附生在其他大型藻类的丝体上……………………**莱包藻属 *Leibleinia***

1\. 丝体聚集成束状，或呈藻团，常弯曲，很少有直走的，常行浮游习性……**细鞘丝藻属 *Leptolyngbya***

Key to the genus of Leptolyngbyoideae

1\. Filaments solitary，waved，or curved；usually epiphytic on other filaments of algae……………… *Leibleinia*

1\. Filaments in clusters or in the form of a mats，often curved，rarely straight；usually planktonic……………………………………………………………………………… *Leptolyngbya*

莱包藻属 *Leibleinia*（Gomont）L. Hoffman

L. Hoffman，1985，p. 77

藻体为很小的丝状体。藻丝圆柱形，无极性的分化，单生，或有数条丝体缠结在一起，波状或不规则螺旋状缠绕，匍匐、附生（特别在丝体的中部）在基质上，有时具直立游离状的末端，或缠绕在其他丝状蓝绿藻或其他藻体上，通常以中央部位附着，具有薄而坚实、透明无色的胶质鞘，顶部开口，不分枝。细胞圆柱形，顶端部的细胞有时略长，通常不渐窄。相邻细胞横壁处缢缩，或不缢缩。细胞的直径相同，或细胞的长稍短于直径，或明显地大于直径，没有气泡，淡灰色、蓝绿色或浅黄色。末端细胞外壁圆形，没有加厚或冠状物。繁殖主要依靠藻殖段的形成，藻殖段常从丝体的顶部逸出。淡水及海水水体中均有分布。

模式种：*Leibleinia baculum*（Gomont）Hoffmann。

莱包藻属在本书中报道 2 种。

莱包藻属分种检索表

1\. 丝体的直径 7.5～12μm，细胞长 4～9 μm……………………………………**杆状莱包藻 *Leibleinia baculum***

1\. 丝体细小，直径 1.5～2μm，细胞长 1～2 μm……………………………**中附莱包藻 *Leibleinia nordaeardii***

Key to the species of *Leibleinia*

1. Trichomes 7.5–12 μm in diameter, cells 4-9 μm long ··· *Leibleinia baculum*
1. Trichomes 1.5–2 μm in diameter, cells 1-2 μm long ··· *Leibleinia nordaeardii*

38. 杆状莱包藻 图 27

Leibleinia baculum（Gomont）Hoffmann，1985，p. 77；Silva，P. C.，P. W. Basson and R. L. Moe，1996，p. 60；Komárek et Anagnostidis，2005，p. 167.

Lyngbya baculum Gomont，1892，p. 123，pl. II，fig. 17；Gardner，1932，p. 275；Geitler，1932，p. 1032，fig. 657c；Iyengar and Desikachary，1944，p. 59，fig. 24；Desikachary，1959，p. 285，pl. 49，fig. 5；Umezaki，1961，p. 45，pl. 6，fig. 6. Hua Maosen，1983，p. 63，fig. 6；Lee In Kyu and Jae Won Kang，1986，p. 313.

模式标本产地：法国（Biarritz，Pyrénées-Atlantiques，France）。

丝体单独生长，或若干条丝体集生，以其中部附着，两端游离，有时弯曲，灰蓝绿色，直径 10～15 μm。胶质鞘透明，较厚，没有层次。藻丝的直径 7.5～12 μm，大多数 8～9 μm，细胞长 4～9 μm，几呈方形，有时长仅为直径的 1/3 倍。相邻两细胞间横壁处微有缢缩，有时则不缢缩，没有颗粒体。顶端细胞圆形，通常稍膨大，外侧壁既无加厚现象，也不呈冠状。

习性：礁湖内低潮线附近，附生在布多藻 *Boodlea* sp.和鞘丝藻 *Lyngbya* sp.的丝体上，常与颤藻 *Oscillatoria*sp.混生在一起。

产地：海南省三沙市西沙群岛的中建岛东北面。

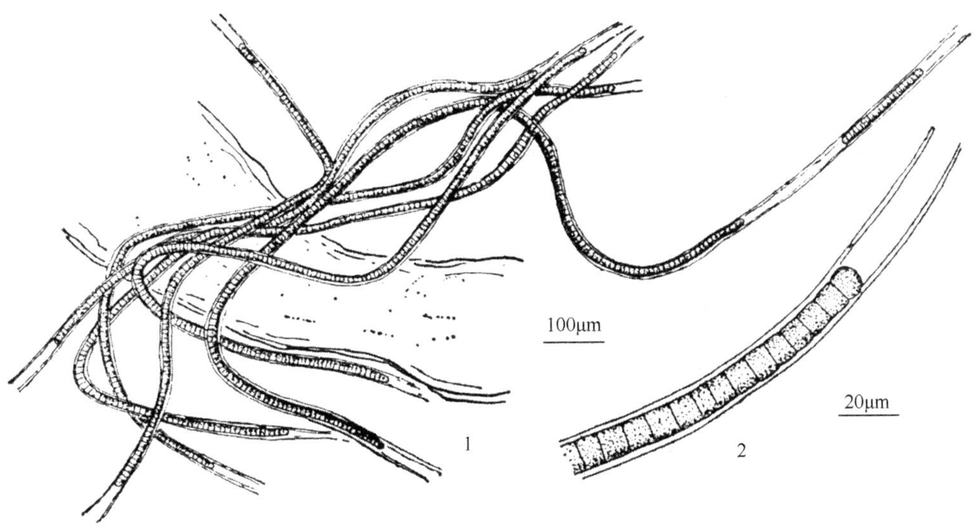

图 27 杆状莱包藻 *Leibleinia baculum*（Gomont）Hoffmann

1. 几条丝体的自然生长形态；2. 一条丝体的放大，顶端细胞膨大圆形

Fig.27 *Leibleinia baculum*（Gomont）Hoffmann

1. Habit sketch of some filaments；2. Enlargement of filament，the apical cell expand to rounded

国外分布：太平洋：朝鲜半岛，日本（能登半岛、若狭湾）；大西洋：美国（佛罗里达半岛），加勒比海；印度洋：印度南部沿岸。

我国西沙群岛采集的杆状莱包藻标本较少，系与他种藻类混生，藻丝较短，仅长1.8～2.2 mm，较日本产标本（长达 1 cm）短小得多，但却与印度标本（长 2 mm）相类似。

39. 中附莱包藻　图 28

Leibleinia nordaeardii（Wille）Anagnostidis et Komárek，1988，p. 395.

Lyngbya epiphytica Wille，1913，p. 25，pl. 1，fig. 14-17.

Lyngbya epiphytica Hieronymous，1898，p. 67；Tseng and Li，1935，p. 196；C. K. Tseng，1936b，p. 11；Zhou Zhenying and Chen Zhuohua，1983，p. 100.

Lyngbya willei Setchell and Gardner，1918，p. 468；Geitler，1932，p. 1040. Chu Hao-Jan，1959. p. 11，pl. III：5；Hua Maosen，1978，p. 61，pl. I：6；Chu Hao-Jan（ed.），2007，p. 88，pl. LXIX：2.

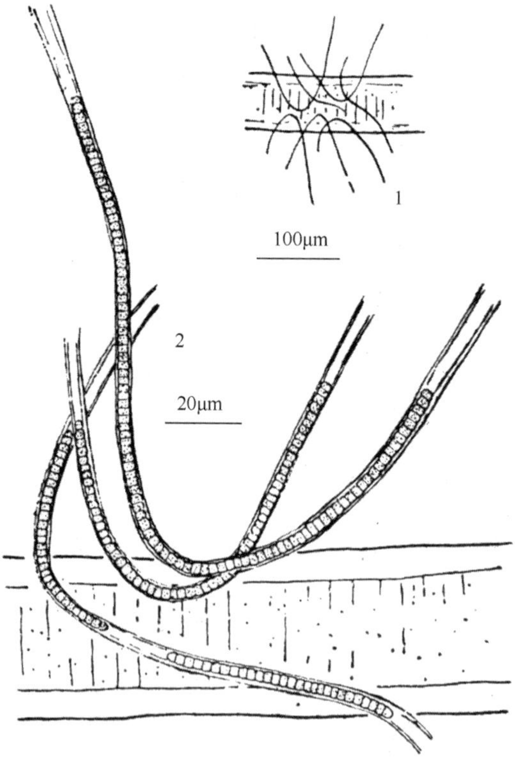

图 28　中附莱包藻 *Leibeinia nordaeardii*（Wille）Anagnostidis et Komárek

1. 几条丝体的自然生长形态；2.三条丝体的放大

Fig. 28　*Leibeinia nordaeardii*（Wille）Anagnostidis et Komárek

1. Habit sketch of some filaments；2. Enlargment of the three filaments

Lyngbya nordaeardii Wille, 1919, p. 32, nom, illeg., Setchell and Gardner, 1919, p. 74; Geitler, 1932, p. 1040, fig. 658a, b, c; Frémy, 1934, p. 111, pl. 29, fig. 7; 1939, p. 31; Iyengar and Desikachary, 1944, p. 60, fig. 26; Desikachary, 1959, p. 287, pl. 54, figs. 1-3; Umezaki, 1951, p. 204, fig. 8; 1961, p. 43 pl. 6, fig. 3; Hua Maosen, 1983, p. 62, fig. 5: 1; Lee In Kyu and Jae Won Kang, 1986, p. 313; Komárek et Anagnostidis, 2005, p. 461; Chu Hao-Jan (ed.), 2007, 94, pl. LXXI: 2.

模式标本产地：挪威（Trondhiem，Norway）。

藻体为很小的丝状体，单独生长，或由许多微小的丝体形成的刷状或簇状的小团块。丝体细小，以其中部附着，两端游离，蓝绿色或灰绿色。胶质鞘很薄，无色透明，但清晰易见。藻丝直径 1.5～2 μm，很少超过 2.5 μm，细胞高 1～2 μm，是其直径的 1/2～1 倍。相邻两细胞间横壁处有缢缩，但没有颗粒体存在。藻丝顶端部不渐尖，顶端细胞外侧壁钝圆形，既无加厚现象，也不呈冠状。

习性：礁湖内中潮带至低潮带，附生在鞘丝藻 *Lyngbya* sp.、双须藻 *Dichothrix* sp. 等丝体上，或附生于低潮线处的黑顶藻 *Sphacelaria* sp.藻体上。

产地：海南省三沙市西沙群岛金银岛、广金岛西北面、琛航岛及永兴岛，山东省青岛、烟台沿海，福建省厦门等地。

国外分布：本种为世界性分布的种类。太平洋：朝鲜半岛，日本（北海道沿岸至琉球群岛的奄美大岛），美国沿岸；大西洋：加勒比海，挪威；地中海：埃及，突尼斯；印度洋：印度南部沿岸。

细鞘丝藻属 *Leptolyngbya* Anagnostidis et Komárek
Anagnostidis et Komárek，1988

藻体为细小的丝状体，常以许多丝体聚集成束状或呈絮状的藻团，很少单一藻丝单独生长。藻丝圆柱形，多呈弯曲，很少直走，彼此相互缠绕，藻丝的直径仅为 0.5～3.5 μm，通常行浮游习性，有时附着生长在基质上。胶质鞘很薄，无色透明，很少有层次。细胞长圆柱形，有时细胞的直径与长度相等，几呈方形，或稍短，不含有气泡，末端细胞多数圆柱形，不渐尖。繁殖主要依靠丝体的断裂，及藻殖段的形成。

细鞘丝藻属在本书中报道 4 种。

细鞘丝藻属分种检索表

1. 丝体细小，细胞的直径与其长度几乎相同；两相邻细胞间横壁处没有缢缩的现象 ························ 2
1. 丝体细小，细胞的直径与其长度不相同；两相邻细胞间横壁处通常有明显的缢缩，或至少显示有缢缩的现象 ························ 3
   2. 丝体密集交织，呈叶枕状形态，匍匐于含钙的基质表层，形成手感致密的藻层，呈灰色或棕红色，厚可达 1～2 cm ························ **辫状细鞘丝藻 *Leptolyngbya crosbyanus***
   2. 丝体单独生长，很少形成藻团，蓝绿色 ························ **藤内细鞘丝藻 *Leptolyngbya tenerrima***
3. 丝状群体黏糊状，形成藻团，有明显的层次，细胞直径 1.2～2.3 μm，长 1.5～2.5 μm ························ **脆细鞘丝藻 *Leptolyngbya fragillis***
3. 丝状群体形成很薄的膜状，细胞直径（0.7～）0.8～2（～2.4）μm，长 3～5 μm ························.

……………………………………………………………………………………………………纤细鞘丝藻 *Leptolyngbya tenuis*

Key to the species of *Leptolyngbya*

1. Filaments small，cells isodiametric，not constricted at cross-walls……………………………………………2
1. Filaments small，cells not isodiametric，distinct or slightly constricted at cross-wall ………………………3
2. Filaments densely interweave，leaf-pillow，lime-incrusted，firm，hard and grey to brown-red mats，up to 1–2 cm thick…………………………………………………………………………………*Leptolyngbya crosbyanus*
2. Filaments usually solitary，rarely forming mats，blue-green in colour……………*Leptolyngbya tenerrima*
3. Colonies mucilaginous，in the form of a mats，usually layered，cells 1.2–2.3 μm wide，1.5–2.5 μm long ……………………………………………………………………………………………………*Leptolyngbya fragillis*
3. Colonies thin，membranaceous，cells（0.7–）0.8–2（–2.4）μm wide，3-5 μm long……………………… ………………………………………………………………………………………………………*.Leptolyngbya tenuis*

40. 辫状细鞘丝藻　图 29，图版 II：1，2

Leptolyngbya crosbyanus（Tilden）Anagnostidis et Komárek，1988，p. 235.

Spirocoleus crosbyanus（Tilden）P. Silva，1996，p. 62.

Phormidium crosbyanus Tilden，1909，p. 645；Velasquez，1940，p. 271，1955，p. 165，pl. I，fig. 20；Reyes，1972，p. 135；Velasquez，Trono and Doty，1975，p. 159；Hua Maosen and C. K. Tseng in C. K. Tseng（ed.），1983，p. 24，pl. 16：1a，b；Martinez，1984，p. 68；Silva，P. C.，E. G. Menez and R. L. Moe，1987，p. 11；Shameel and J. Tanaka. 1992，p. 6；Anagnostidis et Komárek，2005，p. 235，fig. 297.

模式标本产地：美国夏威夷群岛（Waianae，Oahu，Hawaiian Islands）。

图 29　辫状细鞘丝藻 *Leptolyngbya crosbyanus*（Tilden）Anagnostidis et Komárek，一条丝体的外形，顶端细胞圆形，无冠状物（仿曾呈奎，1983）

Fig. 29　*Leptolyngbya crosbyanus*（Tilden）Anagnostidis et Komárek，thallus showing its habit sketch，apical cell round，without calyptra（from Tseng，1983）

藻体为细小的丝状体，常以许多丝体聚集为叶枕状，或软骨质状的藻层，呈褐红色，厚达 1～2 cm，直径宽 5～15（～25）cm，充满石灰质，坚固，有些硬。丝体非常细密，基部的丝体彼此缠绕，上部的丝体稍呈平行。胶质鞘薄，透明，胶化。藻丝宽 1～2（～3）μm，细胞长 2～4（～5）μm，相邻两细胞间横壁处不收缩，无颗粒。顶端细胞圆形，不形成冠状体。

习性：生长在低潮带岩石上，软体动物贝壳上或珊瑚上。

产地：海南省的海南岛及三沙市西沙群岛。

国外分布：日本，菲律宾，美国夏威夷群岛，牙买加，巴哈马，海地，波多黎各等地。

41. 脆细鞘丝藻 图 30，图版 I：13

Leptolyngbya fragilis（Gomont）Anagnostidis et Komárek，1988，p.197.

Spirocoleus fragilis（Meneghini）Silva，1996，p. 62.

Anabaina fragilis Meneghini，1837，p. 8.

Phormidium fragile（Meneghini）Gomont in Bornet，1891，p. 249；Hua Maosen and C. K. Tseng in C. K. Tseng（ed.），1983，p. 24，pl. 16，fig. 2.

Phormidium fragile Gomont，1892，p. 163，pl. IV，fig. 13-15；De Toni，1907，p. 220；Tilden，1910，p. 93；Collins and Hervey，1917，p. 20；Setchell and Gardner，1919，p. 69；Setchell，1926，p. 63；Newton，1931，p. 19；Gardner，1932，p. 279；Geitler，1932，p. 999，fig. 636b；Frémy，1934，p. 86，pl. 22，fig. 6；Desikachary，1959，p. 253，pl. 44，figs. 1-3；Chu Hao-Jan，1959，p. 9，pl. IV，fig. 2. Hua Maosen and C. K. Tseng，1985，p. 31，fig. 4：2；Chu Hao-Jan（ed.），2007，p. 136.

模式标本产地：意大利（Euganean Hills，near Padova，Italy）。

藻体为细小的丝状体，蓝绿色至黄绿色，许多丝体彼此交织，或平行排列聚生在一起，呈薄薄的藻层。藻丝的直径 1.5～2 μm，细胞几近方形，长 1.5～2.5 μm，相邻两细胞间明显缢缩，无颗粒体存在，丝体的顶端略呈渐尖，顶端细胞呈钝圆或锥形。胶质鞘很薄，常呈水解状态，不易见到。

习性：礁湖内中潮带至低潮带，附生在礁石或其他死珊瑚上，常与颤藻 *Oscillatoria* sp.、鞘丝藻 *Lyngbya* sp.等混生在一起。

产地：海南省三沙市西沙群岛的石屿，全富岛、赵述岛、永兴岛及琛航岛；还分布在我国华北沿岸。

国外分布：大西洋：美国，英国，法国，加勒比海，百慕大群岛；地中海：意大利；印度洋：印度。

本种在我国北方海边极为普通，常在基质上形成一种皮壳状的藻层，此外在淡水及微盐水中，均有发现，是一种极普遍的丝状蓝藻类，据文献记载，尚有在温泉中生长的记录。

20μm

图 30 脆细鞘丝藻 *Leptolyngbya fragilis*（Gomont）Anagnostidis et Komárek，两条丝体的外形
Fig.30 *Leptolyngbya fragilis*（Gomont）Anagnostidis et Komárek，thalli showing its habit sketch

42. 藤内细鞘丝藻

Leptolyngbya tenerrima（Kützing et Hansgirg）Komárek et Anagnostidis，2001，p. 219.

Oscillatoria tenerrima（Kützing）Prain，1905，p. 333；Biswas，1949，p. 19，Silva，P. C.，P. W. Basson and R. L. Moe，1996，p. 45；Komárek et Anagnostidis，2005，p. 188.

Oscillaria tenerrima Kützing，1843，p. 184.

Oscillatoria amphibia C. Agardh，1827，p. 632；Chu Hao-Jae，1959，p. 8，pl. II：9.

模式标本产地：意大利（Trieste，Italy）。

藻体为细小的丝状体，蓝绿色，通常单独生长，或行浮游习性，藻丝直走或弯曲，易折断，由无数的藻丝交织而成藻层的情况不多。胶质鞘薄而透明，藻丝的直径（1.5～）1.8～3.5（～4）μm，细胞的直径随藻丝不同而异，小的藻丝的细胞直径为 1.5 μm，大的藻丝细胞直径可达 4.0μm，但一般在 2～3μm，细胞的高一般为直径的 2～3 倍，即 4.0～8.5 μm，细胞的内含物为灰蓝绿色，在细胞横壁的附近，往往有两颗粒小点，横壁有时不清楚，相邻两细胞间横壁处无缢缩，藻丝的末端不逐渐狭细，亦无加厚部，顶端细胞的游离端钝圆。

习性：室内海藻养殖的培养皿中，几乎都有发现。

产地：山东省青岛。

国外分布：印度洋。

43. 纤细鞘丝藻　图 31

Leptolyngbya tenuis（Gomont）Anagnostidis et Komárek，1988，p. 393；Komárek et Anagnostidis，2005，p. 219.

Spirocoleus tenuis（Meneghini）P. Silva，1996，p. 62.

Anabaina tenuis Meneghini，1837，p. 8.

Phormidium tenue（Menegh.）Gomont，1892，p. 169；Ley，S. H. 1948，p. 235；Tilden，1910，p. 98，pl. IV，fig. 63-65；Geitler，1932，p. 1004；Frémy，1934，p. 88，pl. 23，fig. 4；Desikachary，1959，p. 259，pl. 43，figs. 13-15 & pl. 44，figs. 7-9；Umezaki，1961，p. 60，pl. 9，fig. 5；Hua Maosen，1978，p. 61，pl. I：5；Lee In Kyu and Jae Won Kang，1986，p. 313；Chu Hao-Jan（ed.），2007，p. 142，pl. LXXXVII：10.

Leptothrix subtilissima Kützing，1845，p. 1，pl. 65.

Hyphaeothrix subtilissima Rabenh.，1865，p. 77.

模式标本产地：意大利（Euganean thermal springs，near Padova，Italy）。

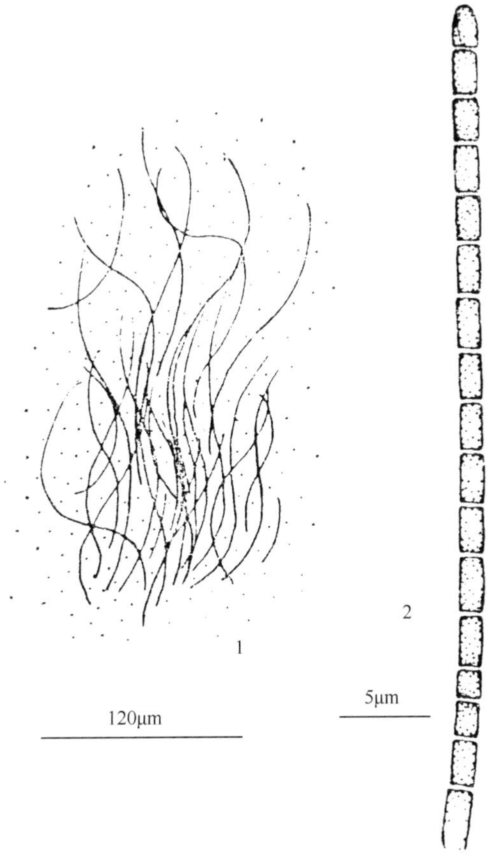

图 31　纤细鞘丝藻 *Leptolyngbya tenuis*（Gomont）Anagnostidis et Komárek

1. 藻团的一部分，很多丝体密集在一起；2. 一条丝体的顶部

Fig. 31　*Leptolyngbya tenuis*（Gomont）Anagnostidis et Komárek

1. A part of algal mats，many filaments cluster together；2. Apical part of a filament

藻体为多细胞的丝状体。在自然界常常由许多条的丝体密集交织成为膜状体的藻层，深蓝绿色或灰蓝绿色。胶质鞘薄而透明，大部分呈水解状态。藻丝呈蓝绿色，直径 1～2 μm，其中 1.8～2 μm 为多数，其顶端部分直走，或稍有弯曲。相邻两细胞间横壁处稍有缢缩。细胞内原生质均匀，没有颗粒体。细胞长 3～5 μm，是其宽的 1.5～3 倍。顶端细胞呈圆锥形，不呈冠状。

习性：礁湖内的低潮线附近。生长在死珊瑚的表面，常与其他藻类如鞘丝藻 *Lyngbya* sp.、颤藻 *Oscillatoria* sp.、螺旋藻 *Spirulina* sp.等混生在一起。

产地：海南省三沙市西沙群岛的琛航岛及东岛。

国外分布：为世界性分布的种类。在陆地上的淡水环境中亦有很多报道。我国西沙群岛的永兴岛有陆生习性的本种报道。

异莱包藻亚科 Heteroleibleinioideae Anagnostidis et Komárek
Anagnostidis et Komárek，1997，p. 243

藻体为多细胞的丝状体，有附着的基部和呈游离状态的上部之分。丝体很小，其直径小于 4 μm。胶质鞘薄而坚韧，无色透明，通常不呈层次。细胞内含物均匀，有时具很小的颗粒体。繁殖主要依靠丝体的断裂，及藻殖段的形成。

异莱包藻亚科在本书中报道 1 属。

异莱包藻属 *Heteroleibleinia*（Geitler）Hoffmann
Hoffmann，1985，p. 71

藻体为多细胞丝状体，有明显的基部与呈游离状的上部之分，以基部附着于其他藻类的丝体上。丝体较短，长度仅 100 μm，或稍长，单独生存，很少形成藻团。胶质鞘很薄，但坚韧，无色透明。细胞内含物均匀，相邻两细胞间的横壁处具缢缩与否，因种不同而异。繁殖依靠藻丝的断裂，或藻殖段的形成。

异莱包藻属在本书中报道 2 种。

异莱包藻属分种检索表

1. 丝体很短，仅长 30～70μm，藻丝的直径为 1.5～2μm………… **短直异莱包藻 *Heteroleibleinia kützingii***
1. 丝体较长，为 200～300μm，藻丝的直径为 1.8～2.5μm…………… **基附异莱包藻 *Heteroleibleinia infixa***

Key to the species of *Heteroleibleinia*

1. Filaments short，only 30–70 μm length；trichomes 1.5–2 μm in diameter ……….*Heteroleibleinia kützingii*
1. Filaments up to 200–300 μm length；trichomes 1.8–2.5 μm in diameter ………………. *Heteroleibleinia infixa*

44. 短直异莱包藻 图 32

Heteroleibleinia kützingii（Schmidle）Compese，1985

Lyngbya kützingii Schmidle，1897，p. 58；Gardner，1932，p. 273；Geitler，1932，p. 1035；Frémy，1934，p. 111，pl. 29，fig. 5；Iyengar and Desikachary，1944，p. 58，fig. 22；Desikachary，1959，p. 281，pl. 49，fig. 3；pl. 48，fig. 2；Umezaki，1951，p. 203， fig. 7；Hua Maosen，1983，p. 60，fig. 4：1；Komárek et Anagnostidis，2005，p. 248；Chu Hao-Jan，2007，p. 90，pl. LXX：1.

模式标本产地：不详。

丝体十分短小，基部直立附着，刚直，有时稍呈弯曲，长 30～70μm，少数藻丝仅长 23～33μm，蓝绿色。丝体直径 2～3.5μm。胶质鞘很薄，无色透明，但清晰易见。藻丝直径 1.5～2μm，细胞扁压，其高是直径的 1/3～1/2，相邻两细胞间横壁处无缢缩，也没有颗粒体，顶端细胞外端面钝圆形，无冠状物。

习性：礁湖内中潮带至低潮带，附生在他种藻类丝体上，如鞘丝藻 *Lyngbya* sp.、异管藻 *Heterosiphonia* sp.等。

产地：海南省三沙市西沙群岛金银岛东南面、永兴岛、琛航岛及东岛东北面。

国外分布：太平洋：日本；大西洋：波多黎各，巴哈马群岛；地中海：前南斯拉夫（达尔马提亚沿岸）；印度洋：斯里兰卡。

在异莱包藻亚科中，短直异莱包藻是最小的种类之一，较基附鞘丝藻 *Lyngbya infixa* 短小得多。与各地产的本种标本一样，我国西沙群岛的短直鞘丝藻的藻丝直径与长度也有较大的变异幅度。有一些标本（如 58-4695）很短小，仅长 23～33 μm，直径 1.4～1.6 μm，其中有一些可能是幼藻体。

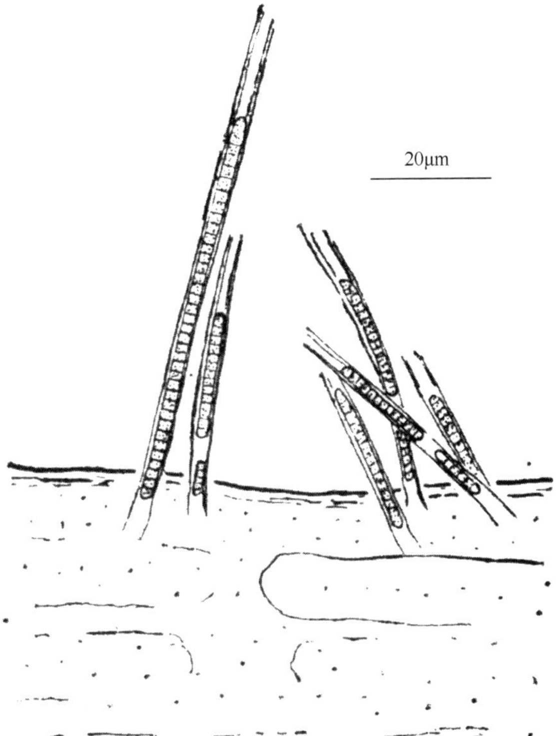

图 32　短直异莱包藻 *Heteroleibleinia kützingii*（Schmidle）Compese，6 条丝体的附生形态

Fig. 32　*Heteroleibleinia kützingii*（Schmidle）Compese，thalli showing its habit sketch，the epiphytic form of six filaments

1944 年，印度藻类学家 Iyengar 和 Desikachary 发表了一个新种 *Lyngbya chaetomorphae* Iyengar et Desikachary，标本采自印度金奈附近的库姆河的入海口，附生在一种硬毛藻 *Chaetomorpha litorea* 的丝体上，他们指出该种的形态与短直鞘丝藻微小变种 *Lyngbya kuetzingii* var. *minor* 十分相似，藻丝长度为 26.2 μm，直径 1.3 μm。我国西沙群岛的短直异莱包藻的标本中有一些如上所述的较小的藻体，它们与 *Lyngbya chaetomorphae* 的描述之间，很难发现有本质上的区别。因此，从现有资料来看，*Lyngbya chaetomophae* 是否为独立种，或为短直异莱包藻的一个变种，尚须核对其模式标本之后才能下最后的结论。

45. 基附异莱包藻 图 33

Heteroleibleinia infixa（Frémy）Anagnostidis & Komárek，1988，p. 434；Silva，P. C.，P. W. Basson and R. L. Moe，1996，p. 32；Komárek et Anagnostidis，2005，p.249.

Lyngbya infixa Frémy，1932，p. 1414；1934，110，pl. 30，fig. 1；Boergesen，1936，p. 60；Desikachary，1959，p. 282，pl. 48，fig. 2；Umezaki，1961，p. 48，pl. 7，fig. 2；Hua Maosen，1983，p. 61，fig. 4：3；Lee In Kyu and Jae Won Kang，1986，p. 313.

模式标本产地：法国（Banyuls-sur-Mer，Pyrénées-Orientales，France）。

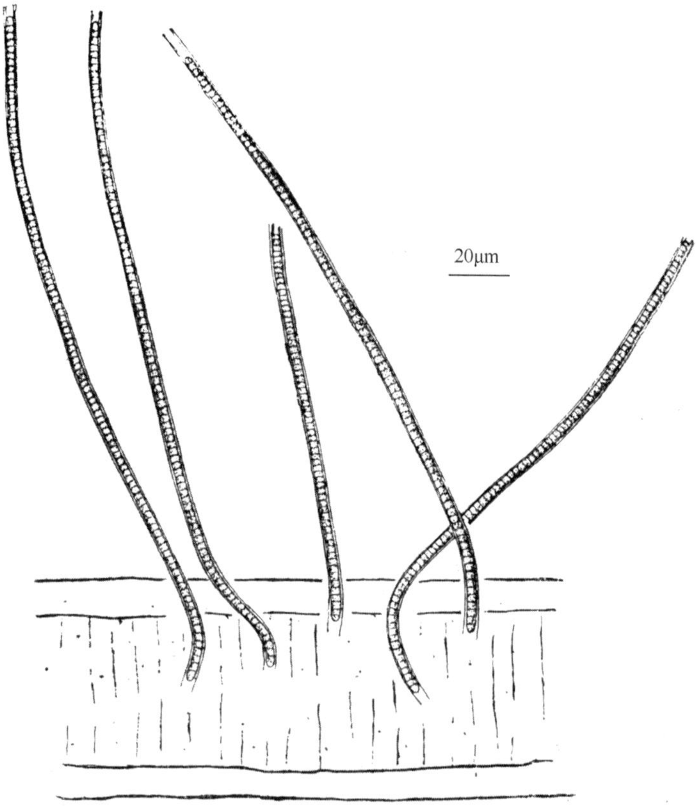

图 33　基附异莱包藻 *Heteroleibleinia infixa*（Frémy）Anagnostidis & Komárek，5 条丝体的附生形态

Fig.33　*Heteroleibleinia infixa*（Frémy）Anagnostidis &Komárek，thalli showing its habit sketch，the epiphytic form of five filaments

丝体细长，基部附着，直走或略弯曲，一般长 200～300 μm，有时达 400 μm。胶质鞘薄，透明无色，但清晰易见。藻丝蓝绿色，直径 1.8～2.5 μm，顶端部不渐尖，细胞呈方形，长 1～3 μm，是直径的 1/3～1/2。相邻两细胞间横壁处没有缢缩，也没有颗粒体。顶端细胞外侧壁钝圆形，既无加厚，也不呈冠状。

习性：生长在礁湖内中潮带至低潮带，附生在鞘丝藻 *Lyngbya* sp.、多管藻 *Polysiphonia* sp.的丝体上。

产地：海南省三沙市西沙群岛的中建岛、永兴岛、金银岛、琛航岛及晋卿岛。

国外分布：分布很广。太平洋：朝鲜半岛，日本（北海道沿岸），吐噶喇列岛、琉球群岛的奄美大岛；大西洋：加勒比海（库拉索岛），美国（佛罗里达半岛），瑞典；地中海：法国，埃及；印度洋：印度（孟买），斯里兰卡（加勒）。

裂须藻科 Schizotrichaceae Elenkin
Elenkin，1934，p. 274

藻体为胶质状的丝状体，在同一公共胶质鞘内有一至多条藻丝聚集。藻体有明显的基部、中部的主干部及分枝末端部之分。公共胶质鞘肥厚发达，无色透明，或具有鲜艳的黄、棕褐色，有时呈亮黄、亮褐色，常有层次，外层粗糙，尤其在丝体主干部。在胶质鞘内所含藻丝的多少，因种不同而异。通常分枝顶端部常为单一藻丝，顶端胶质鞘封闭，或开放，随藻体的种类及成熟度有关。藻丝细胞单列，圆柱形，直走或弯曲，顶端部有时渐尖或稍狭小。细胞长圆柱形，内含物均匀，或具颗粒体。繁殖主要依靠细胞的分裂，及丝状体的断裂和藻殖段的形成。

裂须藻科在本书中报道 1 属。

裂须藻属 *Schizothrix* Kützing ex Gomont
Kützing ex Gomont，1892，p. 292

藻体为胶质状的丝状体，在同一公共胶质鞘内有一至多条藻丝聚集。丝状体单独存在，或许多条丝状体聚集附生在基质上，扩展为一层膜状藻层。公共胶质鞘肥厚发达，常有层次，具有鲜艳的色彩。与科的特征基本一致。繁殖主要依靠藻殖段的形成，及丝状体的折断。

模式种：*Schizothrix fuscescens* Kützing。

裂须藻属在本书中报道 2 种。

裂须藻属分种检索表

1. 细胞的直径与其长度几乎等长，顶端细胞末端圆形……………………**湖沼裂须藻 *Schizothrix lacustris***
1. 细胞长圆柱形，细胞的长度有时是直径的 3 倍，顶端细胞末端圆锥形……………………………………………………………………………………**细柔裂须藻 *Schizothrix tenerrima***

Key to the species of *Schizothrix*

1. Cells isodiameter；apical cell rounded…………………………*Schizothrix lacustris*

1. Cells cylindrical, up to 3 times as long as wide; apical cell long, very acute-conical································· *Schizothrix tenerrima*

46. 湖沼裂须藻　图 34

Schizothrix lacustris A. Braun ex Gomont in Kützing, 1849, p. 320; Gomont, 1892, p. 301, pl. 6, figs. 9-12; Gardner, 1927, p. 3; Geitler, 1932, p. 1092, fig. 699; Frémy, 1934, p. 76, pl. 20, fig. 4; Taylor, 1950, p. 112; Chapman, 1956, p. 359, fig. 4, no. 6; Desikachary, 1959, p. 325, pl. 56, figs. 6, 10; Umezaki, 1961, p. 24, pl. 3, fig. 1; Hua Maosen, 1983, p. 65, fig. 7: 2; Lee In Kyu and Jae Won Kang, 1986, p.313; Komárek et Anagnostidis, 2005, p. 286; Chu Hao-Jan (ed.), 2007. p. 79, pl. LVII: 3.

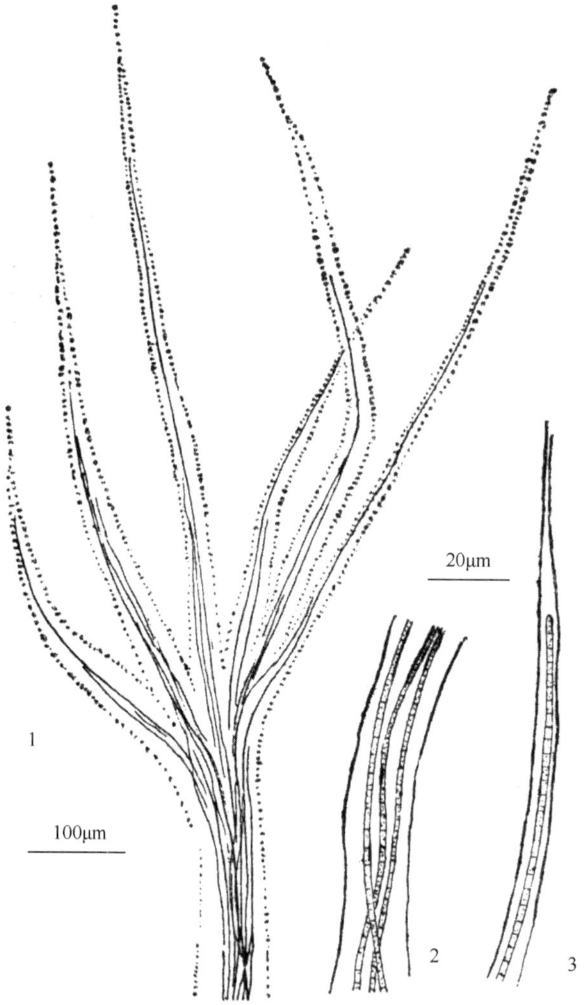

图 34　湖沼裂须藻 *Schizothrix lacustris* A. Braun ex Gomont
1. 一小束分枝丝体的形态；2-3. 末端分枝的高倍放大及末端胶质鞘呈削尖状

Fig.34　*Schizothrix lacustris* A. Braun ex Gomont
1. The form of a small fascicle branching filaments; 2-3. Enlargement of high time of ultimate branch and end of sheaths in acuminate

模式标本产地：不详。

藻体为胶质状的丝状体，呈垫状，或皮壳状，蓝绿色。丝体直走，或不规则弯曲。公共胶质鞘内丝体很多，彼此缠绕，或平行，呈主干状，分枝或不分枝，或分枝很少，藻丝彼此缠绕。藻体的中上部出现反复的假分枝，在基部或中部的假分枝中，只内含少数几条藻丝，顶部则往往只含有单条藻丝。胶质鞘肥厚，透明。向丝体的顶端呈削尖状。藻丝蓝绿色，直径 1～1.5 μm，高 2～3 μm。细胞呈长方形，胞内原生质均匀，在普通显微镜下看不到颗粒体。顶端细胞外端呈钝圆形，没有加厚，也不呈冠状。

习性：生长在礁湖内低潮带，附生在死贝壳上，与颤藻 *Oscillatoria* sp.、鞘丝藻 *Lyngbya* sp.、织线藻 *Plectonema* sp.等混生在一起。

产地：海南省三沙市西沙群岛中建岛的东南面。

国外分布：淡水、海水中均有分布。主要分布在太平洋：朝鲜半岛，日本（本州岛中部以南），新西兰，美国（阿拉斯加），马绍尔群岛；大西洋：德国沿岸；地中海：法国沿岸。

湖沼裂须藻常在淡水环境中出现。1927 年美国藻类学家 Gardner 根据钟心萱教授在福建省（主要在福州附近）采集的蓝藻标本报道了湖沼裂须藻。但 Gardner 在鉴定该种时仍有某些保留意见，他指出所掌握标本的主要特征并不典型，所以在种名后打了一个问号（？），文内也没有注明标本的具体采集地，难以判明是海产或淡水产。在我国西沙群岛采集到的标本数量并不多，而且没有形成较大型的藻层，其个体形态、大小与产自马绍尔群岛的比基尼岛的标本基本一致。

47. 细柔裂须藻 图 35

Schizothrix tenerrima（Gomont）Drouet，1968，p. 135；Silva，P. C.，P. W. Basson and R. L. Moe，1996，p. 66.

Microcoleus tenerrimus Gomont，1892，p. 355，pl. 14，figs. 9-11；Tilden，1910，p. 155；Geitler，1932，p. 1135，fig. 740；Umezaki，1961，p. 35，pl. 5，fig. 1；Hua Maosen，1978，p. 63，pl. II：3；Lee In Kyu and Jae Won Kang，1986，p. 313.

模式标本产地：加勒比海（Guadeloupe，West Indies）。

藻体为胶质状的丝状体，多数与其他藻类混生在一起。丝体很长，呈不规则的扭曲，橄榄蓝色。胶质鞘坚固清晰，呈圆柱形，在一个胶质鞘内有几条至几十条藻丝，彼此缠扭。藻丝细胞的直径 1.5～2 μm，长为 3～6 μm。细胞内原生质均匀，在一般的镜检下看不见颗粒体。相邻两细胞间的横壁处有缢缩，末端细胞呈圆锥形。

习性：生长在礁湖内的低潮线附近。混生在拟刚毛藻 *Cladophoropsis* sp. 的丝体之间。

产地：海南省三沙市西沙群岛的金银岛。

国外分布：为世界性分布的种类，主要分布在太平洋、大西洋、印度洋和地中海的热带至温带区。没有发现陆生习性的报道。

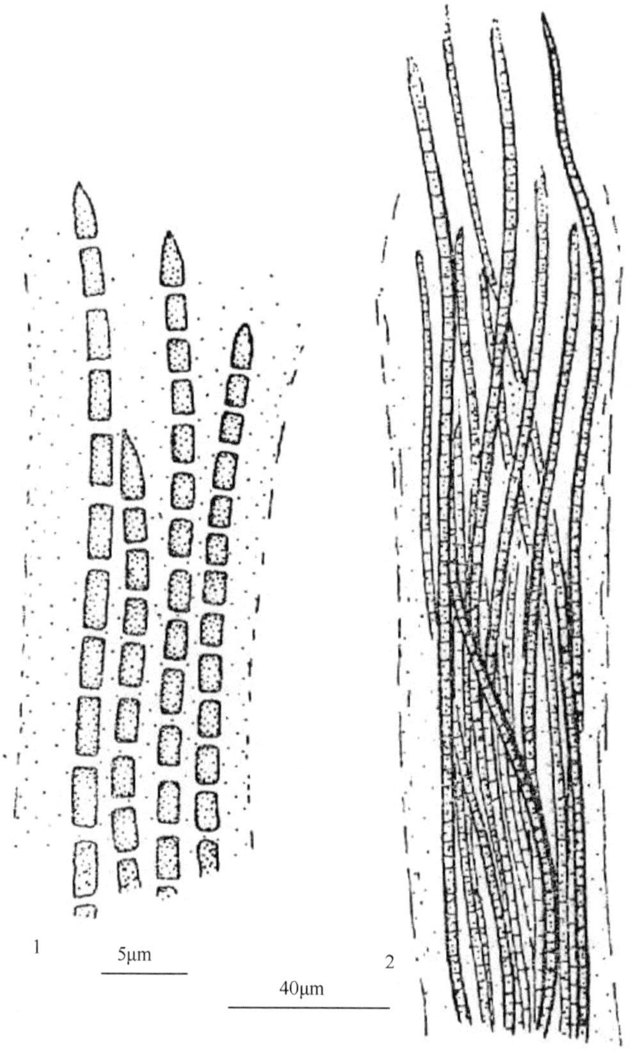

图 35 细柔裂须藻 *Schizothrix tenerrima*（Gomont）Drouet

1. 几条藻丝的顶部；2. 在一个公共胶质鞘中的一束彼此交织的藻丝

Fig. 35 *Schizothrix tenerrima*（Gomont）Drouet

1. Apex of some trichomes；2. A fascicle interweave each other of trichomes in a common sheaths

博氏藻科 Borziaceae Borzì

Borzì，1914，p. 358

藻体为 6～30 个细胞的短丝体，缺乏胶质鞘，直走或弯曲。丝体很短，圆柱形，其长度仅 15～140 μm。细胞几乎同型。两相邻细胞间横壁处有无缢缩因种不同而异。繁殖主要依靠藻殖段及藻殖胞的形成，及丝体的折断。

博氏藻科在本书中报道 1 属。

博氏藻属 *Borzia* Cohn ex Gomont
Cohn ex Gomont，1892，p. 198

藻体为很短的丝状体，仅含 6～30 个细胞。藻丝长圆柱形，直走或略弯曲，长度为 15～140 μm。缺乏胶质鞘。繁殖主要依靠藻殖段，藻殖胞的形成，及丝体的折断。

模式种：*Borzia trilocularis* Cohn ex Gomont。

博氏藻属在本书中报道 1 种。

48. 西沙博氏藻 图 36，图版 II：4

Borzia xishaensis Hua，1981，p. 265，figs. 1-19，pl.I：1-16；C. K. Tseng（ed.），1983，p. 18，pl. 13：4.

Hormoscilla xishaensis（Hua Maosen）Anagnostidis & Komárek，1988.

模式标本产地：中国海南省三沙市西沙群岛东岛。

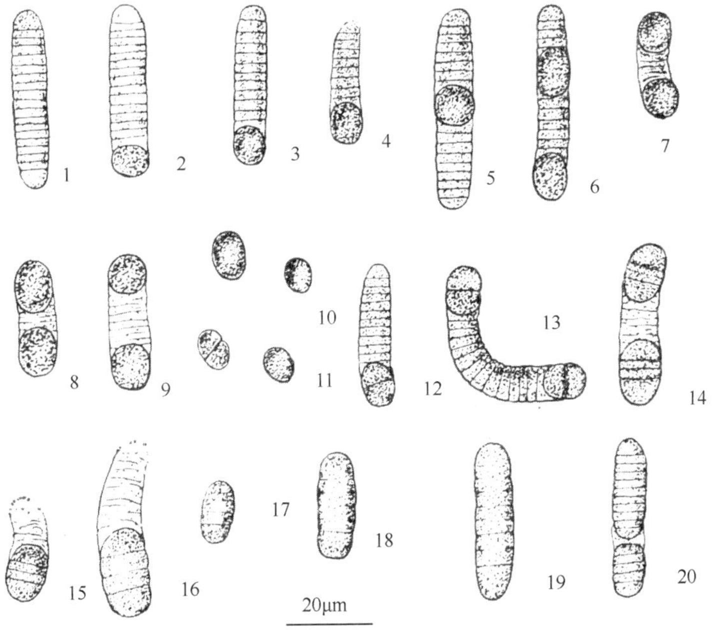

图 36　西沙博氏藻 *Borzia xishaensis* Hua，1981，藻体的一般形态及其繁殖

1. 一条丝体；2. 藻丝的顶端细胞在形成繁殖细胞；3-10. 繁殖细胞，球形或椭球形；11-16. 繁殖细胞在萌发、分裂成为 2-4 个子细胞；17-19. 三条幼藻体；20. 一条丝体上有两个藻殖段

Fig. 36　*Borzia xishaensis* Hua，1981，the general features and the reproduction

1. Habit sketch of plant；2. A terminal cell of the trichome forming a propagating cell；3-10. The propagating cells，spherical or ellipsoidal；11-16. The propagating cells germinating and dividing into two or four daughter-cells；17-19. The three young plants；20. A plant showing two hormogon

藻体为很短的丝状体，仅含 6～18（～20）细胞，直走，或略呈弓形弯曲，少数可呈直角状。成熟丝体的细胞大都在 10 个以上。在自然界，通常形成厚 0.5～1 mm 的翠蓝绿色藻层，这是由无数个藻体彼此密集生长在一起，并逐渐向四周蔓延，藻层不断加厚、

扩大所形成的。藻丝缺乏胶质鞘，长 15～40（～55）μm。细胞的直径为（6.3～）7～10（～11.5）μm，几乎是其直径的 2/3～1/2 倍，丝体中段的细胞较短，似压扁的圆盘形，高仅（1.6～）2～3（～3.3）μm，为其直径的 1/4～1/3 倍；末端细胞的外侧呈钝圆形。相邻两细胞间的横壁处微有缢缩。繁殖时，除少数藻丝形成由几个细胞组成的藻殖段外，绝大多数藻丝主要依靠在其顶端细胞所形成的单细胞的繁殖胞，并直接萌发形成新藻丝。

习性：附生在礁湖内低潮带的砗磲 *Hippopus hippopus* Linne 死壳上（背阳面），与少数藻类混生，如色球藻 *Chroococcus* sp.、囊球藻 *Gomphosphaeria* sp.、海生螺旋藻 *Spirulina subsalsa*、半丰满鞘丝藻 *Lyngbya semiplena*，微鞘藻 *Microcoleus* sp. 以及舟形硅藻 *Navicula* sp.等。

产地：海南省三沙市西沙群岛的东岛北面。

本种为我国海南省三沙市西沙群岛的特有种之一。

席藻科 Phormidiaceae Anagnostidis et Komárek Anagnostidis et Komárek，1988，p. 400

藻体为多细胞的丝状体。在同一胶质鞘内有一条或多条藻丝，丝体不具有分枝，或有假分枝。藻丝具有薄而透明的胶质鞘，有时缺乏。胶质鞘通常呈水解状态，不具或具有层次。丝体直走或弯曲，多数缠绕在一起形成膜状的藻层，附着于基质上，或行浮游生活。细胞内含物均匀，有时具颗粒体或气泡。异形胞和厚壁孢子总是不存在。繁殖主要依靠藻殖段的形成，细胞分裂，以及丝体的断裂也能形成新个体。

席藻科在本书中可分为 2 个亚科。

席藻科分亚科检索表

1. 在单一胶质鞘内通常仅含有一条藻丝，丝体通常没有假分枝……………………**席藻亚科 Phormidioideae**
1. 在单一胶质鞘内，含有 2 条至多条藻丝，丝体通常具有假分枝…………**微鞘藻亚科 Microcoleoideae**

Key to the subfamilies of Phormidioiaceae

1. Only one trichome usually within a sheath；usually no pseudobranching…………………………Phormidioideae
1. A few to many trichomes within a single sheath；usually pseudobranchings…………………… Microcoleoideae

席藻亚科 Phormidioideae Anagnostidis et Komárek Anagnostidis et Komárek，1986，p.341

藻体为多细胞的丝状体，在同一胶质鞘内，仅含有一条藻丝，或偶有 2 条藻丝存在的形态。丝体通常不具分枝，胶质鞘通常存在，但很薄，而且常呈现某种水解融化的状态。繁殖主要依靠藻殖段的形成，或丝体的断裂。

席藻亚科在本书中报道 3 属。

席藻亚科分属检索表

1. 藻丝缺乏明显的胶质鞘，呈浮游习性，许多藻丝通常平行排列成束状藻团，细胞内具有气泡……….

……………………………………………………………………………………束毛藻属 ***Trichodesmium***

1. 藻丝总具有明显的胶质鞘，细胞内通常缺乏气泡……………………………………………………2

   2. 丝状体单独存在，或许多条丝体彼此缠绕，形成黏胶状的，厚的，或呈皮状的藻层，附着在基质上……………………………………………………………………席藻属 ***Phormidium***

   2. 丝状体形成明显的簇状，有时呈直立的簇状藻团，由基部附着在基质上…………束藻属 ***Symploca***

Key to the genus of Phormidioideae

1. Trichomes without sheaths, lying parallel, forming planktonic fascicles; cells with aerotops ……………………………………………………………………*Trichodesmium*

1. Trichomes always with sheaths; cells without aerotops usually ……………………………2

   2. Filaments solitary, or entangled, forming mucous, sometimes thick, or leathery layers on a substrate ……………………………………………………………………*Phormidium*

   2. Filaments distinctly fasciculated, sometimes forming erect fascicles, attached by the base……… *Symploca*

束毛藻属 *Trichodesmium* C. G. Ehrenberg ex Gomont
C. G. Ehrenberg ex Gomont，1892，p. 193

藻体为单列细胞的丝状体，圆柱形，直走或弯曲，不分枝，许多藻丝聚生，常平行排列形成自由漂浮的束状藻团，或呈片状的团块。在丝体的末端，有时渐狭小，或不狭小，顶端细胞钝圆形，或略狭小，有时有冠状物。相邻两细胞间横壁处缢缩，或不缢缩，胶质鞘通常缺乏，或很薄。丝体呈圆柱形，细胞的直径与长度几乎相等，细胞内具丰富的气泡。类囊体不规则，盘绕于靠近细胞壁。除顶细胞外，所有细胞均能进行细胞的横分裂。主要由藻殖段进行繁殖。

模式种：*Trichodesmium erythraeum* Ehrenberg。

束毛藻属在本书中报道 2 种。

束毛藻属分种检索表

1. 藻丝直径 7～11 μm，相邻两细胞间横壁处收缢……………………红海束毛藻 ***Trichodesmium erythraeum***
1. 藻丝直径 16～17.5 μm，相邻两细胞间横壁处不收缢………… 大形束毛藻 ***Trichodesmium hildebrandtii***

Key to the species of *Trichodesmium*

1. Trichomes 7–11 μm in diameter, with constrictions at the cross-wall……………*Trichodesmium erythraeum*
1. Trichomes 16–17.5 μm in diameter, without constrictions at the cross-wall…… *Trichodesmium hildebrandtii*

49. 红海束毛藻　图 37，图版 II：3

Trichodesmium erythraeum Ehrenberg, 1830, p. 506; Chacko, 1942, p. 404; Zhou Zhenying and Chen Zhuohua, 1983, p. 100; Hua Maosen and C. K. Tseng in C. K. Tseng (ed.), 1983, p. 22. pl. 15: 3; Whitton and Potts, 1979, p. 6; N. Anand et al., 1986, p. 53, fig. 16; Silva, P. C., P. W. Basson and R. L. Moe, 1996, p. 58; Komárek et Anagnostidis, 2005, p. 368.

Skuijaella erythraea (Ehr.) J. de Toni, Chou Chen-Ying & Chen Zhen-Hua, 1965, p. 2.

模式标本产地：埃及（Sinai Peninsula，Egypt）。

藻体为多细胞的圆柱形丝状体，紫红色，或淡黄褐色。藻丝直走很少弯曲，彼此平行，相互密集形成束状藻团。细胞的直径 7～11 μm，细胞长 5.4～11 μm，相邻两细胞间横壁处缢缩，丝状体的末端渐狭，顶端细胞具有下陷的圆锥状的或突出的冠状体。细胞原生质内含有粗大的颗粒体。

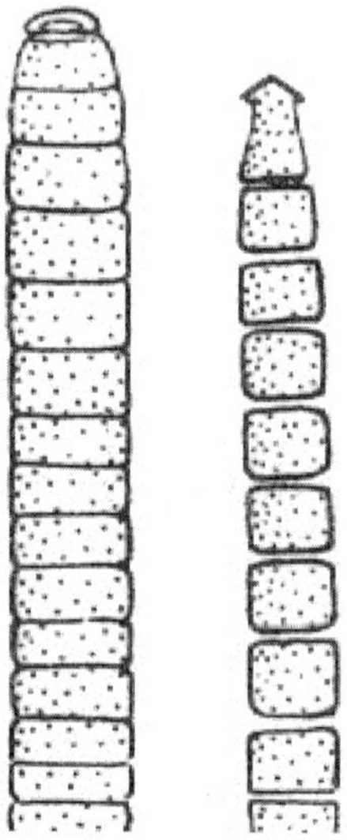

图 37　红海束毛藻 *Trichodesmium erythraeum* Ehrenberg，两条丝体的形态，其顶端细胞具扁的圆锥形或突出的冠状体（仿曾呈奎，1983）

Fig. 37　*Trichodesmium erythraeum* Ehrenberg，thalli showing its habit sketch，apical cells of trichomes with depressed conical or convex calyptra (after Tseng，1983)

习性：红海束毛藻是典型的海洋沿岸丝状浮游蓝藻。在热带、亚热带海水沿岸经常大量繁殖，常形成赤潮。

产地：红海束毛藻是我国东海和南海的习见种。

国外分布：主要分布在世界的热带和亚热带海域，是常见种。

50. 大形束毛藻　图 38

Trichodesmium hildebrandtii Gomont，1892，p. 197，pl. VI，fig. 1；J. De Toni，1907，p. 203；Weber-van Bossc，1913，p. 12；Geitler，1932，p. 968；Frémy，1940，p. 4；Desikachary，1959，p. 245，pl. 42，fig. 3；Umezaki，1961，p. 74，pl. 11，fig. 10；Hua Maosen and C. K. Tseng，1985，p. 31，fig. 4：1；Komárek et Anagnostidis，2005，p. 368；Chu Hao-Jan (ed.)，2007，p. 101.

Trichodesmium chrenbergii forma *indica* Hauck，1888，p. 93；Desikachary，1959，p. 245.

Trichodesmium indicum Lemmermann，1899，p. 395；Desikachary，1959，p. 245.

Oscillatoria hildebrandtii (Gomont) Geitler，1932，p. 968.

Skujaella hildebrandtii (Gomont) De Toni，1939，p. 292；Desikachary，1959，p. 245.

模式标本产地：不详。

藻体为多细胞的圆柱形丝状体，是典型的海洋沿岸的丝状浮游蓝藻，通常由数至数十条丝体集成一束，长 1～2.5 mm，淡紫色或棕褐色。束状群体内的藻丝直走，很少弯曲，直径 16～17.5 μm，藻丝顶端稍渐尖，相邻两细胞间横壁处不缢缩，细胞长 3～8 μm，几乎呈方形，或略扁压，是其直径的 1/3～1/2 倍。在细胞的中央有许多微小的颗粒体，顶端细胞圆形，具冠状物。

习性：本种是热带、亚热带性的海洋浮游蓝藻。大量繁殖时常形成赤潮，危及鱼、虾等海洋生物，乃至沿海居民的生态安全。

产地：海南省三沙市西沙群岛。

国外分布：主要分布在热带、亚热带海区。太平洋：日本（南部沿岸），泰国（泰国湾），马来西亚，新加坡，印度尼西亚（佛罗勒斯海及望加锡）；大西洋：美国（佛罗里达半岛）；印度洋：印度（南部海区），斯里兰卡，马达加斯加等海域。

大形束毛藻在西沙群岛海域有大量分布。大形束毛藻过剩繁殖形成赤潮时，在海面上常形成棕褐色、木屑状的漂浮物，即腐藻层（scum），常具恶臭，有时还有毒性。例如，在永兴岛的南面（特别在岸边），常可发现漂浮 1～5 mm 厚的藻层，即为大形束毛藻大量繁生所引起的赤潮。本种可能是形成西沙群岛附近海域蓝藻赤潮的主要生物种类之一。

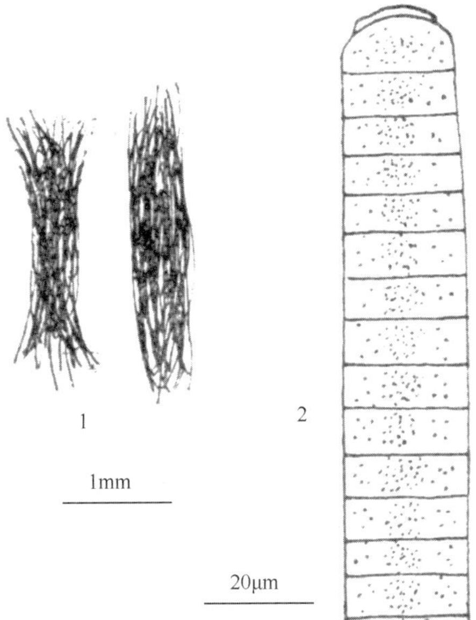

图 38　大形束毛藻 *Trichodesmium hildebrandtii* Gomont，藻体的一般形态

1. 两束丝体的外形；2. 一条丝体的顶端高倍放大

Fig. 38　*Trichodesmium hildebrandtii* Gomont，thalli showing its habit sketch

1. Habit sketch of two fascicular filaments；2. Enlargment of high time of the apex of a filament

席藻属 *Phormidium* Kützing ex Gomont

Kützing ex Gomont，1892，p. 156

藻体为多细胞的圆柱形丝状体，很少单生，常有许多丝体密集聚生，彼此缠绕交织形成光滑的、垫状的或皮壳状的藻层，由微观的群体逐渐生长、繁殖形成宽大的藻团，附生或浮游习性。丝体圆柱形，不分枝，直走或弯曲。胶质鞘薄而坚韧，或部分水解，无色透明。藻丝的末端细胞形态各异：渐尖，直走，弯曲，圆锥形，钩形或冠状形态，均是本属分类的主要依据。细胞内含物有颗粒体或没有颗粒体，相邻细胞间的横壁处是否缢缩，有无气泡均是本科分类的因素。藻体通常为蓝绿色，少有浅褐色、粉红色或紫罗兰色。不存在异形胞和厚壁孢子。繁殖主要依靠藻殖段的形成，及细胞分裂，或丝体的断裂也能形成新个体。

选模式种：*Phormidium lucidum*（C. Ag.）Kützing ex Gomont。

席藻属在本书中报道 11 种。

席藻属分种检索表

1\. 藻丝上相邻两细胞间的横壁明显加厚，其厚度有时与细胞的长度几近相等…………………………………………………………………………**关节席藻 *Phormidium articulatum***

1\. 藻丝上相邻两细胞间的横壁无加厚现象……………………………………2

  2\. 藻丝细胞的直径等于或大于 6 μm……………………………………3

  2\. 藻丝细胞的直径小于 6 μm……………………………………6

3\. 藻丝细胞的横壁处有缢缩的现象……………………………………4

3\. 藻丝细胞的横壁处不存在缢缩的现象……………………………………7

  4\. 丝体通常单生，单独存在或与其他藻类混生，其顶端细胞宽圆，其外壁稍有加厚，呈冠状突出·…………………………………………**墨绿席藻 *Phormidium nigro-viride***

  4\. 丝体不单生，许多丝体通常相互缠绕，丝体的顶端细胞不存在外膜加厚，没有冠状突出的现象 5

5\. 海产种类，藻丝细胞的直径 6～10 μm，蓝绿色，有时稍呈紫色.…… **珊瑚席藻 *Phormidium corallinae***

5\. 淡水种类，有时也有在咸水或海水中生存的习性，藻丝细胞直径 8～13 μm……………………………………**钢色席藻 *Phormidium chalybeum***

  6\. 藻体呈刷状，贴附在基质上，棕黄色至略呈紫色，藻丝细胞直径 6～6.5 μm……………………………………**刷状席藻 *Phormidium penicillatum***

  6\. 藻体形成膜状的藻层，深蓝绿色，或橄榄绿色，藻丝细胞直径 10～15（～17）μm……………………………………**中央席藻海生变种 *Phormidium naveanum* var. *marina***

7\. 海产和喜盐习性的种类……………………………………8

7\. 淡水种类，有时也在咸水或海水中生存的习性……………………………………9

  8\. 藻丝细胞的直径 4.7～6.5 μm，顶端细胞呈钝圆形，绝不存在冠状物现象……………………………………**凿形席藻 *Phormidium subuliforme***

  8\. 藻丝较小，直径 2～3 μm，顶端细胞的外端呈压缩的圆锥冠状物……………………………………**近膜席藻 *Phormidium submembranaceum***

9\. 藻体形成膜状或网状藻层，细胞的直径与长度几乎相等，藻丝细胞直径 3.8～5（～8）μm……………………………………**皮状席藻 *Phormidium corium***

9. 藻体近乎单独生长，细胞直径通常大于其长度……………………………………………………………… 10

10. 藻丝细胞直径 5～5.6 μm，藻丝的末端通常有明显的渐尖形态……… **短丝席藻 *Phormidium breve***

10. 藻丝细胞较小，直径 2.5～5 μm，藻丝的末端仅有轻微的渐尖，或弯曲 ……………………………………………………………………………………………… **美丽席藻 *Phormidium formosum***

Key to the species of *Phormidium*

1. Trichomes with cross-walls very much thickened, sometimes nearly equaling the length of the cell cavity ………………………………………………………………………… *Phormidium articulatum*

1. Trichome without conspicuously thickened cross walls ……………………………………… 2

2. Trichomes 6 μm wide, or more in diameter…………………………………………………… 3

2. Trichomes less than 6 μm wide in diameter ……………………………………………… 6

3. Trichomes with constricted at the cross-walls ……………………………………………… 4

3. Trichomes without constrictions at the cross-walls…………………………………………… 7

4. Filaments solitary, or mixed with other algae; apical cells widely rounded nearly capitate, with a slightly thickened convex outer membrane usually twining ……………………… *Phormidium nigro-viride*

4. Filaments not solitary, apical cells widely rounded without calyptra or thickened outer membrane …… 5

5. Marien species, trichomes 6–10 μm in diameter, blue-green or sometimes slightly violet ……………………………………………………………………………… *Phormidium corallinae*

5. Freshwater species, also in brackish or salty water habitats; trichomes 8–13 μm in diameter ……………………………………………………………………………… *Phormidium chalybeum*

6. Thallus brush-like, attached to substrate, brown to slightly violet; trichomes 6–6.5 μm in diameter……………………………………………………………………………… *Phormidium penicillatum*

6. Thallus forming membranaceous strata, dark blur-green or olive-green; trichomes 10–15（–17）μm in diameter……………………………………………… *Phormidium naveanum* var. *marina*

7. Marine species and halophilic habitats……………………………………………………… 8

7. Freshwater species, also growing in brackish and salty water habitats……………………… 9

8. Trichomes 4.7–6.5 μm in diameter, apical cells obtuse, not capitate…………… *Phormidium subuliforme*

8. Trichomes smaller, 2–3 μm in diameter, apical cells with compressed conical calyptra……………………………………………………………………………… *Phormidium submembranaceum*

9. Filaments thin, membranaceous or net-like; cells isodiametric, trichomes 3.8–5（–8）μm in diameter……………………………………………………………………………… .*Phormidium corium*

9. Filaments nearly solitary; cells usually shorter than its wide ……………………………… 10

10. Trichomes 5–5.6 μm in diameter, briefly attenuated at the ends ……………… *Phormidium breve*

10. Trichomes 2.5–5 μm in diameter, slightly attenuated at the ends, and slight bent ……………………………………………………………………………… *Phormidium formosum*

51. 关节席藻

Phormidium articulatum（Gardner）Anagnostidis et Komárek, 1988.

*Oscillatoria articulatum*Gardner, 1927, p. 34, pl. 7, fig. 64; Geitler, 1932, p. 963, fig. 614a;

Chu Hao-Jae, 1959, p. 9, pl. II: 10; Komárek et Anagnostidis, 2005, p. 440; Chu Hao-Jae (ed.), 2007, p. 108, pl. LXXIV: 6.

模式标本产地：不详。

藻体常单独生存，或混杂在其他的藻团之中，有时大量的丝体聚集生长形成深蓝绿色的藻团。藻丝直走或弯曲，藻丝的末端略狭细，其顶端细胞圆锥形，顶端钝圆。细胞的直径在 2.8～3.5 μm，细胞几乎呈方形，细胞长为其直径的 1/3～1/2 倍，即在 1.0～1.6 μm，相邻两细胞间的横壁特别加厚，其厚度有时与细胞长度几乎等同，细胞的内含物均匀，蓝绿色，无颗粒体。

习性：藻丝通常附着于中潮带已死的贝壳上，与各种藻类混生在一起，数量不多。本种主要分布在淡水水体之中。

产地：山东省青岛。

国外分布：加勒比海，波多黎各岛及欧洲，非洲，印度，美国等地。

52. 短丝席藻　图 39

Phormidium breve (Kützing) Anagnostidis & Komárek, 1988, p. 405; Silva, P. C., P. W. Basson and R. L. Moe, 1996, p. 50; Komárek et Anagnostidis, 2005, p. 421.

Oscillatoria brevis Kützing, 1833, p. 363, pl. VI, fig. 2; Kützing, 1843, p. 186; Gomont, 1892, p. 229, pl. 7, figs. 14-15; Tilden, 1910, p. 79, pl. IV, fig. 32; Setchell and Gardner, 1919, p. 65; Newton, 1931, p. 18; Gardner, 1932, p. 269; Geitler, 1932, p. 977, fig. 619a; Frémy, 1934, p. 125, pl. 31, fig. 9; 1939, p. 32; Desikachary, 1959, p. 241; Umezaki, 1961, p. 69, pl. 11, fig. 8; Velasquez, 1962, p. 296, pl. 2, fig. 31; Hua Maosen, 1983. p. 56, fig. 1: 2; Lee In Kyu and Jae Won Kang, 1986, p. 313.

Oscillaria brevis Kützing, 1843, p. 186.

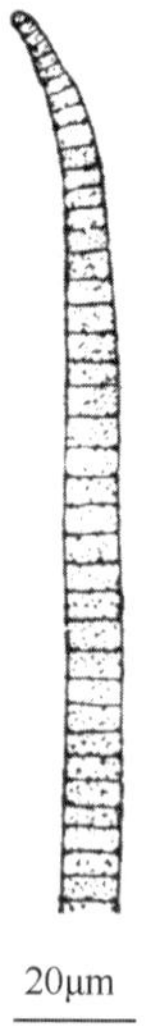

图 39　短丝席藻 *Phormidium breve* (Kützing) Anagnostidis & Komárek，一条丝体的形态

Fig. 39　*Phormidium breve* (Kützing) Anagnostidis & Komárek, thallus showing its habit sketch

模式标本产地：德国（Germany）。

藻体常和他种藻类混生，蓝绿色，藻丝较短，几乎直走，很少弯曲。细胞的直径 5～6.5 μm，细胞长 2～3 μm，是其直径的 1/3～1/2 倍。相邻两细胞间横壁处不缢缩，没有颗粒体。丝体的顶端部突然渐尖，常弯曲或呈弯钩状。顶端细胞不呈冠状。

习性：生长在礁湖内的中潮带至低潮带的泥沙地表面，形成蓝绿色藻层，与多种颤藻 *Oscillatoria* sp.等混生，或附生在死贝壳上。

产地：海南省三沙市西沙群岛的金银岛。

国外分布：淡、海水中均有分布。主要分布在太平洋：朝鲜半岛，日本，印度尼西亚，美国（加利福尼亚），社会群岛（塔希提岛）；大西洋：加勒比海（巴哈马群岛，波多黎各，巴巴多斯），英国，法国及德国沿岸；地中海：前南斯拉夫（达尔马提亚沿岸）；印度洋：印度。

53. 钢色席藻 图 40

Phormidium chalybeum（Mertens）Anagnostidis & Komárek，1988，p. 405；Silva，P. C.，P. W. Basson and R. L. Moe，1996，p. 50；Komárek et Anagnostidis，2005，p. 422.

Oscillatoria chalybea Mertens in Jürgens，1822，fasc. 13，no. 4；Tilden，1910，p. 82，pl. IV，fig. 36；Setchell and Gardner，1919，p. 67；Gardner，1932，p. 270；Geitler，1932，p. 956，fig. 608b；Frémy，1934，p. 127，pl. 31，fig. 15；Desikachary，1959，p. 218；Umezaki，1952，p. 117，fig. 17c；1961，p. 69，pl. 11，fig. 3；Velasquez，1962，p. 289，pl. 1，fig. 19；Hua Maosen，1983，p. 57，fig. 1：5；Lee In Kyu and Jae Won Kang，1986，p. 313.

模式标本产地：德国（Norderney，East Frisian Islands，Germany）。

藻体混生在他种丝状蓝藻之间，淡蓝绿色，或橄榄绿色。绝大多数藻丝呈十分疏松的螺旋状卷曲，很少直走，直径 8～13 μm，多数为 10～12 μm，细胞长为 3.5～4 μm，是其直径的 1/3～1/2 倍。相邻两细胞间横壁处微有缢缩，没有颗粒体。丝体的顶端部略渐尖，顶端细胞外端呈钝圆，既无加厚也不呈冠状。

习性：礁湖内中潮带至低潮带的泥沙地表面，或附生在礁石、死珊瑚上，常与多种颤藻 *Oscillatoria* sp.、鞘丝藻 *Lyngbya* sp.、微鞘藻 *Microcoleus* sp.等混生在一起。

产地：海南省三沙市西沙群岛金银岛的东南面、北面，及琛航岛。

国外分布：太平洋：朝鲜半岛，日本（北海道，纪伊半岛，濑户内海、四国），及琉球群岛的奄美大岛，马来西亚；大西洋：古巴，波多黎各，法国及北欧沿岸；印度洋：印度，斯里兰卡等地。

钢色席藻通常为淡水习性，常分布在温泉、湖泊中，有时也在咸水湖中出现。相对来说，海产的较少，而且很少形成优势种。我国西沙群岛的钢色席藻数量较多，生长茂盛，所有丝体均呈规则的波状或螺旋状，长 268～562 μm，与他种丝状蓝藻混生，其特征与日本产的标本一致。但琛航岛的标本（76～924）藻丝较小，细胞直径仅 6.8 μm，细胞长仅 2～2.5 μm，但主要特征仍与该种的模式标本的描述相符。这说明本种藻丝直径的变化幅度较大，这与印度产的标本相类似。

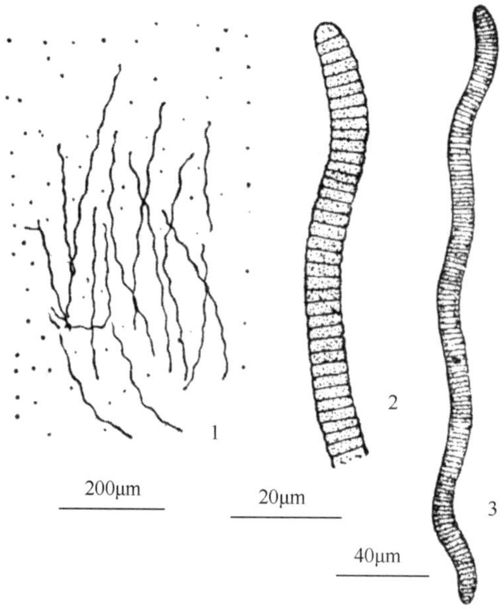

图 40　钢色席藻 *Phormidium chalybeum*（Mertens）Anagnostidis & Komárek，丝体的部分形态
1. 许多丝体的自然生长形态；2.一条丝体顶部放大；3. 一条较短丝体的低倍放大
Fig. 40　*Phormidium chalybeum*（Mertens）Anagnostidis & Komárek，thallus showing its habit sketch
1. The nature form of many filaments；2. Enlargement of apex of a filament；3. Enlargement of low time of a filament

54. 珊瑚席藻　图 41

Phormidium corallinae（Kützing）Anagnostidis & Komárek，1988，p. 405；Silva，P. C.，P. W. Basson and R. L. Moe，1996，p. 50；Komárek et Anagnostidis，2005，p. 416.

Leibleinia corallinae Kützing，1849，p. 276.

Spirulina attenuata Umezaki，1952，p. 117，fig. 17b；1961，p. 71.

Oscillatoria corallinae（Kützing）Gomont，1892，p. 218；Tilden，1910，p. 70，pl. IV，fig. 16；Setchell and Gardner，1919，p. 62；Taylor，1928，p. 45，pl. 1，fig. 14；Newton，1931，p. 16；Gardner，1932，p. 270；Geitler，1932，p. 955；Frémy，1934，p. 121，pl. 30，fig. 9；Boergesen，1936，p. 60；Desikachary，1959，p. 221，pl. 40，fig. 16；Umezaki，1951，p. 268，fig. 13c；1961，p. 71，pl. 11，fig. 6；Velasquez，1962，p. 288，pl. 1，fig. 17；Hua Maosen，1983，p. 59，fig. 2：2；Lee In Kyu and Jae Won Kong，1986，p. 313；Chu Hao-Jan（ed.），2007，p. 111.

模式标本产地：法国。

藻体常与他种丝状藻类混生在一起，蓝绿色，丝体很长，为 500～1000 μm，少数达 2800 μm，不规则弯曲，直径 6～10（～11）μm，顶端部弯曲且稍有渐尖。细胞长为 2.7～4 μm，是其直径的 1/3～1/2 倍。相邻两细胞间横壁处缢缩，但不具有颗粒体。顶端细胞的外侧膜凸状，有加厚现象。

习性：礁湖内中潮带，附生在礁石或死珊瑚表面，与鞘丝藻 *Lyngbya* sp.、微鞘藻 *Microcoleus* sp. 等混生在一起，形成膜状藻层。

产地：海南省三沙市西沙群岛金银岛的北面。

国外分布：分布很广。太平洋：朝鲜半岛，日本（北海道沿岸），吐噶喇列岛，菲律宾，波利尼西亚，夏威夷群岛和北美沿岸；大西洋：加勒比海（波多黎各、牙买加、巴哈马群岛），百慕大群岛，美国（佛罗里达半岛），英国，法国；地中海：阿尔及利亚；印度洋：斯里兰卡（加勒）等地。

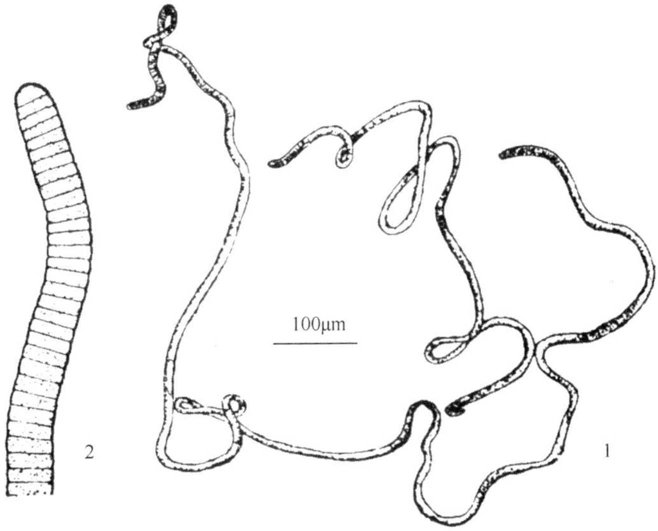

图 41　珊瑚席藻 *Phormidium corallinae*（Kützing）Anagnostidis & Komárek，丝体的部分形态
1. 两条丝体的自然形态；2. 一条丝体的放大

Fig. 41　*Phormidium corallinae*（Kützing）Anagnostidis & Komárek，thallus showing its habit sketch
1. The nature form of two filaments；2. The enlargement of a filament

55. 皮状席藻　图 42

Phormidium corium（Agardh）Gomont，1892，p. 172，pl. V，fig. 1-2；De Toni，1907，p. 235；Tilden，1910，p. 101，pl. IV，figs. 71-72；1929，p. 362；Newton，1931，p. 19；Gardner，1927，p. 4；1932，p. 280；Geitler，1932，p. 1018，fig. 649b，c；Frémy，1934，p. 89，pl. 23，fig. 6；Umezaki，1951，p. 260，fig. 15；1961，p. 61，pl. 9，fig. 6；C. K. Tseng and Zheng Bailin，1954，p. 108，pl. 1，fig. 5；Dawson，1954，p. 380，fig. 3b；Desikachary，1959，p. 269，pl. 44，figs. 10-11；Chu Hao-Jan，1959，p. 9，pl. 4，fig. 1；Hua Maosen and C. K. Tseng，1985，p. 32，fig. 4：3；Lee In Kyu and Jae Won Kang，1986，p. 313；Silva，P. C.，P. W. Basson and R. L. Moe，1996，p. 51；Komárek et Anagnostidis，2005，p. 450；Chu Hao-Jan（ed.），2007，p. 135，pl. LXXXV：2.

模式标本产地：不详。

藻体深蓝绿色，许多丝体聚生在一起，彼此交织形成膜状藻层，薄而坚韧。丝状体较长，常弯曲，很少直走。胶质鞘很薄，常呈水解状态。藻丝直径 3.8～5 μm，细胞长方形，长 4～7.5 μm，是其直径的 1～2 倍；细胞内含物为灰蓝绿色，其中有相当多的小颗粒体。相邻两细胞间横壁处没有缢缩，顶端细胞钝圆形，不呈冠状。

习性：礁湖内中潮带至低潮带，附生在礁石或死贝壳上，与颤藻 *Oscillatoria* sp.、鞘丝藻 *Lyngbya* sp.、双歧藻 *Scytonema* sp. 等混生在一起。

产地：海南省三沙市西沙群岛的东岛北岸、琛航岛及中建岛，还分布在我国山东省青岛沿海。

国外分布：本种为世界性分布种类，陆、海均有分布。太平洋：朝鲜半岛，日本（北海道、纪伊半岛、九州岛），吐噶喇列岛，琉球群岛的奄美大岛，越南（芽庄），新西兰；大西洋：美国，瑞典，挪威，英国，加勒比海（巴哈马群岛、波多黎各、维尔京群岛）；地中海：意大利，前南斯拉夫（达尔马提亚沿岸）；印度洋：印度，马达加斯加等地。

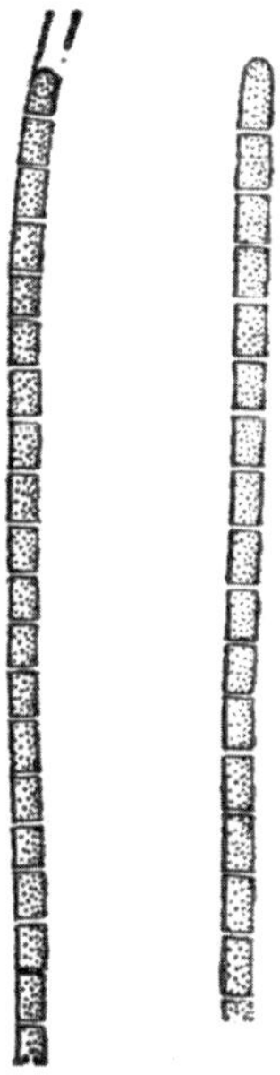

图 42　皮状席藻 *Phormidium corium*（Agardh）Gomont，丝体的部分形态

Fig. 42　*Phormidium corium*（Agardh）Gomont，thalli showing its habit sketch

56. 美丽席藻　图 43，图版 II：7

Phormidium formosum（Bory de Saint-Vincent）Anagnostidis & Komárek，1988，p. 405；Silva, P. C., P. W. Basson and R. L. Moe, 1996, p. 51; Komárek et Anagnostidis, 2005, p. 421.

Oscillaria formosa Bory de Saint-Vincent，1827，p. 474；Hua Maosen and C. K. Tseng in C. K. Tseng（ed.），1983，p. 20，pl. 14：1；Sun JianZhang，2006，p. 58.

Oscillatoria formosa (Bory de Saint-Vincent) Gomont, 1892, p. 230; Biswas, 1926, p. 21, pl. VI, fig. 10; Desikachary, 1959, p. 232, pl. 40, fig. 15; Thajuddin & G. Subramanian. 1992，table III.

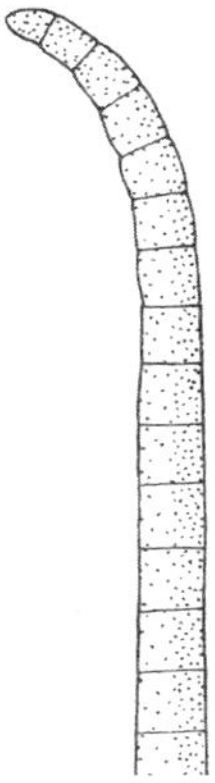

图 43 美丽席藻 *Phormidium formosum*（Bory de Saint-Vincent）Anagnostidis & Komárek，丝体的部分形态，其顶端部稍狭小，呈钩状形态，顶端细胞呈钝形（仿 Tseng，1983）

Fig. 43 *Phormidium formosum*（Bory de Saint-Vincent）Anagnostidis & Komárek，thallus showing its habit sketch，apices of trichomes somewhat obtuse and briefly tapering，hooked（after Tseng，1983）

模式标本产地：法国（Chaufontaine，Doubs，France）。

藻体有时单独生存，常和其他藻类混生，或者形成薄的膜状藻层，亮蓝绿色。藻丝很长，直走，或有时曲折，宽 4～6 μm。细胞长 2.5～5 μm，相邻两细胞间横壁处稍缢缩，有时细胞内含有细微的颗粒体。藻丝的顶端稍有渐尖，略呈钩状，其顶端细胞的外壁钝圆形，不加厚，不形成冠状物。

习性：生长在潮间带上部岩石上。

产地：我国东海沿岸的常见种。

国外分布：美国（夏威夷群岛），北美洲，加勒比海；印度。

57. 中央席藻海生变种 图版 II：5，6

Phormidium naveanum Grunow var. **marina** Tseng et Hua, nom illeg, Hua Maosen and C. K. Tseng in C. K. Tseng（ed.），1983，p. 24，pl. 16：3a，b.

藻体深蓝绿色，或橄榄绿色，许多丝体聚生形成薄的膜状藻层，附着在基质上。丝状体宽大，直径 15～20 μm，或多或少呈平行排列。胶质鞘厚 1～2.5 μm，透明，均匀，常呈水解状态。藻丝的直径 10～15（～17）μm，藻丝常常间断，相邻两细胞间横壁处不收缩，细胞很短，长 1.5～3 μm，顶端细胞圆形，但不形成冠状物。细胞内含有细微的颗粒体。

习性：生长在潮间带上部岩石上。

产地：海南省海南岛。

58. 墨绿席藻 图 44

Phormidium nigro-viride（Thwaites）Anagnostidis & Komárek，1988，p. 405；Silva，P. C.，P. W. Basson and R. L. Moe，1996，p. 53；Komárek et Anagnostidis，2005，p. 475.

Oscillatoria nigro-viridis Thwaites in Harvey，1849，pl. CCLI. A；Tilden，1910，p. 69，pl. IV，fig. 12；Setchell and Gardner，1919，p. 62；Newton，1931，p. 16；Gardner，1932，

p. 267; Geitler, 1932, p. 942, fig. 597c; Frémy, 1934, p. 120, pl. 30, fig. 8; Iyengar and Desikachary, 1944, p. 56, fig. 19; Chapman, 1956, p. 354, fig. 3, no. 5; Desikachary, 1959, p. 202, pl. 42, fig. 6 & pl. 49, fig. 2; Umezaki, 1951, p. 267, fig. 13a; 1961, p. 70, pl. 11, fig. 5; Velasquez, 1962, p. 293, pl. 2, fig. 24; Hua Maosen, 1983, p. 58, fig. 1: 6; Lee In Kyu and Jae Won Kang, 1986, p. 313.

模式标本产地：英国（Shirehampton，near Bristol，England）。

藻体多数单独生长，有时许多丝体聚集生长在一起形成膜状藻层。藻丝深蓝绿色，中等长度，直走，在藻丝的顶端略呈渐尖，稍弯曲且渐尖，细胞直径 7～11 μm，细胞长 3～5 μm，是其直径的 1/4～1/2 倍。相邻两细胞间横壁处微有缢缩，有两列细小的颗粒体。顶端细胞外侧膜凸状，且稍加厚。

习性：生长在礁湖内中潮带至低潮带，附生在泥沙地表面或死贝壳上。常与色球藻 *Chroococcus* sp.、颤藻 *Oscillatoria* sp.、鞘丝藻 *Lyngbya* sp.以及拟丝藻 *Johannesbaptistia* sp.等混生在一起。

产地：海南省三沙市西沙群岛的金银岛南面及中建岛。

国外分布：分布很广。太平洋：朝鲜半岛，日本的本州岛以南沿岸；琉球群岛的奄美大岛等沿岸，菲律宾，越南（芽庄），新西兰，澳大利亚，马绍尔群岛，新喀里多尼亚岛；大西洋：美国，英国，法国沿岸，加勒比海，百慕大群岛。

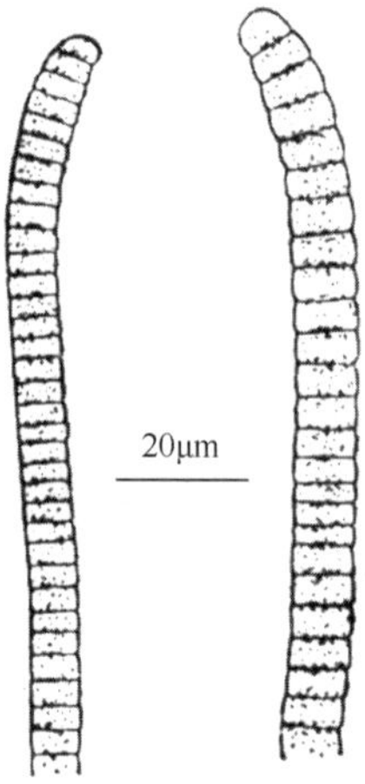

图 44　墨绿席藻 *Phormidium nigro-viride*（Thwaites）Anagnostidis & Komárek 2 条丝体的部分形态

Fig. 44　*Phormidium nigro-viride*（Thwaites）Anagnostidis & Komárek，thalli showing its habit sketch

墨绿席藻是广分布海产蓝藻之一。在我国西沙群岛数量较多，但多与他种蓝藻混生，均未形成占优势的藻层；而且，藻丝直径的变异幅度较大，中建岛产的标本丝径仅 5.5 μm，显然小于模式标本描述的范围，但主要特征符合模式标本描述。据 Desikachary（1959）指出，在印度的喀拉拉邦（Kerala）曾采到丝径仅 3.3～7 μm、细胞高 1.5～2.2 μm 的本种标本，显然较模式标本小得多，比我国西沙群岛的标本还要小些。

59. 刷状席藻　图 45

Phormidium penicillatum Gomont，1893，LXXXVIII-LXXXIX，pl. 4，figs. 5-7;

Geitler，1932，p. 1016；Taylor，1950，p. 109；Umezaki，1961，p. 63，pl. 10，fig. 2；Velasquez，1962，p. 306；Hua Maosen，1983，p. 59，fig. 3；Komárek et Anagnostidis，2005，p. 477.

Lyngbya penicilliformis P. Silva，1996，p. 39.

Lyngbya penicillatum(Gomont)Hoffmann in Hoffmann & Compère，1990，p. 308，nom illeg.

模式标本产地：Saint-Gilles，Réunion。

藻体呈灌木状聚生，淡黄绿色、棕黄色或稍呈紫色，黏附在基质上，画笔状，或呈垫状的藻团，内含许多丝体，彼此平行或互相缠绕，形成许多细柔的丝束，相互交错重叠，几乎呈直立状。胶质鞘透明，多数呈水解状态。藻丝直径 6～6.5 μm，细胞长 6～8（～10）μm，几乎呈方形或长方形，藻丝顶端很少渐尖，或不渐尖，顶端细胞呈锥形，外侧膜加厚呈冠状。

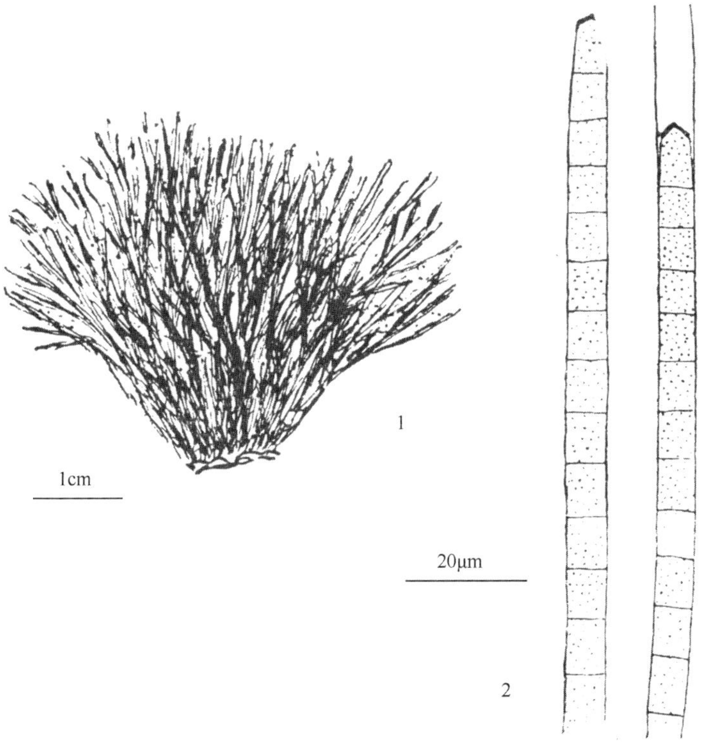

图 45　刷状席藻 *Phormidium penicillatum* Gomont，藻体的部分形态

1. 一丛藻体的自然形态；2. 两条丝体的放大，顶端细胞呈截形

Fig. 45　*Phormidium penicillatum* Gomont，thalli showing its habit sketch

1. Habit sketch of a caespitose fronds；2. Enlargment of two filaments，apical cell truncate

习性：生长在礁湖内低潮带，附生在泥沙地表面。常有颤藻 *Oscillatoria* sp.和鱼腥藻 *Anabaena* sp.等丝状蓝藻与之混生。

产地：海南省三沙市西沙群岛的中建岛。

国外分布：本种为世界性分布的海产蓝藻种类，太平洋：日本，吐噶喇列岛、琉球群岛的奄美大岛，菲律宾，马绍尔群岛；大西洋：美国（佛罗里达半岛），加勒比海（波多黎各、牙买加）；印度洋：马斯克林岛及红海。在陆地上的淡水环境中也有发现。

刷状席藻为热带、亚热带性的海产蓝藻。我国西沙群岛的本种藻体很大，藻团厚达2.5 cm，生长茂盛，藻丝顶端细胞呈截形的特征十分明显。

60. 近膜席藻 图 46，图版 II：8

Phormidium submembranaceum(Ardissone & Strafforello)Gomont, 1892, p. 180; Biswas, 1932，p. 187，pl. 28，fig. 3；Hua Maosen and C. K. Tseng in C. K. Tseng (ed.), 1983，p. 24，pl. 16：4；Silva，P. C.，E. G. Menez and R. L. Moe，1987，p. 12；Silva，P. C.，P. W. Basson and R. L. Moe，1996，p. 54；Komárek et Anagnostidis，2005，p. 466.

Oscillatoria submembranacea Ardissone & Strafforello，1877，p. 65.

Oscillatoria submembranacea (Ardissone & Strafforello) Drouet，1968，p. 230.

模式标本产地：意大利（Porto Maurizio，Liguria，Italy）。

藻体呈蓝绿色或淡黄褐色，由无数的藻丝密集聚生，彼此相互重叠交织，形成黏滑状的藻层。胶质鞘几乎全部呈水解融合状态，通常许多藻丝黏合在一起，呈膜状，及革质状。藻丝的直径 2～3 μm。细胞长 3～6 μm，相邻两细胞间横壁处稍收缩，无颗粒体，顶端细胞的外侧呈圆锥形的冠状物。

习性：生长在潮间带上部的岩石上，或在软体动物的贝壳上。

产地：海南省海南岛。

国外分布：广泛分布在太平洋，印度洋和大西洋沿岸，如日本，美国（佛罗里达，加州），法国，意大利及印度。

图 46　近膜席藻 *Phormidium submembranaceum* (Ardissone & Strafforello) Gomont，藻体的部分形态，顶端细胞具圆锥形冠状物（仿曾呈奎，1983）

Fig. 46　*Phormidium submembranaceum*(Ardissone & Strafforello)Gomont, thalli showing its habit sketch, apical cell with a depressed-conical calyptra (after Tseng，1983)

61. 凿形席藻 图 47

Phormidium subuliforme（Kützing ex Gomont）Anagnostidis et Komárek，1988.

Oscillatoria subuliformis Kützing ex Gomont，1892，p. 226，pl. VII/7，fig. 10；Tilden，1910，p. 77，pl. IV，fig. 27；Newton，1931，p. 17；Geitler，1932，p. 949，fig. 603b；Frémy，1934，p. 125，pl. 31，fig. 8；Iyengar and Desikachary，1944，p. 57，fig. 20；Desikachary，1959，p. 213，pl. 49，fig. 10；Hua Maosen，1983，p. 56，fig. 1：4；Komárek et Anagnostidis，2005，p. 406.

模式标本产地：不详。

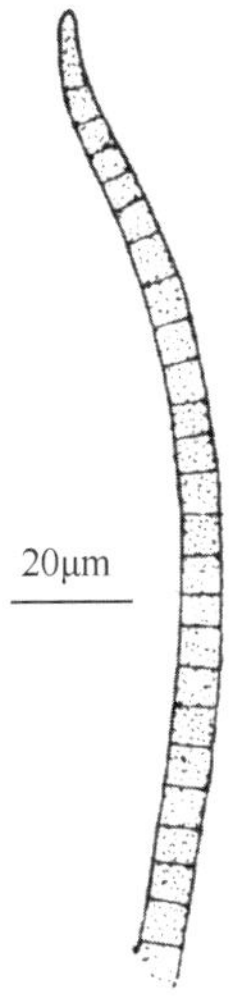

图 47 凿形席藻 *Phormidium subuliforme*（Kützing ex Gomont）Anagnostidis et Komárek，一条丝体的部分形态

Fig. 47 *Phormidium subuliforme*（Kützing ex Gomont）Anagnostidis et Komárek，thallus showing its habit sketch

藻体深蓝绿色，丝体长而弯曲，有时呈波状弯曲，直径 4.7～6.5 μm，顶端明显渐尖，呈凿形且弯曲。细胞长 4.7～6.5 μm，几乎呈方形。相邻两细胞间横壁处没有缢缩，没有颗粒体。藻丝的顶端细胞较其他细胞略长，可达 10 μm，其外端面呈钝圆形，既无加厚现象，也未形成冠状。

习性：生长在礁湖内的低潮带，附生在积有泥沙的死珊瑚上，与颤藻 *Oscillatoria* sp.、鞘丝藻 *Lyngbya* sp.等混生在一起，形成蓝绿色藻层。

产地：海南省三沙市西沙群岛的永兴岛西南面。

国外分布：印度洋：印度（金奈）；大西洋：美国（缅因州、马萨诸塞州、新泽西州）沿岸，北欧及法国沿岸。

束藻属 *Symploca* Kützing ex Gomont
Kützing ex Gomont，1892，p. 104

藻体为束状的丝体，许多丝体聚集生长，形成相互交织、缠绕，或平行排列的藻团。藻体通常直立生长，其基部附着在基质上。这些束状的丝体，在其顶端部分，常散裂成众多的叉状假分枝。丝体均为单列细胞的丝状体，有明显的胶质鞘。藻丝不分枝，或偶有假分枝，直立或略弯曲，圆柱形，相邻细胞横壁处不缢缩，胶质鞘薄而坚韧，有时胶质鞘的外边胶化。细胞圆柱形，没有气泡和颗粒体，末端细胞圆形，有时略尖，顶端细胞外壁不增厚，没有冠状物。繁殖主要依靠藻殖段，或藻体的散裂。大多数种类生长在湿土、岩石、墙壁上。有些种类是海生的，通常生长在潮间带的死珊瑚上，或湿土、泥沙、礁石、岩石等沿岸基质上。

模式种：*Symploca muralis*（Kützing）Gomont。

束藻属在本书中报道 3 种。

束藻属分种检索表

1. 淡水种类，或具有生存在咸水环境的习性，藻丝直径 4.5～8 μm，胶质鞘的厚度可达 2.5 μm …………………………………………………………… **藓生束藻 *Symploca muscorum***
1. 海产种类，绝大多数附生在其他藻类或基质上 ……………………………………… 2
   2. 藻丝直径 6～8（～14）μm，细胞方形，直径与长度几乎相等，有时细胞的长度可达其直径的 2 倍 ……………………………………………… **海生束藻 *Symploca hydnoides***
   2. 藻丝较大，直径 12.5～16 μm；细胞呈扁圆柱状，高仅 2.5～4 μm………………………………………… **丛簇束藻 *Symploca caespitosa***

Key to the species of *Symploca*

1. Freshwater species，or brackish habitats；trichomes 4.5–8 μm in diameter，sheaths up to 2.5 μm wide ……………………………………………… *Symploca muscorum*
1. Marine species；epiphytic on various algae，or other substrates …………………… 2
   2. Trichomes 6–8（–14）μm in diameter；cells isodiametric，or 2 times longer as wide ……………………………………………… *Symploca hydnoides*
   2. Trichomes more large，12.5–16 μm in diameter；cells short，only 2.5–4long ……*Symploca caespitosa*

62. 丛簇束藻 图版 II：9，10

Symploca caespitosa Tseng et Hua，nom illeg，Hua Maosen and C. K. Tseng in C. K. Tseng（ed.），1983，p. 28，pl. 18：1a，b；Huang Shufang，1998，p. 111.

藻体由许多的丝体密集聚生，相互缠绕，形成簇状的藻团，暗蓝绿色或微黄绿色，高 2～6 mm，呈直立的簇状，或小山峰状，由匍匐的基部和直立向上的束状丝体组成藻层。丝体的直径宽大，直径 22.5～28（～30）μm，自平卧的基部上升，许多丝体彼此黏结在一起呈直立的束状。胶质鞘稍厚，4～6 μm，无色透明。藻丝直径 12.5～16 μm，顶端细胞不渐细，细胞很短，仅长 2.5～4 μm，顶端细胞圆形，不形成冠状物。

习性：生长在潮间带，或在潮上带的岩石上，或者扩展到盐田内的湿土表面。

产地：海南省的海南岛及台湾省。

63. 海生束藻 图 48

Symploca hydnoides（Harvey）Kützing，1849，p. 272；Chu Hao-Jan，1959，p. 11，pl. III， fig. 6; Setchell and Gardner, 1919, p. 81, pl. 1, figs. 12, 13; Newton, 1931, p. 21, fig. 16, A. B. C; Geitler, 1932, p. 1119, fig. 724; Frémy, 1934, p. 81, pl. 21, fig. 3; Umezaki, 1961, p. 55, pl. 9, fig. 1; Hua Maosen, 1978, p. 62, pl. II: 2; Lee In Kyu and Jae Won Kang, 1986, p. 313; Silva, P. C., P. W. Basson and R. L. Moe, 1996, p. 57; Huang Shufang, 1998, p. 112; 2000, p. 208; Komárek et Anagnostidis, 2005, p. 493.

Calothrix hydnoides Harvey, 1833, p. 368.

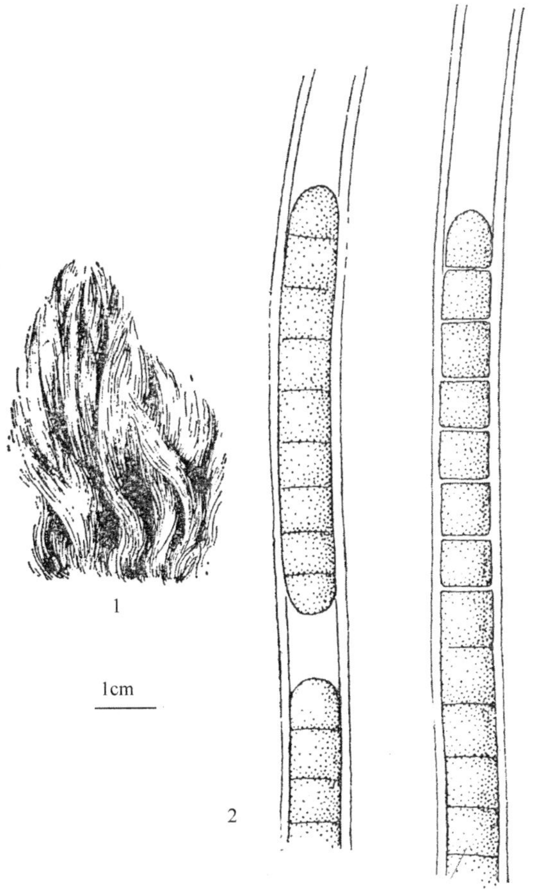

图 48 海生束藻 *Symploca hydnoides*（Harvey）Kützing，藻体的部分形态

1. 一个藻体的外形；2. 2 条丝体的顶部

Fig. 48 *Symploca hydnoides*（Harvey）Kützing，thalli showing its habit sketch

1. Habit sketch of a frond; 2. Apex of two filaments

模式标本产地：苏格兰（Appin，Argyll，Scotland）。

藻体由许多的丝体密集聚生，相互交织缠绕形成簇状的藻团，由基部附着，呈直立的簇状，或小山峰状，深蓝绿色，高 1～3 cm，其基部往往随着藻体的成熟而变成淡蓝绿色或泥污色。胶质鞘薄而透明，在一个胶质鞘中只有一条藻丝，偶有假分枝。很多藻丝往往互相黏连交织而形成束状体，整个植物体由几个或十几个束状体黏连而成。藻丝细胞的直径宽 6～8 μm，长 5～14 μm。细胞内充满颗粒体，尤其在相邻两细胞的横壁处如此，顶端细胞稍有膨大，但不呈冠状。

习性：生长在礁湖内的中潮线至低潮线一带的礁石、死珊瑚和泥沙地上。在青岛实验室内紫菜培养皿中也有发现。

产地：山东省青岛沿海，台湾省，及海南省三沙市西沙群岛的永兴岛、琛航岛、广金岛、金银岛及中建岛。

国外分布：为世界性分布的种类，主要分布在太平洋、大西洋、印度洋，和地中海的热带至温带区，没有发现陆生习性的报道。

64. 藓生束藻 图 49，图版 III：1，2

Symploca muscorum（Ag.）Gomont，1890，p. 345；Biswas，1926，p. 25，pl. VII，fig. 13，Hua Maosen and C. K. Tseng in C. K. Tseng（ed.），1983，p. 28，pl. 18：2a，b；Silva，P. C.，P. W. Basson and R. L. Moe，1996，p. 58；Komárek et Anagnostidis，2005，p. 493.

Oscillatoria muscorum C. Agardh，1824，p. 65.

模式标本产地：瑞典（Jader Vastmanland，Sweden）。

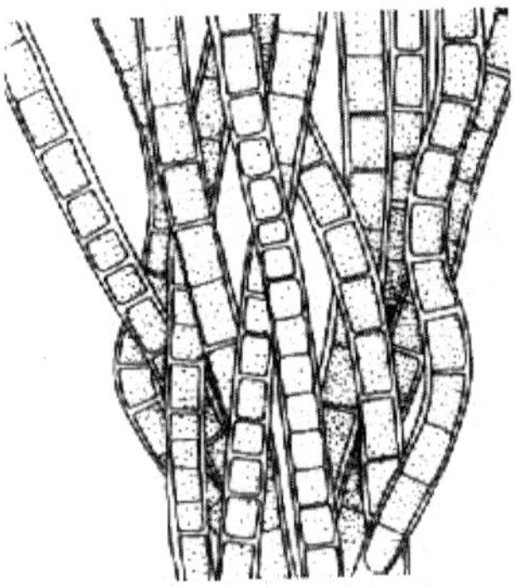

图 49　藓生束藻 *Symploca muscorum*（Ag.）Gomont，藻体的部分形态。（仿曾呈奎，1983）

Fig. 49　*Symploca muscorum*（Ag.）Gomont，Part of filaments，thallus showing its habit sketch.（after Tseng，1983）

藻体由许多丝体密集生长形成彼此交织，有时略呈平行的束状藻团，呈现匍匐的基部和直立向上的上端部的分化，在上端部常呈叉状的假分枝，蓝绿色或微黑绿色。丝体直走，或弯曲，在基部的丝体常扭曲并缠绕，而上部很少扭曲，稍平行，不分枝。胶质鞘坚固，无色透明，或多或少呈胶质状。藻丝的直径 5～8 μm，相邻两细胞横壁处不收缩，细胞长 5～11 μm，顶端细胞圆形，但不成冠状体。

习性：生长在潮间带的上部，或在潮上带的岩石上。

产地：海南省海南岛。

国外分布：北美，加勒比海及印度。

微鞘藻亚科 Microcoleoideae Hansgirg

Hansgirg，1892，p.56

藻体为束状的丝状体，在同一个宽大的公共胶质鞘内由数条或很多条的藻丝聚集，彼此缠绕，或平行排列所形成的藻团。公共胶质鞘有时具分枝，其顶端部呈散裂开放，或紧闭。丝体通常没有基部及上端部的异端分化。藻丝直走，或弯曲。细胞长圆柱形，方形，或扁压，含有颗粒体，或没有颗粒体。繁殖主要依靠藻殖段的形成，或丝体的折断。

微鞘藻亚科在本书中报道 3 属。

微鞘藻亚科分属检索表

1. 公共胶质鞘通常无色透明，黏胶状，在公共胶质鞘表层偶有横截式束丝的缢缩……………………………………………………………………………………………………**链鞘藻属 *Sirocoleum***
1. 公共胶质鞘宽大，柔软或坚韧，不存在胶质鞘表层的横截式束丝的缢缩……………………2
   2. 细胞圆柱形，在同一公共胶质鞘内，由无数的藻丝稠密地缠绕，或平行排列……………………………………………………………………………………**微鞘藻属 *Microcoleus***
   2. 细胞通常扁压状，在同一公共胶质鞘内，只有少数藻丝，或 2～4 条藻丝疏松分散地排列，或缠绕……………………………………………………………………**水鞘藻属 *Hydrocoleum***

Key to the genus of Microcoleoideae

1. Common sheaths colourless, mucilaginous, occasionally with crosswise constrictions……………*Sirocoleum*
1. Common sheaths wide, soft, and sticky, without crosswise constrictions ……………………2
   2. Cells cylindrical; numerous trichomes densely entangled, or paralleled within a common sheath…………………………………………………………………………*Microcoleus*
   2. Cells compressed, a few of trichomes loosely arranged, usually 2–4 trichomes in a common sheath……………………………………………………………………………*Hydrocoleum*

链鞘藻属 *Sirocoleum* Kützing ex Gomont
Kützing ex Gomont，1892，p. 347

藻体为很长的束状丝体。蓝绿色或深蓝绿色，通常在同一公共胶质鞘内，由许多的藻丝聚集生长，彼此紧密缠绕排列，有时单独生存，有时密集形成簇状的藻团，附生在基质上，丝状体常有双叉状的假分枝，蓝绿色或深蓝绿色。有时在公共胶质鞘的表层有横截式束丝的缢缩现象。藻丝直走或弯曲，长圆柱形，顶端细胞不渐尖，其外壁圆锥形，不呈冠状物。

链鞘藻属在世界上仅报道 2 种，均为暖温带海产种类，有少数产于淡水水体的报道，需要进一步的研究。

在我国海产藻链鞘藻属仅报道 1 种。

65. 库氏链鞘藻　图 50

Sirocoleum kurzii（Zeller）Gomont，1892，p. 349，pl. XIV，figs. 3-4；De Toni，1907，p. 370；Gardner，1932，p. 289；Geitler，1932，p. 1131，fig. 738；Frémy，1934，p. 71，pl. 18，fig. 4；Desikachary，1959，p. 340，pl. 47，fig. 5；Umezaki，1956，p. 89；1961，p. 32，pl. 4，fig. 2；Hua Maosen，1985，p. 34，fig. 5：2；Lee，In Kyu and Jae Won Kang，1986，p. 313；Silva，P. C.，L. W. Basson and R. L. Moe，1996，

p. 56；Komárek et Anagnostidis，2005，p. 607.

Chthonoblastus kurzii Zeller，1873，p. 178.

Microcoleus weeksii Setchall et Gardner 1918，p. 470，pl. 40，fig. 24；Umezaki，1961，p. 32.

Hydrocoleum boergesenii Gardner，1932，p. 289.

Microcoleus boergesenii Frémy，1939，p. 12，fig. 1；Umezaki，1961，p. 32.

模式标本产地：缅甸（Elephant Point，Pegu，Burma）。

藻体为束状丝体，通常孤生，有时许多丝体聚生，蓝绿色。丝状体中等长度，275～500 μm，通常由许多条藻丝集成一束，外面有公共胶质鞘包裹，直径 35～55 μm。胶质鞘无色透明，没有层次，常呈水解状态；在束状丝体的两端，随同胶质鞘一起有时呈不规则的假分枝（或分叉），多数为双叉状分枝。藻丝直走，很少弯曲，直径 4.8～6 μm，细胞很短，长仅 1.5～3 μm，是其直径的 1/4～1/2 倍，顶端细胞钝圆或圆锥形，不呈冠状。

习性：生长在礁湖内中潮带至低潮带，附生在礁石或死马蹄螺壳的表面，与蓝枝藻 *Hyella* sp.、颤藻 *Oscillatoria* sp.、鞘丝藻 *Lyngbya* sp.、微鞘藻 *Microcoleus* sp.、双须藻 *Dichothrix* sp.、眉藻 *Calothrix* sp.和褶丝藻 *Kyrtuthrix* sp.等混生在一起。

产地：海南省三沙市西沙群岛的金银岛及琛航岛。

国外分布：太平洋：美国（加利福尼亚和佛罗里达半岛沿岸）；大西洋：欧洲沿岸；地中海：阿尔及利亚；印度洋：印度、缅甸等地沿岸。

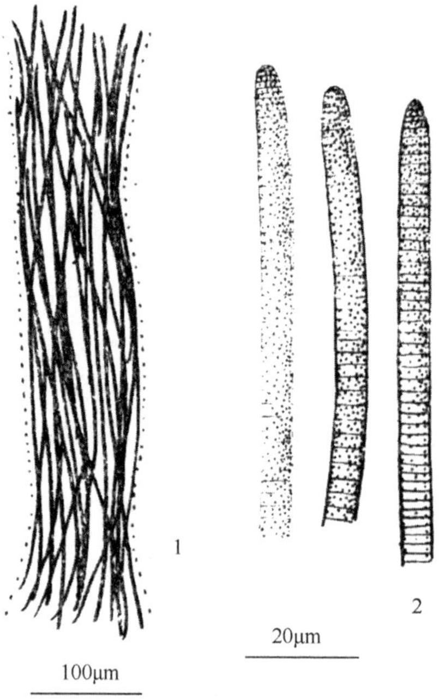

图 50　库氏链鞘藻 *Sirocoleum kurzii*（Zeller）Gomont，藻体的部分形态

1. 一束丝体的外形；2. 3 条丝体顶端的高倍放大

Fig. 50　*Sirocoleum kurzii*（Zeller）Gomont，thalli showing its habit sketch

1. Habit sketch of a fascicular filaments；2. Enlargment of high time of apex of three filaments

库氏链鞘藻在西沙群岛的标本数量不多，藻丝的直径往往较模式标本所描述（直径7～10 μm）的小一些。部分标本的胶质鞘较难见到，全部呈水解状态，所以两端的分叉也不易观察到。但从丝束的大小以及藻丝直径来看，西沙群岛的标本与日本产的标本较相似。

微鞘藻属 *Microcoleus* Desmazières ex Gomont
Desmazières ex Gomont，1892，p. 350

藻体为多条至许多条藻丝集合在同一胶质鞘内所形成的丝状体。丝体单独生存，或形成彼此交织的藻团，蓝绿色，附生在多种基质上。在一个公共胶质鞘内，藻丝密集聚生，常彼此平行，或缠绕，或呈绳索般交集在一起，有时具有假分枝，或假分枝不存在。公共胶质鞘肥厚宽大，呈长圆柱状，通常无色透明，没有层次，有时呈水解状态，包裹其内的藻丝可以在显微镜下看到随意的转动与伸缢。公共胶质鞘的分枝末端有时开放，有时封闭，有时可以看到少数藻丝穿透公共胶质的顶端而溢出于胶质鞘外。细胞为长圆柱形，细胞的直径小于其长度，藻丝顶端部的细胞多数呈圆锥形，或钝圆形，有时呈冠状形态。藻丝通常存在极性分化。繁殖主要依靠藻殖段的形成，及丝体或藻丝的折断。

模式种：*Microcoleus vaginatus*（Vaucher）Gomont ex Gomont。

微鞘藻属在本书中报道 2 种。

微鞘藻属分种检索表

1. 丝状体的宽度为 25～130（～140）μm；藻丝直径 2.5～6 μm ………………………………………… **喜泥微鞘藻 *Microcoleus chthonoplastes***

1. 丝状体很大，宽度为 200～500 μm；藻丝直径 6～10（～12.5）μm ………………………………………… **巨型微鞘藻 *Microcoleus majuscula***

Key to the species of *Microcoleus*

1. Filaments 25–130（–140）μm wide；trichomes 2.5–6 μm in diameter ………… *Microcoleus chthonoplastes*

1. Filaments large，200–500 μm wide；trichomes 6–10（–2.5）μm in diameter ……… *Microcoleus majuscula*

66. 喜泥微鞘藻　图 51

Microcoleus chthonoplastes（Mertens）Zanardini，1840，p. 200；Gomont，1892，p. 353，pl. 14，figs. 5-8；Silva，P. C.，P. W. Basson and R. L. Moe，1996，p. 47；Komárek et Anagnostidis，2005，p. 534.

Conferva chthonoplasts Mertens in Hornemann，1813，p. 6.

Microcoleus chthonoplastes（Mertens）Thuret，1878，p. 13，pl. 4；Tseng，C. K. 1936，p. 12，pl. II，4；Tilden，1910，p. 155，pl. VI，fig. 28；Newton，1931，p. 27，fig. 19. A. B. C. D；Geitler，1932，p. 1133，fig. 739；Frémy，1934，p. 67，pl. 17，fig. 7；Desikachary，1959，p. 343，pl. 60，fig. 7-9；Umezaki，1961，p. 37，pl. 5，fig. 2；Chou Chenying and Chen Zhuohua，1965，p. 2；1983，p. 100；Hua Maosen，1978，p. 63，pl. II：4，A，B；Sun Jianzhang，2006，p. 58；Chu Hao-Jan（ed.），2007，p. 75.

Chthonoplastus lyngbyei Kützing，1843，p. 197.

Microcoleus lyngbyei（Kützing）P. Crouan & H. Crouan，1867，p. 114.

Microcoleus salinus（Kützing）Montagne in Castagne，1851，p. 113.

模式标本产地：丹麦（Odense，Fjord，Denmark）。

藻体绝大多数与其他藻类混生在一起，有时很多丝体密集于一处，彼此平行或缠绕，形成蓝绿色的藻层。丝体很长，呈不规则的弯曲状。在一个胶质鞘中有数条至十条以上的藻丝，有时稀松、有时紧密地互相缠扭在一起。公共胶质鞘透明，外层往往渐变粗糙，其顶端通常呈封闭状。藻丝蓝绿色，宽为2.5～6 μm，长为3.5～10 μm，长是宽的1～2倍，相邻两细胞间横壁处有缢缩，末端细胞呈圆锥形。

习性：生长在中潮带上部至高潮带的礁石表面，与束枝藻 *Gardnerula* sp.混生在一起。

产地：海南省三沙市西沙群岛的金银岛南至东南面，及我国福建平潭岛、厦门。

国外分布：为世界性分布的种类，主要分布在太平洋、大西洋、印度洋和地中海的热带至温带区。

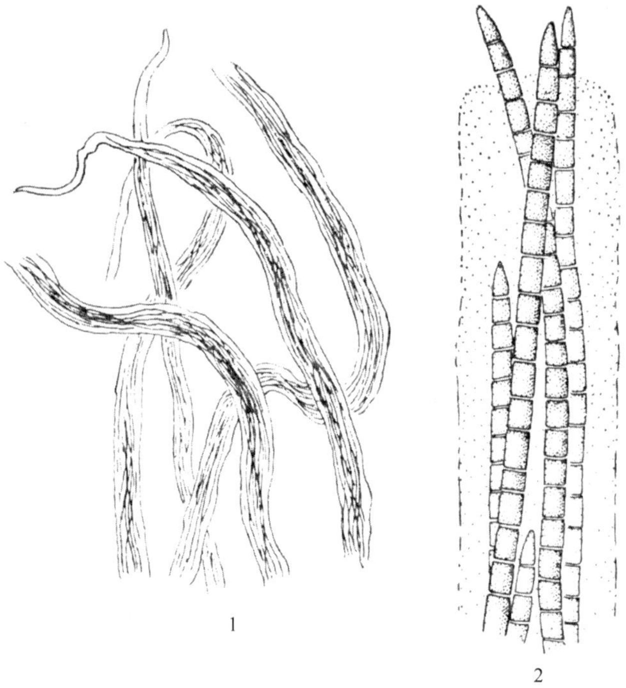

图 51　喜泥微鞘藻 *Microcoleus chthonoplastes*（Mertens）Zanardini，藻体的部分形态

1. 几条丝体的低倍镜观察；2. 几条藻丝的顶部

Fig. 51　*Microcoleus chthonoplastes*（Mertens）Zanardini，thalli showing its habit sketch

1. Surface view of low-time of some filaments；2. Apex of some trichomes

喜泥微鞘藻在我国西沙群岛的金银岛南至东南面中潮带的上部，至高潮带位延伸约200 m长的一片礁石上，生长极为繁茂，呈蓝绿色，主要是与束枝藻彼此混生在一起。只要任取束枝藻藻层的一部分制片镜检，就可观察到喜泥微鞘藻的存在。在此处，束

枝藻的藻层厚达 0.7～1 cm，喜泥微鞘藻多数在这一藻层的底部，至顶部均有大量存在，把束枝藻藻层的一小片用水洗去污泥和沙子后，在藻层的底部可以发现似棉花纤维状的细须，此即为喜泥微鞘藻。西沙群岛金银岛的标本与模式种的特征描述完全一致。其丝体宽 30～100 μm，个别的达 125 μm，比日本产的标本（宽 30～90 μm）和印度沿岸产的标本（宽 27～45 μm）宽些。

67. 巨型微鞘藻　图版 III：4，5，6

Microcoleus majuscule Tseng et Hua, nom illeg, Hua Maosen and C. K. Tseng in C. K. Tseng (ed.)，1983，p. 30，pl. 19：1a-c.

藻体为多条至许多条藻丝集合在同一胶质鞘内所形成的丝状体。丝体单独生存，或彼此交织，蓝绿色。丝体很长，达 1～2 cm。众多的丝体彼此交集，形成深蓝绿色的藻层，呈膜状，附生在高潮带或潮上带石块，或潮湿的泥土上。丝体宽大，直径 200～500 μm，直走或弯曲，其顶端部分的丝状体常呈游离状态，有很多规则或不规则的双叉状假分枝。公共胶质鞘肥厚，宽大，无色透明，有时呈水解状态。藻丝的直径 5～8 μm，细胞长 2～3μm。藻丝有时很短，仅有 3～10 个细胞，很多正在形成藻殖段。藻丝顶端部分通常稍渐尖，顶端细胞圆形，但不成冠状体，内含物均匀，无颗粒体，顶端细胞通常稍长，6～10（～12.5）μm，其外壁宽圆形。繁殖主要依靠藻殖段的形成，及丝状体的断裂。

习性：生长在潮间带上部，或潮上带的岩石上。

产地：海南省海南岛。

水鞘藻属 *Hydrocoleum* Kützing ex Gomont

Kützing ex Gomont，1892，p.332

藻体为少数藻丝松散排列在同一公共胶质鞘内的丝状体，常单独存在，或聚集形成无定型的黏状藻团，呈扁平状或垫状。藻丝直走，或弯曲，在一个公共胶质鞘内，通常有 2～10 藻丝，多数为平行排列。细胞多少呈扁平，其直径大于细胞的长，顶端细胞往往外壁加厚呈冠状物。

水鞘藻属在本书中报道 1 种。

68. 合生水鞘藻

Hydrocoleum confluens（Setchell et Gardner）Drouet，1942，p. 134.

Microcoleus confluens Setchell et Gardner，1918，p. 471，pl. 40，fig. 25；Geitler，1932，p. 1133，fig. 739；Tseng and Li，1935，p. 198；Chu Hao-Jae，1959，p. 12，pl. III：8；Zhou Zhenying and Chen Zhuohua，1983，p. 100；Sun Jianzhang，2006，p. 58.

模式标本产地：不详。

藻体是由 1～8 条藻丝松散排列在一个公共胶质鞘内的丝状体，附着于各种海藻的基部或岩石表面，灰绿色或蓝绿色。胶质鞘宽厚，中部的胶质鞘包含藻丝最多，自此向两端逐渐减少。公共胶质鞘具双叉状分枝。胶质鞘无色透明，起初坚韧，后来逐步呈水解状态，质均匀，乳白色，外表平整或粗糙。藻丝直径 4.5～6 μm，其长为细胞直径的 1/4～1/2 倍，相邻两细胞间横壁处微有缢缩，顶端细胞外壁钝圆形，微有加厚现象。繁殖以藻殖段的形成，及丝体的断裂为主。

习性：生长在潮间带羽藻 *Bryopsis* sp.的基部。

产地：山东省青岛、烟台、威海，辽宁省大连，福建省，浙江省。

国外分布：太平洋沿岸。

颤藻科 Oscillatoriaceae（S. F. Gray）Harvey ex Kirchner Harvey ex Kirchner，1898，p.6

藻体为丝状体，在同一胶质鞘内含有一条，或多条藻丝，不分枝，或具有假分枝。藻丝通常缺乏胶质鞘，或胶质鞘明显存在，有时有明显的层次；在藻丝的顶端部分呈封闭，或开放的形态。藻丝为单列细胞的圆柱形，整个丝体的两端呈同型，或不同型的形态，直走或稍有弯曲，其直径大小的范围较大，为 6～35（～80）μm。细胞通常为扁盘形，其直径大于细胞的长度，两相邻细胞间横壁处具有缢缩，或不存在缢缩，顶端细胞形态各异；细胞内含物均匀，或有颗粒体。气泡通常缺乏。不具有异形胞和厚壁孢子。

繁殖主要依靠藻殖段、藻殖孢的形成，刚形成的藻殖段通常没有胶质鞘，及细胞的分裂，或丝体的断裂也能形成新个体。

颤藻科在本书中可分为 2 个亚科。

颤藻科分亚科检索表

1. 丝体两端同型，整个藻丝没有极性分化……………………………………………**颤藻亚科 Oscillatorioideae**
1. 丝体两端有极性分化，基部较宽大，而上端部渐尖，或有时呈毛状……………………………………………………………………………………………………**同丝藻亚科 Homoeotrichoideae**

Key to the subfamilies of Oscillatoriaceae

1. Filaments isopolar，with morphologically the same ends in whole trichomes…………………Oscillatorioideae
1. Filaments heteropolar，with a widened base；and narrowed，or forming hair-like terminal part………………………………………………………………………………………Homoeotrichoideae

颤藻亚科 Oscillatorioideae Komárek et Anagnostidis Komárek et Anagnostidis，2005，p.574

藻体为单列细胞的圆柱状丝体，丝体两端同型，没有基部和顶端部的极性分化，缺乏胶质鞘，或胶质鞘明显存在，无色透明，有时具有明显的层次。胶质鞘内含一条藻丝，偶有 2 条至多条藻丝，不分枝，或偶有假分枝。细胞通常为扁盘形，其直径大于细胞的长度，有时是细胞长度的好几倍。

颤藻亚科在本书中报道 3 属 14 种。

颤藻亚科分属检索表

1. 藻丝不具有胶质鞘…………………………………………………………**颤藻属 *Oscillatoria***
1. 藻丝具有明显的胶质鞘……………………………………………………………………2
 2. 胶质鞘内只含有一条藻丝，不具假分枝……………………………………**鞘丝藻属 *Lyngbya***
 2. 胶质鞘内有 2 至多条藻丝，有时具有假分枝…………………………**多丝藻属 *Blennothrix***

Key to the genus of Oscillatorioideae

1. Trichomes without an evident sheath……………………………………………*Oscillatoria*
1. Trichomes with an evident sheath……………………………………………………2
 2. Sheath containing a single trichome，unbranched……………………………*Lyngbya*
 2. Sheath containing two to several trichomes，falsely branched sometimes…………*Blennothrix*

颤藻属 *Oscillatoria* Vaucher ex Gomont
Vaucher ex Gomont，1892，p. 198

藻体为单列细胞的圆柱状丝体，通常缺乏胶质鞘，或具有极薄的胶质鞘，无色透明。单独生存，或集成小群体，或由许多藻丝聚集，形成皮壳状或块状的浮游群体，或混生在其他藻体中间。藻丝呈单列细胞的丝体，呈或短或长的圆柱形，不分枝，直走或稍弯曲，常能颤动滑行。相邻两细胞间的横壁处缢缩，或不缢缩。藻丝末端部略渐细，细胞内含物均匀，或具颗粒体，少数种类的细胞具有气泡，顶端细胞多样，通常呈钝圆形，末端细胞壁增厚，或具帽状体形态。蓝绿色、浅褐色，或粉红色，繁殖主要以藻殖段的形成，及丝体的折断进行。

颤藻属是地球上最常见的蓝藻种类之一，世界性广泛分布。

模式种：*Oscillatoria princeps* Vaucher ex Gomont。

颤藻属在本书中报道 5 种。

颤藻属分种检索表

1. 海水种类……………………………………………………………………………2
1. 淡水种类，或具咸水性，或气生习性的种类…………………………………………3
 2. 藻丝的直径 15～25 μm，细胞呈扁盘形；相邻两细胞间的横壁处有缢缩现象……………………………………………………………**庞氏颤藻 *Oscillatoria bonnemaisonii***
 2. 藻丝的直径较小，4～4.5 μm，细胞的直径与其长度几近相等；两相邻细胞间横壁处没有缢缩现象…………………………………………**艳绿颤藻 *Oscillatoria laetevirens***
3. 藻丝的直径 11～20 μm……………………………………**丰裕颤藻 *Oscillatoria limosa***
3. 藻丝的直径小于 11 μm…………………………………………………………………4
 4. 藻丝的直径 8～10 μm；相邻两细胞间横壁处微有缢缩现象…………**清净颤藻 *Oscillatoria sancta***
 4. 藻丝的直径较小，5～6 μm；相邻两细胞间横壁处没有缢缩现象··**较短颤藻 *Oscillatoria subbrevis***

Key to the species of *Oscillatoria*

1. Marine species ……………………………………………………………………2

1. Freshwater species, or in brackish, or subaerophytic habitat…………………………………………………… 3
2. Trichomes 15–25 μm in diameter; cells discoid, constricted at cross-walls… *Oscillatoria bonnemaisonii*
2. Trichomes smaller, 4–4.5 μm in diameter; cells nearly isodiameter; not constricted at cross-walls ……
…………………………………………………………………………… *Oscillatoria laetevirens*
3. Trichomes 11–20 μm in diameter ……………………………………………………… *Oscillatoria limosa*
3. Trichomes less than 11 μm in diameter…………………………………………………………………… 4
4. Trichomes 8–10 μm in diameter; slightly constricted at cross-walls ……………………… *Oscillatoria sancta*
4. Trichomes smaller, 5–6 μm in diameter; not constricted at cross-walls …………… *Oscillatoria subbrevis*

69. 庞氏颤藻　图 52

Oscillatoria bonnemaisonii（P. Crouan & H. Crouan）P. Crouan & H. Crouan, 1860, p. 371; Reinbold, 1907, p. 553; Islam, 1976, p. 70, pl. 72, fig. 410; Silva, P. C., P. W. Basson and R. L. Moe, 1996, p. 41; Komárek et Anagnostidis, 2005, p. 581.

Oscillaria bonnemaisonii P. Crouan & H. Crouan in Desmazieres, 1858, no. 537; Gomont, 1892, p. 215, pl. 6, figs. 17, 18; Tilden, 1910, p. 68, pl. IV, fig. 10; Setchell and Gardner, 1919, p. 60; Newton, 1931, p. 16; Gardner, 1932, p. 271; Geitler, 1932, p. 942, fig. 597a; Frémy, 1934, p. 118, pl. 30, fig. 6; 1939, p. 31; Chapman, 1956, p. 353, fig. 3, nos. 6, 7; Umezaki, 1961, p. 68, pl. 11, fig. 1; Velasquez, 1962, p. 288, pl. 1, fig. 16. Hua Maosen, 1983, p. 58, fig. 2: 1; Chu Hao-Jan（ed.）, 2007, p. 109.

模式标本产地：法国。

藻体常和他种丝状蓝藻混生在一起，丝体很长，通常有些弯曲，有时呈疏松而规则的波状，或呈现螺旋状的卷曲。藻丝的直径 15～25 μm，其顶端部有时略为渐尖，通常不呈渐尖状态；相邻两细胞间横壁处微有缢缩，没有颗粒体。细胞高 3.5～6 μm，在原生质中常有少数较大的颗粒体。藻丝的顶端细胞其外侧呈凸状，没有加厚现象，也不呈冠状。

习性：常生长在礁湖内的中潮带部位。附生在泥沙地表，或礁石的表面，常与巨大鞘丝藻 *Lyngbya majuscula*、丝状鞘丝藻 *Lyngbya confervoides*，织线藻 *Plectonema* sp.、微毛藻 *Microchaete* sp.等混生在一起。

产地：海南省三沙市西沙群岛。

国外分布：太平洋：日本，能登半岛，琉球群岛的奄美大岛，菲律宾，新西兰，美国沿岸及夏威夷群岛，波利尼西亚；大西洋：加勒比海，英国，法国；地中海：前南斯拉夫（达尔马提亚沿岸）。

庞氏颤藻是颤藻属中藻丝直径最大的种类之一。其藻丝直径的变异幅度也很大，一般为 18～30 μm。据 Umezaki 报道，采自琉球群岛的标本其藻丝的直径可达 36 μm。我国西沙群岛标本的藻丝直径大多为 20～25 μm，相邻两细胞间横壁处的缢缩十分轻微，有时几乎没有缢缩。唯琛航岛的标本藻丝直径较小，仅 15～18.8 μm。就藻丝直径的大小来说，采自琛航岛的标本与斑点颤藻 *Oscillatoria margaritifera* 颇为相似，然而琛航岛的标本与斑点颤藻有明显的区别：①藻丝的顶端细胞没有外侧膜加厚现象；②横壁处仅有轻微缢缩。因此它应仍为庞氏颤藻。

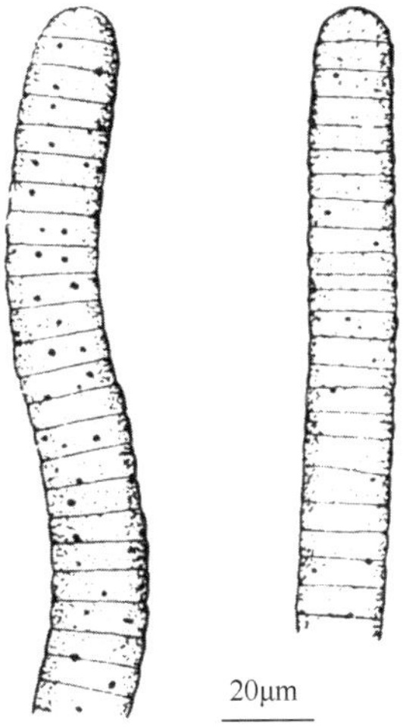

图 52　庞氏颤藻 *Oscillatoria bonnemaisonii*（P. Crouan & H. Crouan）P. C rouan & H Crouan，藻体的部分形态

Fig. 52　*Oscillatoria bonnemaisonii*（P. Crouan & H. Crouan）P. C rouan & H Crouan，thalli showing its habit sketch

70. 绝绿颤藻　图 53

Oscillatoria laetevirens（P. Crouan & H. Crouan）Gomont，nom，illeg.，1892，p. 226；Chu Hao-Jan，1959，p. 8，pl. II，fig. 8；Sctchell and Gardner，1919，p. 64；Taylor，1928，p. 45，pl. 1，fig. 13；Gardner，1932，p. 269；Geitler，1932，p. 949，fig. 603c；Frémy，1934，p. 126，pl. 31，fig. 12；C. K. Tseng，1936b，p. 10；Chapman，1956，p. 354，fig. 3，no. 1；Umezaki，1951，p. 267，fig. 13b；1961，p. 72，pl. 11，fig. 7；Hua Maosen，1983，p. 56，fig. 1：3；Silva，P. C.，P. W. Basson and R. L. Moe，1996，p. 42；Sun，Jianzhang，2006，p. 58；Komárek et Anagnostidis，2005，p. 404；Chu Haa-Jan（ed.），2007，p. 115.

Oscillaria laetevirens P. Crouan & H. Crouan，1867，p. 112.

模式标本产地：法国。

藻体常密集生长形成薄薄的膜状藻层，亮绿色或蓝绿色。藻丝通常直走，细小柔软，或呈波状，直径 4～4.5 μm。藻丝的顶端部明显渐尖，有时略呈波状弯曲。细胞高 2.5～5 μm，几乎呈方形，或略压扁。相邻两细胞间横壁处略有缢缩，往往具有颗粒体。藻丝的顶端细胞外端呈钝圆形，无加厚现象，也未形成冠状。

习性：生长在礁湖内的低潮线附近，与鞘丝藻 *Lyngbya* sp.、微鞘藻 *Microcoleus* sp.、席藻 *Phormidium* sp.、眉藻 *Calothrix* sp.、双须藻 *Dichothrix* sp.等混生在一起。

产地：海南省三沙市西沙群岛，及我国福建省厦门，山东省青岛、威海、烟台等地的沿岸。

国外分布：太平洋：日本，菲律宾，新西兰，墨西哥（雷维利亚希赫多群岛），夏威夷群岛，新喀里多尼亚岛及北美沿岸；大西洋：美国（佛罗里达半岛），加拿大（新斯科舍），英国，法国沿岸，加勒比海，波多黎各，巴巴多斯，百慕大群岛；印度洋：斯里兰卡。

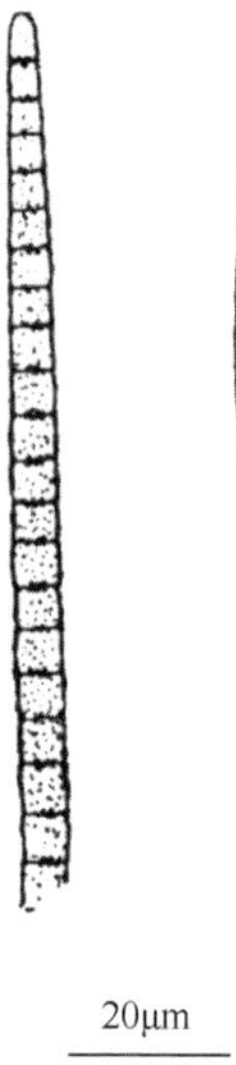

图 53　艳绿颤藻 *Oscillatoria laetevirens*（P. Crouan & H. Crouan）Gomont，藻体的部分形态

Fig. 53　*Oscillatoria laetevirens*（P. Crouan & H. Crouan）Gomont，thalli showing its habit sketch

71. 丰裕颤藻　图 54

Oscillatoria limosa Agardh，nom，illeg.，1813，p. 23；Tilden，1910，p. 65，pl. IV，fig. 6；Geitler，1932，p. 944；Frémy，1934，p. 117，pl. 30，fig. 4；Desikachary，1959，p. 206，pl. 42，fig. 11；Hua Maosen，1978，p. 60，pl. I：4；Komárek et Anagnostidis，2005，p. 593；Chu Hao-Jan（ed.），2007，p. 116，pl. LXXVII：1.

模式标本产地：不详。

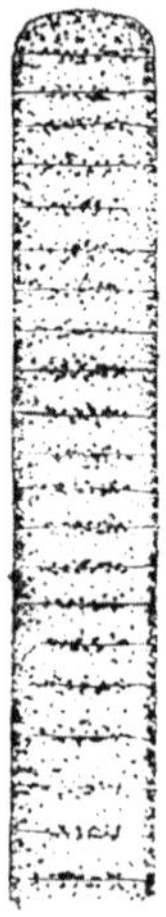

图 54　丰裕颤藻 *Oscillatoria limosa* Agardh，藻体的部分形态

Fig. 54　*Oscillatoria limosa* Agardh，thallus showing its habit sketch

藻体为多细胞的单列丝状体。单条丝体孤独存在于其他藻类之间，或很多藻丝聚集在一起形成薄薄的藻层，呈深蓝绿色、蓝绿色，或淡黄绿色，干标本常呈橄榄绿色。藻丝通常直走，或弯曲，通常没有胶质鞘。藻丝的直径为 11～20 μm，一般为 13～16 μm，

藻丝的顶端部不渐尖，顶端细胞外侧呈凸形，但不呈冠状。细胞长 2～5 μm，是其宽的 1/6～1/3 倍，相邻两细胞的横壁处不缢缩，或微有缢缩，在横壁处有颗粒体。

习性：生长在礁湖内的低潮线附近，与其他藻类混生在一起，如附生在死珊瑚的表面，或泥沙基质上，常与席藻 *Phormidium* sp.、颤藻 *Oscillatoria* sp.、眉藻 *Calothrix* sp.、螺旋藻 *Spirulina* sp.等混生在一起。

产地：海南省三沙市西沙群岛。

国外分布：英国，法国沿岸，加勒比海，美国（缅因州、马萨诸塞州、罗德岛、新泽西州、阿拉斯加、华盛顿州沿岸），及印度。本种还分布在广大陆地上的淡水环境中。

丰裕颤藻主要为淡水习性的丝状蓝藻，但在微盐水和海洋中常有发现。我国西沙群岛的标本绝大多数为单条藻丝孤独存在于其他的藻类之间，很少形成优势种的藻层。这些标本的主要特征与模式种的描述相符。

72. 清净颤藻 图 55，图版 III：7

Oscillatoria sancta（Kützing）Gomont，1892，p. 209；Venkataraman，1958，p. 473；Anand，N. & Venkatesan，1985，p. 102；Silva，P. C.，E. G. Menez，and R. L. Moe 1987，p. 11；Jagtap，1993，table I；Silva，P. C.，P. W. Basson and R. L. Moe，1996，p. 44；Hua and C. K. Tseng in C. K. Tseng（ed.），1983，p. 20，pl. 14：3；Komárek et Anagnostidis，2005，p. 594.

Oscillaria sancta Kützing，1947，p. 30，pl. 42，fig. VII.

模式标本产地：意大利。

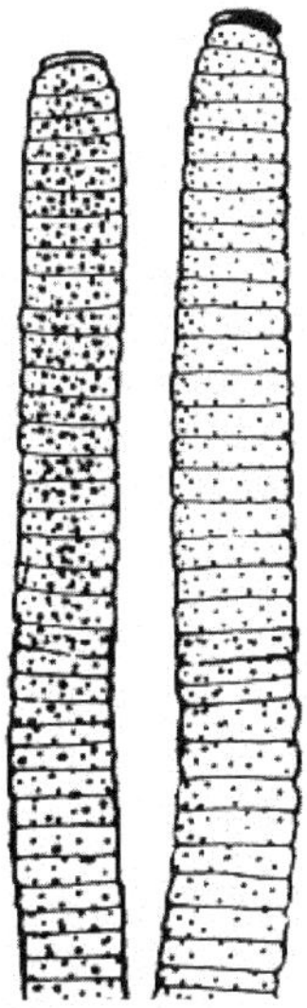

图 55 清净颤藻 *Oscillatoria sancta*（Kützing）Gomont，藻体的部分形态，藻丝顶端细胞加厚成突出的冠状物（仿曾呈奎，1983）

Fig. 55 *Oscillatoria sancta*（Kützing）Gomont，thalli showing it s habit sketch，apical cells of trichomes thickened into convex calyptra（after Tseng，1983）

藻体常密集生长，群聚在一起，形成橄榄绿色，或褐绿色的，薄薄的膜状藻层。藻丝直走或略呈弯曲，细胞呈压扁形，直径 8～10 μm，细胞的长 2～3 μm。相邻两细胞间横壁处稍缢缩，通常能见到颗粒体。藻丝顶端部稍呈渐细，顶端细胞的外壁增厚，成为凸起的冠状体。

习性：生长在潮间带上部的岩石，或礁石上。

产地：海南省海南岛及三沙市西沙群岛等地。

国外分布：菲律宾，毛里求斯，印度，北美，夏威夷，百慕大群岛。

73. 较短颤藻 图 56，图版 II：11

Oscillatoria subbrevis Schmidle，1901，p. 243，pl. IV. fig. 7；Krishna Pillai，1957，p. 269；Salam and Khan，1979，p. 100，pl. II，fig. 8；Hua Maosen and C. K. Tseng in C. K. Tseng（ed.），1983，p. 22，pl. 15：2；Steinke and Naidoo，1990，table 1；Silva，P. C.，P. W. Basson and R. L. Moe，1996，p. 44；Komárek et Anagnostidis，2005，p. 587.

模式标本产地：坦桑尼亚（Usafwa，Tanzania）。

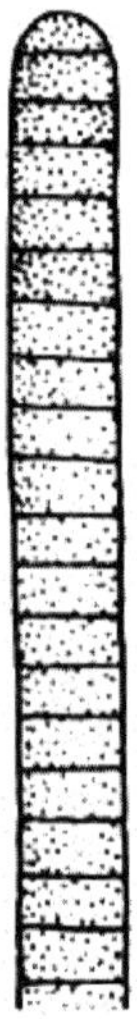

图 56　较短颤藻 *Oscillatoria subbrevis* Schmidle，藻体的部分形态，藻丝顶端细胞突出，无加厚的外壁（仿曾呈奎，1983）

Fig. 56　*Oscillatoria subbrevis* Schmidle，thallus showing it s habit sketch，apical cell of trichome convex，without a thickened outer wall（after Tseng，1983）

丝体通常孤独生长，常混生在其他藻类之间，蓝绿色，有时也形成薄薄的膜状藻层。藻丝通常直走，细胞的直径 5～6 μm，其细胞长 1～2 μm，相邻两细胞间横壁处不缢缩，原生质内没有或很少颗粒体。藻丝的顶端部不尖细，顶端细胞外侧圆锥形，但不增厚，不形成冠状体。

习性：生长在潮间带上部的岩石上。

产地：山东省。

国外分布：印度，南非，坦桑尼亚。

鞘丝藻属 *Lyngbya* C. Agardh ex Gomont

C. Agardh ex Gomont，1892，p. 118

藻体为单列细胞的丝状体，具有厚实的胶质鞘。蓝绿色、褐黄色，或浅蓝绿色，通常不具假分枝。许多藻体聚生常形成皮壳状或须状的藻团，有时长达几厘米，甚至达几十厘米。丝状体直走，或稍弯曲，胶质鞘通常无色透明，或具多种颜色，有层次或不分层次。相邻两细胞间横壁处缢缩，或不具缢缩；细胞通常很短，呈扁盘形，原生质内含物均匀，或具有颗粒体。浮游种类常具有气泡。藻丝的顶端细胞外壁通常加厚，或呈冠状的现象。繁殖主要依靠藻殖段的形成，以及丝体的折断。藻殖段常具有颤动的功能。

模式种：*Lyngbya confervoides* C. Agardh。

鞘丝藻属在本书中报道 6 种。

鞘丝藻属分种检索表

1. 丝体的全部，或部分贴附、缠绕在基质上，藻丝很小，直径 1.5～3 μm ………………………………………… **贴附鞘丝藻 *Lyngbya adherens***
1. 丝体直走，簇状，藻丝的直径大于 5 μm …………………………………… 2
 2. 藻丝的直径 8～8.5 μm，微红色，或带粉红、紫色，相邻细胞横壁处具缢缩………………………………………… **亚格鞘丝藻 *Lyngbya agardhii***
 2. 藻丝蓝绿色，或橄榄绿色，相邻两细胞间横壁处不具缢缩 ………………… 3
3. 藻丝的直径 5～10（～12）μm；顶端细胞呈扁圆锥形，或圆形的冠状 ………………………………………… **半丰满鞘丝藻 *Lyngbya semiplena***
3. 藻丝的直径大于 9 μm；顶端细胞不如上述，不呈冠状 …………………… 4
 4. 藻丝的直径 20～42.5（～60）μm；胶质鞘硬实肥厚，年老时常有层次，厚度可达 11 μm ………………………………………… **巨大鞘丝藻 *Lyngbya majuscula***
 4. 藻丝的直径不如上述宽大，胶质鞘比较薄 …………………………… 5
5. 藻丝的直径 15～20 μm，胶质鞘薄，后加厚，藻丝成熟时常呈亮黄色，或黄棕色………………………………………… **河口鞘丝藻 *Lyngbya aestuarii***
5. 藻丝的直径 9～25 μm，胶质鞘无色，后来逐渐加厚，可达 3.5～5 μm………………………………………… **丝状鞘丝藻 *Lyngbya confervoides***

Key to the species of *Lyngbya*

1. Filament attached throughout or part of their entire length，twisted around other filaments；Trichomes amall，1.5–3 μm in diameter ………………………… *Lyngbya adherens*
1. Filaments tufts，cespitose，straight，5 μm or more in diameter ……………… 2
 2. Trichomes reddish or pinkish-violet，constricted at cross-wall，8–8.5 μm in diameter ·*Lyngbya agardhii*
 2. Trichomes blue-green，or olive green；unconstricted at cross-wall ………… 3
3. Trichomes 5–10（–12）μm in diameter；apical cells with depressed-conical or rounded calyptra ………………………… *Lyngbya semiplena*
3. Trichomes more than 9 μm in diameter；apical cells not calyptra ……………… 4

4. Trichomes 20–42.5(–60)μm in diameter; sheaths firm, thick, or lamellated when old, up to 11 μm thick ························ *Lyngbya majuscula*

4. Trichomes less wide; sheaths thin ························ 5

5. Trichomes 15–20 μm in diameter; sheaths thin, later thick, bright yellow to yellow-brown ························ *Lyngbya aestuarii*

5. Trichomes 9–25 μm in diameter; sheaths colourless, later becoming thick up to 3.5–5 μm ························ *Lyngbya confervoides*

74. 贴附鞘丝藻 图 57

Lyngbya adherens Setchell et Gardner，1937，p.68，pl. 5，fig. 13；Hua Maosen and C. K. Tseng，1985，p. 32，fig. 5：1.

Lyngbya pellucida Umezaki，1955，p. 68，fig. 1；1961，p. 47，p. 6，fig. 7；Komárek et Anagnostidis，2005，p. 172.

模式标本产地：厄瓜多尔。

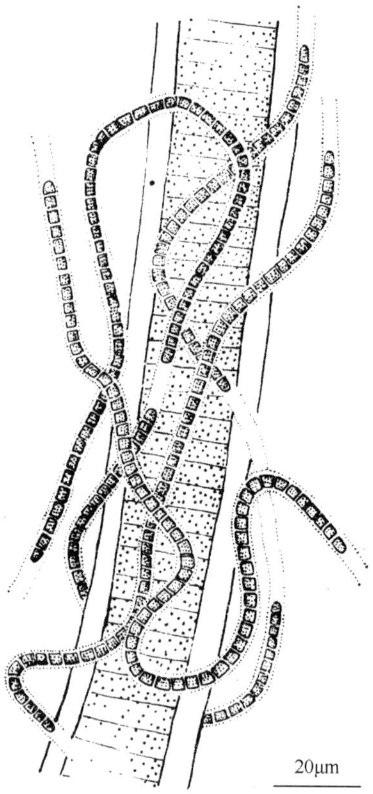

图 57 贴附鞘丝藻 *Lyngbya adherens* Setchell et Gardner，藻体的部分形态，显示若干条丝体的附生
Fig. 57 *Lyngbya adherens* Setchell et Gardner，thalli showing its habit sketch

藻体附生，丝体的一部分，或全部贴附在其他丝状藻类上，常呈弯曲，很少直走，有时丝体的两端游离，蓝绿色。胶质鞘很薄，无色透明。藻丝很小，直径 1.5～3μm，细

胞几乎呈方形，有时扁压或略长，为 1.3～4 μm。相邻两细胞间横壁处胶质状透明，微有缢缩，没有颗粒体。藻丝的顶端部不渐尖，顶端细胞的外侧呈钝圆形，不呈冠状。

习性：生长在礁湖内中潮带至低潮带部位，通常附生在丝状鞘丝藻 *Lyngbya confervoides*、巨大鞘丝藻 *Lyngbya majuscula* 及双须藻 *Dichothrix* sp.等藻体的丝状体上。

产地：海南省三沙市西沙群岛的金银岛、琛航岛、广金岛、全富岛及永兴岛。

国外分布：太平洋，厄瓜多尔（加拉帕戈斯群岛，模式标本产地），日本，吐噶喇列岛，及琉球群岛的奄美大岛。

美国藻类学家 Setchell 和 Gardner 在 1937 年首次报道了贴附鞘丝藻以后，尚未发现有其他的报道。本种在西沙群岛数量较多，大都附生在他种蓝藻的丝体上，华茂森观察分析了许多标本，其主要特征均符合该种模式标本的描述。值得指出的是，我国西沙群岛的贴附鞘丝藻的一些标本，在两细胞间的横壁处具有明显的缢缩，而另一些标本则没有，或者十分轻微。这表明此特征在本种有较大的变异幅度。

1955 年，日本藻类学家 Umezaki，曾报道了一个新种：*Lyngbya pellucida* Umezaki（Umezaki，1961，p. 47，pl. 6，fig. 7.），标本产地在吐噶喇列岛。按此模式标本的描述，其主要特征与贴附鞘丝藻基本一致。两者不同之处仅在于前者的两细胞间横壁处没有缢缩，而后者则有。这一差异，正如西沙群岛贴附鞘丝藻标本表明的那样，只是一个种内的较大幅度的变异，它存在中间的过渡类型。因此，作者认为 *L. pellucida* 实际上与贴附鞘丝藻是相同的一个种。由于贴附鞘丝藻的报道发表较早（1937 年），按"国际植物命名法规"的原则，应采用贴附鞘丝藻 *Lyngbya adherens* Setchell et Gardner 作为本种的种名，而 *L. pellucida* Umezaki 为它的同物异名。

75. 河口鞘丝藻 图版 III：9

Lyngbya aestuarii（Mertens）Liebman，1839，p. 492；Weber-van Bosse，1913，p. 13；Biswas，1932，p. 188，pl. 28，fig. 5；Tsuda & Newhouse，1966，p. 94；Basson，1979，p. 63，pl. VIII，fig. 39；Hua Maosen and C. K. Tseng in C. K. Tseng（ed.），1983，p. 26，pl. 17：2；Lee In kyu and Tan Won Kang，1986，p. 313；Silva，P. C.，E. G. Menez and R. L. Moe，1987，p. 9；Silva，P. C.，P. W. Basson and R. L. Moe，1996，p. 34；Komárek et Anagnostidis，2005，p. 621.

Conferva aestuarii Mertens in Jürgens，1816，fasc，2：no. 8.

模式标本产地：德国（"Dynastia Jeverana"Oldenberg，Germany）。

藻体为深蓝绿色，或橄榄绿色的丝状体，通常很长，众多丝体聚齐生长，彼此缠绕交织，形成宽厚的藻层，附生在从潮上带至低潮带范围内的基质上，有时呈漂浮习性。丝体直径 28～30 μm，偶然存在假分枝。藻丝直径 15～20 μm。胶质鞘起初较薄，随着成熟，逐渐加厚，呈亮黄色，或黄色，外表常粗糙，有时出现层次。细胞呈扁圆形，细胞长度是其直径的 1/10～1/3 倍，长仅 2.5～5 μm，细胞内含物常具有颗粒体。顶端细胞扁平，外壁呈圆形，存在加厚的膜状，但不呈冠状的现象。

习性：生长在潮间带的上部至下部的岩石上。

产地：海南省海南岛及三沙市西沙群岛。

国外分布：世界性广分布的种类。

76. 亚格鞘丝藻

Lyngbya agardhii（Crouan）Gomont，1892；Geither，1932，p. 1039；Zhou Zhenying and Chen Zhuohua，1983，p. 100；Komárek et Anagnostidis，2005，p. 612.

模式标本产地：不详。

藻体附生，微红色，或呈灰紫色，许多藻丝常聚生形成较厚的藻层，有时可厚达 1.5 cm。丝体很长，彼此缠绕交织。胶质鞘光滑，无色透明，没有层次。藻丝的直径 8～8.5 μm，常呈微红色。细胞呈扁压形，原生质内含物通常均匀，有时存在微小的颗粒体。相邻细胞间横壁处有缢缩。丝体的顶端细胞呈宽圆状，不加厚也不呈冠状。

亚格鞘丝藻是典型的海产习性的蓝藻种类，常附生在其他大型藻类的藻体上。

产地：福建省沿海。

国外分布：大西洋欧洲沿岸，地中海，意大利，克罗地亚，黑海沿岸，乌克兰，及美洲沿岸。

我们没有看到标本，根据记录列入本卷册。以上描述根据 Komárek 和 Anagnostidis（2005）。

77. 丝状鞘丝藻 图 58

Lyngbya confervoides C. Agardh，1824，p. 73；Tseng and Li，1935，p. 197；Tseng，C. K. 1936，p. 11；Chu Han-Jan，1959，p. 10，pl. III，fig. 3；Geitler，1932，p. 1061；Frémy，1934，p. 106，pl. 28，fig. 2；Desikachary，1959，p. 314，pl. 49，fig. 9 & pl. 52，fig. 13；Young-Meng，Chiang，1960，p. 56，fig. 1：B；1962，p. 156；Umezaki，1961，p. 53，pl. 8，fig. 2；Chou Chenying and Chen Zhuohua，1965，p. 2；1983，p. 100；Hua Maosen，1978，p. 62，pl. I：7；Lee In Kyu and Jae won kang，1986，p. 313；Silva，P. C.，L. W. Basson and R. L. Moe，1996，p. 35；Komárek et Anagnostidis，2005，p. 623；Sun Jianzhang，2006，p. 58.

模式标本产地：西班牙（Probaby Cádiz）。

丝体的基部常匍匐附着生长在各种基质上，许多丝体成束地聚齐在一起，形成羊毛状的藻团。丝体长 1～5 cm，蓝绿色，或淡黄绿色，干标本略呈紫色。胶质鞘明显，无色透明，厚 3.5～5 μm，随着藻体的成熟，胶质鞘逐渐增厚，且呈现层次，外层渐变粗糙。藻丝的直径 9～25 μm，通常为 10～16 μm，细胞呈扁圆形，其细胞长 2～4μm，长是其宽的 1/8～1/3 倍。原生质内含物中常有颗粒体存在。相邻两细胞间横壁处没有缢缩。藻丝顶端部不呈渐尖，末端细胞的外侧面钝圆形，但不呈冠状形态。

习性：生长在礁湖内的低潮线附近，附生在礁石及各种死珊瑚上，有时也生长在高潮线的石沼中。

产地：海南省三沙市西沙群岛的琛航岛、广金岛、中建岛、羚羊礁及东岛，福建省的平潭岛、厦门，浙江省，山东省青岛和烟台等地沿海。

国外分布：本种是典型的海产丝状蓝藻，为世界性分布的种类。在欧洲、美洲、亚洲、非洲等地沿海都有大量报道。

丝状鞘丝藻在我国华北海岸一带，几乎到处可见，其主要繁殖期在夏季 7、8 月间。

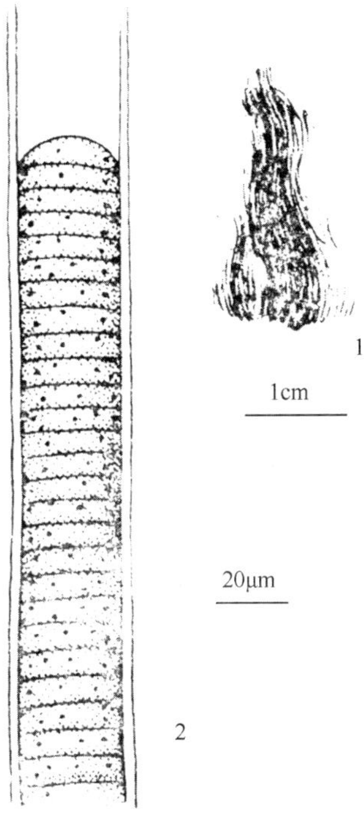

图 58 丝状鞘丝藻 *Lyngbya confervoides* C. Agardh，藻体的部分形态
1. 一部分藻团的外形；2. 一条丝体的顶部

Fig. 58 *Lyngbya confervoides* C. Agardh，thalli showing its habit sketch
1. Habit sketch of a part of algal mats；2. Apex of a filament

78. 巨大鞘丝藻 图 59

Lyngbya majuscula（Dillwyn）Harvey，1833，p. 370；C. K. Tseng，1936b，p. 11，pl. II. fig. 3；Tilden，1910，p. 123，pl. V，fig. 42；Geitler，1932：1060，fig. 672，e，d；Frémy，1934，p. 106，pl. 28，fig. 1；Desikachary，1959，p. 313，pl. 48，fig. 7. pl. 49，fig. 12 & pl. 52，fig. 10；Young-Meng，Chiang，1960，p. 54，fig. 1：A；1962，p. 156；Umezaki，1961，p. 54，pl. 8，fig. 3；Hua Maosen，1978，p. 62，pl. II：1；Lee In Kyu and Jae Won Kang，1986，p. 313；Silva，P. C.，P. W. Basson and R. L. Moe，1996，p. 37；Huang Shufang，1998，p. 207；Komárek et Anagnostidis，2005，p. 623；Chu Hao-Jan（ed.），2007，p. 92，pl. LXVI：2.

Conferva majuscula Dillwyn，1809，p. 40.

模式标本产地：英国（England）。

丝体粗大，很长，通常由基部附着，许多丝体成束地生长在一起呈羊毛状的藻团，丝体长可达 5 cm。蓝绿色，或深蓝色，有时呈淡黄绿色，干标本呈黄绿色，或黄褐色。胶质鞘通常很厚，可达 11 μm，无色透明，藻体幼年时常无层次，随着藻体的成熟，胶质鞘逐渐加厚，且出现层次，其外层渐变粗糙。藻丝细胞宽 20～42.5μm，细胞呈压扁的圆盘形，细胞的长是宽的 1/10～1/8 倍，即 2～4 μm。细胞内原生质不均匀，常有细小的颗粒体存在。相邻两细胞的横壁处不缢缩。藻丝的顶端部分不渐尖，末端细胞的外侧呈钝圆形，不呈冠状形态。

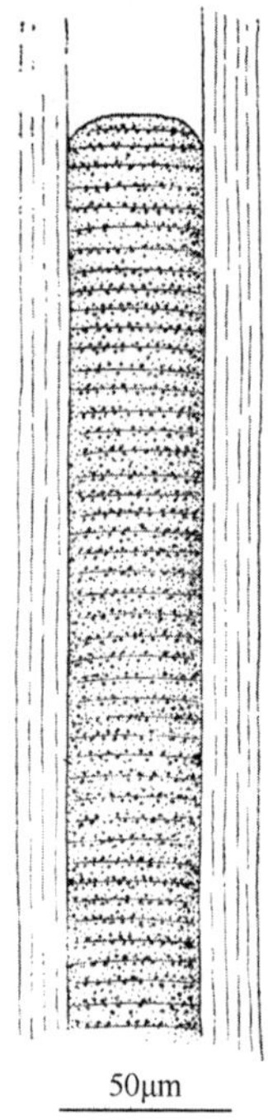

图 59　巨大鞘丝藻 *Lyngbya majuscula*（Dillwyn）Harvey，藻体的部分形态，一条丝体的顶部
Fig. 59　*Lyngbya majuscula*（Dillwyn）Harvey，thallus showing it s habit sketch，apex of a filament

习性：生长在低潮带至高潮带略有淹泥的岩石上，或石沼中，以及礁湖内低潮线附近的礁石及珊瑚上，有时也生长在礁盘下面的洞穴中。

产地：海南省三沙市西沙群岛的琛航岛、金银岛，及东岛，福建省厦门，台湾省，山东省青岛和烟台等地沿岸。

国外分布：本种为世界性分布蓝藻，主要分布在太平洋、大西洋、印度洋及地中海的热带至温带区。在陆地上的淡水环境中也有分布。

巨大鞘丝藻 *Lyngbya majuscula* 是著名的海产丝状蓝藻。丝体粗大，很长，在自然界生长茂盛，繁殖很快，常形成几厘米，甚至几十厘米长的，蓝绿色或褐蓝绿色藻团。

值得指出的是巨大鞘丝藻 *Lyngbya majuscula* 仅产自海水及咸盐水环境，丝体不存在假分枝。至于大量分布在淡水环境的、在形态上类似的标本，分类学家则将之归属为另外的物种，即韦莲鞘丝藻 *Lyngbya wollei* Forlow 1880。由于韦莲鞘丝藻具有假分枝的特点，所以，Komárek 和 Anagnostidis（1989）又将其移至织线藻属 *Plectonema*，更名为瓦氏织线藻 *Plectonema wollei*。

至于上述两种在形态上类似，仅因习性不同而认为是两个不同的物种。这一问题需要进一步的研究，才能确定它们在分类学上的地位。

79. 半丰满鞘丝藻　图 60

Lyngbya semiplena（C. Agardh）J. Agardh，1842，p. 11；Gomont，1892，p. 138，pl. III，fig. 7-11；Tilden，1910，p. 118，pl. V，fig. 38；Setchell and Gardner，1919，p. 78；

Gardner, 1932, p. 276; Geitler, 1932, p. 1060, fig. 672a; Frémy, 1934, p. 108, pl. 28, fig. 3; 1939, p. 29; Iyengar and Desikachary, 1944, p. 63, fig. 29; Chapman, 1956, p. 357; Desikachary, 1959, p. 315, pl. 49, fig. 8 & pl. 49, fig. 8; Umezaki, 1951, p. 204, fig. 10; 1961, p. 51, pl. 7, fig. 4; Velasquez, 1962, p. 319, pl. 3, fig. 66; Hua Maosen, 1983, p. 63, fig. 5: 2; Zhou Zhenying and Chen Zhuohua, 1983, p. 100; Hang Jinxi and Sun Jianzhang, 1983, p. 106; Lee In Kyu and Jae won kang, 1986, p. 313; Silva, P. C., L. W. Basson and R. L. Mao, 1996, p. 40; Komárek et Anagnostidis, 2005, p. 611; Sun Jianzhang, 2006, p. 58; Chu Hao-Jan (ed.), 2007, p. 97, pl. LXV: 1.

Calothrix semiplena C. Agardh, 1827, p. 634.

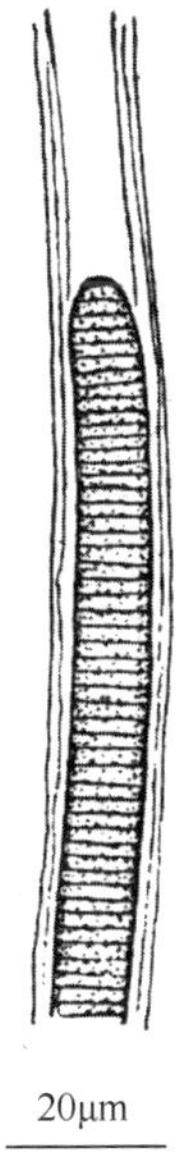

图 60 半丰满鞘丝藻 *Lyngbya semiplena*（C. Agardh）J. Agardh，藻体的部分形态，一条丝体

Fig. 60 *Lyngbya semiplena*（C. Agardh）J. Agardh，thallus showing it s habit sketch，a filament

模式标本产地：不详。

许多丝体聚生，长而细柔，基部匍匐，顶部直走或弯曲，常密集交织或相互缠绕成羊毛状藻团，深蓝绿色，干标本略呈紫色。丝体长达 3 cm，丝体的直径 7～15 μm。胶质鞘无色透明，幼丝体的胶质鞘均匀，没有层次，随着藻体的成熟出现层次，厚可达约 3 μm。细胞呈扁盘形，其直径为 5～12 μm，一般为 7～10 μm。丝体的顶端部稍渐尖，有时不明显。相邻两细胞间横壁处不缢缩，通常有颗粒体存在，细胞高 2～3 μm，是其直径的 1/6～1/3 倍，顶端细胞外侧膜加厚，常呈冠状形态。

习性：生长在礁湖内中潮带至低潮带，附生在礁石或死珊瑚上，常与多种丝状蓝藻混生在一起。

产地：海南省三沙市西沙群岛，福建省、浙江省沿海等地。

国外分布：分布很广。主要分布在太平洋：朝鲜半岛，日本的北海道沿岸，琉球群岛的奄美大岛，菲律宾，印度尼西亚，智利，墨西哥（雷维利亚希赫多群岛），夏威夷群岛，马绍尔群岛，社会群岛（塔希提岛）；大西洋：加勒比海，美国，英国，法国；印度洋：印度的科摩林角等地沿岸。

多丝藻属 *Blennothrix* Kützing ex Anagnostidis & Komárek Kützing ex Anagnostidis & Komárek，1988，p. 429

藻体由数条藻丝紧密或松散地排列，被包含在管状的胶质鞘内所形成的丝体，通常形成束状的藻层，厚可达 2 cm，橄榄绿色至灰蓝绿色，胶质鞘肥厚，呈圆柱状的管状，无色透明，略呈黏状，或部分呈水解状态，有时有层次。藻丝呈圆柱形，顶端部通常略渐尖。细胞呈短盘形，内含物均匀，或具颗粒体。细胞的直径 8～40 μm，顶端细胞往往具冠状，或其外膜加厚。假分枝存在，但本属种类的假分枝的形成比较特殊，多为藻殖段平行移位所形成（coleodesmoid-type），即藻丝所形成的藻殖段平行外向移滑，而形成新的分枝。这略区别于通常的双叉形的假分枝（scytonematoid-type）。繁殖主要依靠藻殖段的形成，及丝体的折断。

模式种：*Blennothrix vermicularis* Kützing ex Gomont。

多丝藻属在本书中报道 3 种。

多丝藻属分种检索表

1. 藻丝的直径（16～）17.5～21 μm，相邻细胞间横壁处不缢缩 ………………………………………………………………… **束状多丝藻 *Blennothrix cantharidosma***
1. 藻丝的直径小于 17.5 μm，相邻细胞间横壁处微有缢缩 ……………………………… 2
   2. 藻丝的直径（7.5～）9～13.5（～16）μm ……………………… **鞘丝多丝藻 *Blennothrix lyngbyaceus***
   2. 藻丝的直径较大（13～）16～19（～21）μm……………………… **黏状多丝藻 *Blennothrix glutinosa***

Key to the species of *Blennothrix*

1. Trichomes（16–）17.5–21 μm in diameter；not constricted at cross-wall……… *Blennothrix cantharidosma*
1. Trichomes less than 17.5 μm in diameter；slightly constricted at cross-wall ……………………… 2
   2. Trichomes（7.5–）9–13.5（–16）μm in diameter……………………… *Blennothrix lyngbyaceus*
   2. Trichomes（13–）16–19（–21）μm in diameter……………………… *Blennothrix glutinosa*

80. 黏状多丝藻 图 61

Blennothrix cantharidosma（Montagne）Anagnostidis & Komárek，1988，p. 429；Silva, P. C., P. W. Basson and R. L. Moe, 1996, p. 33; Komárek et Anagnostidis, 2005, p. 647.

Lyngbya cantharidosma Montagne，1841，p. 188.

Hydrocoleum cantharidosma（Mont.）Gomont，1890，p. 353；Gomont，1892，p. 336，pl. 12，figs. 6，7；Tilden，1910，p. 135，pl. V，fig. 57；Geitler，1932，p. 1148，fig. 755；Drouet，1936，p. 24；Frémy，1939，p. 19；Desikachary，1959，p. 347，pl. 46，figs. 4，5；Umezaki，1961，p. 29，pl. 4，fig. 1；Velasquez，1962，p. 335，pl. 7，fig. 93；Chou Chen-Ying and Chen Zhuohua，1965，p. 2；1983，p. 100；Hua Maosen，1983，p. 64，fig. 7：1；Lee In Kyu and Jae Won Kang，1986，p. 313.

模式标本产地：Islas Canarias。

丝体橄榄绿色，几乎直走。通常由多条丝体聚生，彼此平行排列或相互交织，形成厚达 0.5～1 cm 的藻层。在同一胶质鞘内有一条或少数几条藻丝，彼此平行或呈疏松的螺旋状缠绕，越往藻体的顶端，内含的藻丝数量越少，在顶端部常只有一条藻丝，呈单条游离状。胶质鞘很厚，3～7.5μm，无色透明，常呈水解状态，有时厚达藻丝直径的 2 倍，略有层次，外层较粗糙。在丝体的顶端部分枝明显。藻丝直径（16～）17.5～21 μm，细胞很短，其高仅 2～3.5 μm，是其直径的 1/9～1/5 倍，有时为 1/11 倍。相邻两细胞间横壁处没有缢缩，有时有细小的颗粒体存在，顶端细胞呈圆锥形，呈冠状物形态。

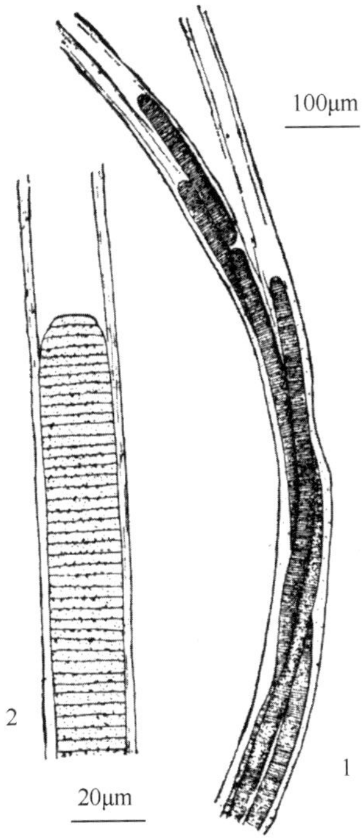

图 61　黏状多丝藻 *Blennothrix cantharidosma*（Montagne）Anagnostidis & Komárek，藻体的部分形态
1. 一束丝体的末端，内含 3 条藻丝；2. 一条末端丝体的放大

Fig. 61　*Blennothrix cantharidosma*（Montagne）Anagnostidis & Komárek，thalli showing it s habit sketch，
1. End of a fascicle filament，inside with three filaments；2. Enlargement of a end filament

习性：生长在礁湖内的中潮带至低潮带附近，常生长在礁石、死珊瑚上，与颤藻 *Oscillatoria* sp.、鞘丝藻 *Lyngbya* sp.、眉藻 *Calothrix* sp. 等多种蓝藻混生在一起。

产地：海南省三沙市西沙群岛的金银岛北面，及广金岛，福建省的平潭岛。

国外分布：分布很广。太平洋：朝鲜半岛，日本的北海道沿岸，琉球群岛的奄美大岛，菲律宾，印度尼西亚（松索罗尔群岛），澳大利亚（南部），墨西哥，哥斯达黎加，厄瓜多尔，夏威夷群岛，马绍尔群岛，新喀里多尼亚岛，社会群岛；大西洋：加勒比海，瓜德罗普岛、圣克鲁斯岛、巴巴多斯、波多黎各，加那利群岛；印度洋：斯里兰卡。

黏状多丝藻主要分布在热带和亚热带海区。在我国西沙群岛生长茂盛，呈黏状藻团。据资料表明，该种丝径的变异幅度很大。在琉球群岛的奄美大岛产的标本，其直径宽达28～35 μm，而我国西沙群岛的标本要小得多，但与模式标本描述几乎等同，与马绍尔群岛产的标本也十分相似。

81. 胶黏多丝藻

Blennothrix glutinosa（Gomont ex Gomont）Anagnostidis & Komárek，2001，p.373.

Hydrocoleum glutinosum（C. Agardh）Gomont，1890，p. 353；Zhou Zhenying and Chen Zhuohua，1983，p. 100；Silva，P. C.，P. W. Basson and R. L. Moe，1996，p. 46；Komárek et Anagnostidis，2005，p. 646.

Lyngbya glutinosa C. Agardh，1824，p. 73

模式标本产地：In Sinu Codano（Kattegat，丹麦和瑞典之间）。

丝体聚生，黄绿色、黄棕色至浅绿色，很多丝体彼此缠绕交织形成无定型的藻团，直径可达 2～3 cm；胶质鞘很肥厚，黏胶状，部分呈水解状态，胶鞘外层略呈波浪状。藻丝圆柱形，直径（13～）16～19（～21）μm，顶端部略渐尖，末端细胞外侧呈纽扣似的冠状形态。细胞呈扁压状，相邻细胞间横壁处有细微缢缩，有时具颗粒体。

产地：福建省沿岸。

习性：海产种类，从低潮带至高潮带区间，附生在岩石及其他大型藻类等基质上。

国外分布：主要分布在热带、亚热带海区。法国，地中海，北美，百慕大群岛，牙买加，马来西亚。

我们没有看到标本，根据记录列入本卷册。以上描述根据 Komárek 和 Anagnostidis（2005）。

82. 鞘丝多丝藻

Blennothrix lyngbyaceus（Kützing）Anagnostidis & Komárek，1988，p. 430.

Hydrocoleum lyngbyaceus Kützing，1849，p. 259；Chou Chenying and Chen Zhuohua，1965，p. 2；1983，p. 100；Komárek et Anagnostidis，2005，p. 642.

模式标本产地：不详。

丝体聚生，深蓝绿色，有时呈微紫色，丝体很长，可达 3 cm，彼此交织缠绕，形成簇状藻层。胶质鞘厚达 10 μm，起初薄而坚韧，随着藻体的成熟，胶质鞘逐步加厚，外层粗糙，出现层次，最终呈水解状态，融合在整个藻层之中。藻丝直径（7.5～）9～13.5（～16）μm，细胞扁压，高仅（1.5～）2.5～4.5 μm，顶端部的细胞略渐尖，其外膜呈冠状，相邻细胞间的横壁处不缢缩，或微有缢缩。

产地：福建省沿岸。

习性：海产种类，常附生在其他高等植物及大型藻类，及石头等各种基质上。

国外分布：世界性广分布种类，主要分布在赤道及亚热带沿岸，以及内陆盐、咸水水体中。

我们没有看到标本，根据记录列入本卷册。以上描述根据 Komárek 和 Anagnostidis（2005）。

同丝藻亚科 Homoeotrichoideae Anagnostidis et Komárek

Anagnostidis et Komárek，1986，p.650

丝体有明显的异极分化，具有基部和顶端部的区分。以基部附生于基质上。基部通常宽大一些，而顶端部略狭小，呈渐尖的形态。单独生长，或许多丝体聚生，构成簇状的藻层。胶质鞘存在，在胶质鞘内，总是只含有一条藻丝。假分枝存在，但很少。基部细胞压扁状，随着向藻体的顶端部渐尖，其细胞的长度也逐渐变长，最终细胞的长度大于其直径，通常形成细长而无色透明的毛丝体结构。

同丝藻亚科在本书中报道 1 属 2 种。

同丝藻属 *Homoeothrix*（Thuret ex Bornet & Flahault）Kirchner

Kirchner，1898，p. 87

丝体具有明显的基部和顶端部异极分化，单独生长，或许多丝体聚生形成藻层。丝体直立或匍匐，没有假分枝，或很少有假分枝，通常以基部附生在基质上。藻丝直径（1.5～）3～5 μm。

繁殖主要依靠藻殖段的形成。藻殖段在形成后，滑出藻体，侍机萌发形成新藻体。

模式种：*Homoeothrix juliana*（Bornet & Flahault）Kirchner。

同丝藻属在本书中报道 2 种。

同丝藻属分种检索表

1\. 海产种类，丝体直径 3～5 μm，不具分枝，或具有双叉藻状的假分枝……………………………………………………………………**红色同丝藻 *Homoeothrix rubra***

1\. 淡水种类，丝体较小，其直径 1.5～2.25 μm，不具假分枝…………**紫色同丝藻 *Homoeothrix janthina***

Key to the species of *Homoeothrix*

1\. Marine species，filaments 3–5 μm in diameter，unbranched，or Scytonema-like falsely branched……………………………………………………………………*Homoeothrix rubra*

1\. Freshwater species，filaments smaller，1.5–2.25 μm in diameter，no false branch……………………………………………………………………*Homoeothrix janthina*

83. 紫色同丝藻

Homoeothrix janthina（Bornet & Flahault）Starmach，1959，p.151.

Amphithrix janthina（Montagne）Bornet et Flahault，1886，p. ?；Tilden，1910，p. 253，pl. XVI，fig. 31；Geitler，1932，p. 572，fig. 358；Chu Hao-Jae，1959，p. 13，pl. IV：2.

模式标本产地：不详。

丝体很细小，其直径仅 1.5～2.25 μm，紫蓝色，或蓝绿色。丝体以基部附着，许多丝体聚生，多数呈直立、平行排列，形成微观的皮壳状藻层。藻丝基部的直径 1.9～2 μm，顶端部渐尖，形成细长的毛丝体。丝体中部细胞的长与其直径几乎相等，其原生质内含物均匀，很少见颗粒体。相邻细胞间横壁处微有缢缩。

习性：生长在高潮线附近的岩石上，通常生长在有淡水流过，而在涨潮时，又有海水波浪可及的地方。

产地：山东省青岛。

国外分布：法国，北美，乌克兰。

84. 红色同丝藻

Homoeothrix rubra（Crouan）Frémy，1926，p. 131；Geitler，1932，p. 574；Chu Hao-Jae，1959，p. 13，pl. IV：7.

模式标本产地：不详。

丝状体通常密集生长形成簇状，或膜状的藻层，以基部附着在基质上。丝体长达 1～2.5 mm，细胞的直径 3～5 μm，无分枝，或偶有双叉状假分枝，基部无异形胞。基部细胞呈扁盘形，趋向上部其细胞渐为方形，其中部细胞的高通常是其直径的 1/2 倍左右。藻丝的末端虽逐渐狭小，但不形成毛丝体。胶质鞘极薄，胶质鞘有时伸展到藻丝的上端部，无层次。

习性：海产种类，藻体一般生长在潮上带附近的藤壶及其他贝壳，或石块上。繁殖期为每年的 5～7 月。

产地：山东省青岛市。

国外分布：法国，德国。

念珠藻目 Nostocales Borzì
Borzì，1914，p.352

藻体为单列细胞的丝状体。通常具有异形胞。有假分枝，但不存在真分枝的结构。丝体圆柱形，部分种类没有两端分化的现象（isopolar），但另外一部分的种类，则具有明显的基部和上端部的分化（heteropolar），以基部附着在基质上。异形胞有基部位和胞间位。胶质鞘通常存在，细胞分裂总与藻丝的纵轴垂直，不存在真分枝。繁殖主要依靠藻殖段、厚壁孢子，及丝体的断裂。

念珠藻目在本书中可分为 4 个科。

伪枝藻科 Scytonemataceae Rabenhorst ex Bornet et Flahault
Rabenhorst ex Bornet et Flahault，1887，p.81

藻体为单列细胞的丝状体，通常具有假分枝，少数属种存在原始状态的真分枝结构。整条丝体的直径相等，或顶端略微尖细，或有时略呈膨大。胶质鞘坚固，筒状，透明或具颜色，均匀或分层次，层次平行，或扩展成散裂状。通常在一个胶质鞘中只具有一条藻丝，少数种类则具有数条藻丝。假分枝单一不成对，或呈双叉状成对，分枝常在异形胞的附近，或在两个异形胞之间，或营养细胞之间产生。繁殖方式主要依靠藻殖段或孢子的形成，或丝体的折断也能产生新的藻体。

伪枝藻科在本书中报道 2 属 4 种。

伪枝藻科分属检索表

1. 丝体有双叉形的假分枝；藻丝的两端不渐尖，或稍微渐尖，但绝不形成细小的毛丝体……………………………………………………………………………………………… **伪枝藻属 *Scytonema***
1. 丝状体呈"U"字形环状形态，直立附生，通常没有假分枝；藻丝的两端呈明显的渐尖，有时往往形成毛丝体……………………………………………………………………… **褶丝藻属 *Kyrtuthrix***

Key to the genus of Scytonemataceae

1. Filaments falsely dicho- branched；trichomes not，or slightly narrowed towards ends，never elongated in hair-like formations ……………………………………………………………… *Scytonema*
1. Filaments erect，grow in U-formed loops，without false branching；trichomes（at both ends）distinctly narrowed，sometime up to forming hair-like formations………………………………… *Kyrtuthrix*

伪枝藻属 *Scytonema* C. Agardh ex Bornet & Flahault
C. Agardh ex Bornet & Flahault，1887，p. 85

藻体为单列细胞的丝状体，具有典型的双叉状（scytonema-like）假分枝，少数有单叉分枝。丝体单独存在，或许多聚生在一起，相互交织缠绕，匍匐生长或形成垫状，或棉花状藻团。假分枝都发生在两个异形胞之间，或营养细胞之间。藻丝圆柱形，没有基部与顶部之分，藻丝的两端不渐尖，或稍微渐尖。胶质鞘厚而坚韧，通常透明，有层次，有时具有鲜明的颜色，为棕黄色、亮黄褐色等，在分枝的末端部胶质鞘往往散裂扩展，具明显的层次。细胞多数为方形，或呈扁圆柱形，相邻细胞间常微有缢缩。繁殖主要依靠藻殖段的形成，通常多发生在分枝的末端部位。

本属是常见的蓝藻种类，主要分布在热带及亚热带地区的淡水环境中及沿海。

选模式种：*Scytonema hofanii* C. Agardh。

伪枝藻属在本书中报道 3 种。

伪枝藻属分种检索表

1. 海产种类，藻丝直径 10～20 μm；细胞的长度明显小于其直径…… **多孢伪枝藻 *Scytonema polycystum***
1. 淡水产种类，细胞的直径与长度相等，或几乎相等. ……………………………………………………… 2
   2. 藻丝的直径（22～）25～35 μm………………………………………… **溪生伪枝藻 *Scytonema rivulare***
   2. 藻丝的直径 12～17 μm ……………………………………………… **爪哇伪枝藻 *Scytonema javanicum***

Key to the species of *Scytonema*

1. Marine species；trichomes 10–12 μm in diameter；cells distinctly shorter than wide ……………………………………………………………………………………… *Scytonema polycystum*
1. Freshwater species；cells isodiameter or so ……………………………………………………… 2
   2. Trichomes（22–）25–35 μm in diameter……………………………………… *Scytonema rivulare*
   2. Trichomes 12–17 μm in diameter ……………………………………………… *Scytonema javanicum*

85. 爪哇伪枝藻　图版 III：10

Scytonema javanicum Bornet ex Bornet & Flahault，1886，p.95；Forti in De Toni，1907，p. 506；Ley，1948，p. 240；Hua Maosen and C. K. Tseng in C. K. Tseng（ed.），1983，p.38，pl. 23：1；Chu Hao Ran（ed.），2007，p. 26，pl. XVII：3.

模式标本产地：不详。

丝体匍匐，聚生，或直立生长，形成垫状藻团，厚达 1～2 mm，通常蓝绿色、橙色至淡红色。丝体的直径 12～17（～22）μm，假分枝长，弯曲。胶质鞘薄而坚韧，无色透明，老年时变为橙色、浅黄色。藻丝的直径 9～12 μm，细胞扁压到方形，顶端细胞外侧呈圆形，相邻两细胞间横壁处不收缢。异形胞胞间位，几近方形，细胞内含物绿色或为淡红色。

习性：生长在潮间带上部到潮上带的岩石上。

产地：海南省海南岛。

国外分布：北美，加勒比海，美国夏威夷，塔希提岛；印度尼西亚，印度，缅甸，斯里兰卡，法国，日本。

86. 多孢伪枝藻　图 62

Scytonema polycystum Bornet et Flahault，1887，p. 90；Weber-van Bosse，1913，p.28；Setchell，1926，p. 67；Gardner，1932，p. 301；Geitler，1932，p. 748；Dawson，1957，p. 127；Umezaki，1961，p. 87，pl. 15，fig. 1；Umezaki and Kamura，1977，p. 365；Hua Maosen and C. K. Tseng，1985，p. 22，fig. 8；Lee In Kyu and Jao Won Kang. 1986，p. 313；J. Komárek，2013，p. 96.

Lyngbya effusa Harvey，1859，p. 334；Umezaki，1961，p.87.

模式标本产地：新喀里多尼亚岛。

丝体聚生，彼此交织呈絮状，蓝绿色，长 0.2 cm，分枝很少，双歧或单歧状分叉，直径 13～15 μm。胶质鞘较薄，无色透明，没有层次。藻丝直径 10～12 μm，细胞扁压，细胞长 3～6 μm，相邻两细胞间横壁处没有缢缩，仅在丝体的顶端微有缢缩。异形胞胞间位，球形或长球形，长 10～15 μm。

习性：生长在礁湖内低潮带附近，附生在死贝壳表面，与颤藻 *Oscillatoria* sp.、鞘丝藻 *Lyngbya* sp.等混生在一起。

产地：海南省三沙市西沙群岛的琛航岛。

国外分布：朝鲜半岛，日本，琉球群岛的奄美大岛、冲绳岛，印度尼西亚（爪哇）；马绍尔群岛，新喀里多尼亚岛，社会群岛（塔希提岛）；大西洋：加勒比海（波多黎各）。

多孢伪枝藻是热带、亚热带性海产蓝藻。在我国西沙群岛所采集的标本数量不多，系与多种丝状蓝藻混生在一起，未形成优势种的藻团。总体而言，丝体较短，较日本产的本种标本（长达 1 cm）短小得多。

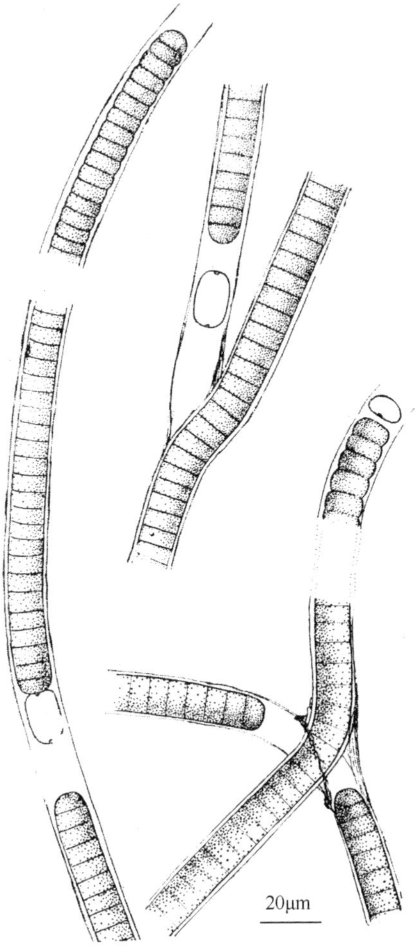

图 62　多孢伪枝藻 *Scytonema polycystum* Bornet et Flahault，藻体各部分形态

Fig. 62　*Scytonema polycystum* Bornet et Flahault，thalli showing its habit sketch

87. 溪生伪枝藻　图版 III：12

Scytonema rivulare Borzìex Bornet et Flahault，1887，p. 373；Hua Maosen and C. K. Tseng in C. K. Tseng（ed.），1983，p. 38，pl. 23：2；Chu Hao Jan（ed.）2007. p. 27，pl. XVII：4；J. Komárek，2013，p. 80.

模式标本产地：不详。

藻体呈淡淡的黑褐色、橙色或浅黄褐色。许多丝体聚生形成软毛状的藻团。丝体宽（22～）25～35 μm，有稀疏的假分枝，呈各种弯曲状。胶质鞘厚 5～8 μm，坚韧，常为淡黄色或橙色，匀称，表面光滑或粗糙。藻丝直径 10～14 μm，相邻两细胞间横壁处不收缢。细胞方形，或长短于其宽。异形胞间生，通常圆柱形。

习性：生长在潮间带上部的岩石上。

产地：海南省三沙市西沙群岛。

国外分布：美国夏威夷，印度，意大利，安哥拉等。

褶丝藻属 *Kyrtuthrix* Ercegovic
Ercegovic，1929，p. 170

藻体为单列细胞的丝状体。所有丝体呈典型的"U"字形结构，以U"字形的底部附着在基质上，丝体的两端向上游离延伸，末端部略呈渐尖，但不呈典型的毛丝体。丝状体在群体内紧密、平行排列。没有假分枝。胶质鞘宽厚而坚韧，无色透明，常呈黏胶状。异形胞间生，厚壁孢子不明。繁殖主要依靠藻殖段的形成。

模式种：*Kyrtuthrix dalmatica* Ercegovic。

褶丝藻属在本书中报道1种。

88. 斑点褶丝藻 图63

Kyrtuthrix maculans(Gomont)Umezaki, 1961, p. 85, pl. 14, fig. 1; Umezaki and Kamura, 1977, p. 365; Hua Maosen, 1985, p. 35, fig. 7; Lee In Kyu and Jae Won Kang, 1986, p. 313; J. Komárek, 2013, p. 181.

模式标本产地：前南斯拉夫（达尔马提亚沿岸）。

藻体呈皮壳状，或形成扁平的藻层，蓝绿色，丝体呈典型的"U"字形环状，以"U"字形的底部附生在基物上，丝体的两端向上游离延伸，末端部略呈渐尖，只有部分丝体的末端形成毛丝体。许多丝体紧密平行排列，丝体的直径10～20 μm，藻丝的直径4～6 μm。没有发现假分枝现象。胶质鞘宽厚而坚韧，无色透明，常呈黏胶状。异形胞胞间位。

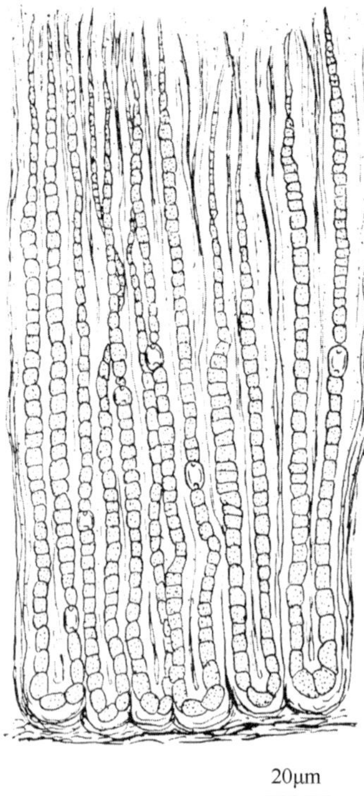

图63 斑点褶丝藻 *Kyrtuthrix maculans*（Gomont）Umezaki，藻体的部分形态

Fig. 63 *Kyrtuthrix maculans*（Gomont）Umezaki，thalli showing its habit sketch

习性：礁湖内低潮带，附生在死贝壳上，与石囊藻、眉藻等混生在一起。

产地：海南省三沙市西沙群岛，还分布在我国的香港。

国外分布：海产。太平洋：朝鲜半岛，日本，印度尼西亚，越南，泰国（泰国湾沿岸），夏威夷群岛；大西洋：百慕大群岛；地中海：法国，前南斯拉夫；印度洋：印度。

斑点褶丝藻在热带、亚热带海区分布很广。我国西沙群岛的本种标本与日本的标本在形态、大小等方面很相似。

胶须藻科 Rivulariaceae Kützing ex Bornet et Flahault
Kützing ex Bornet et Flahault，1886，p.338

藻体为单一的丝状体，或由许多的丝体聚生，形成平板状、灌木状，或其他黏胶似的群体。丝体缺乏假分枝，或明显地具有假分枝。丝体有明显的基部与渐尖的上端部之分的异极分化。孤独存在，或齐聚呈辐射状的，或彼此平行的排列，被包含在一个公共胶质鞘内，形成外形为灌木状的、扁平状的，或球形或半球形的黏胶群体内，这种群体的中央部位为实心，或为空心的状态。胶质鞘通常无色透明，或为水解融解状态。藻丝末端通常渐细成毛丝体。异形胞基部位，或同时为胞间位，多数位于假分枝的基部。孢子存在，或缺乏。

繁殖主要依靠藻殖段的形成，孢子的产生，及丝体的折断。

胶须藻科在本书中报道 5 属。

胶须藻科分属检索表

1. 丝体缺乏假分枝，或十分罕见 ……………………………………………… 2
1. 丝体明显具有假分枝 ……………………………………………………… 3
    2. 丝体单一，单独生长，在胶质鞘内只含一条藻丝 ………………… **眉藻属 *Calothrix***
    2. 丝体很多条，稠密平行排列在一个黏胶状的群体内 ……………… **栅须藻属 *Isactis***
3. 藻体为球状或半球状的胶群体，内含无数丝体，从基部呈辐射状的排列 ……… **胶须藻属 *Rivularia***
3. 藻体直立，基部附着，形成灌木状的藻层，具有反复的假分枝 ……………………… 4
    4. 丝体的分枝简单，内含 2～6 条藻丝，彼此疏松排列 ……………… **双须藻属 *Dichothrix***
    4. 丝体的分枝粗大，直径达 170 μm，藻丝多达 200（～260）条，彼此紧密排列 ……………………………………………………………… **束枝藻属 *Gardnerula***

Key to the genus of Rivulariaceae

1. Filaments not，or rare falsely branched ……………………………………… 2
1. Filaments falsely branched ………………………………………………… 3
    2. Filaments single，solitary，trichome single in a sheath ……………………… *Calothrix*
    2. Filaments densely，parallel arranged in mucous，compact colonies ……………… *Isactis*
3. Thallus inspherical or hemispherical colonies containing numerous filaments radially arranged from the bases …………………………………………………………… *Rivularia*
3. Thallus erect by base in bushy structures，false branch repeated ……………………… 4

4. Branchings simple, consisting of 2–6 filaments, loosely arranged in a sheath······················ *Dichothrix*

4. Branchings large, up to 170 μm in diameter, consisting of 200 (–260) filaments, enclosed in a common sheath ··· *Gardnerula*

眉藻属 *Calothrix* C. Agardh ex Bornet & Flahault
C. Agardh ex Bornet & Flahault, 1886, p. 345

藻体为单列细胞的丝状体，有明显的基部（通常接触于基质）和上端部的异极分化。丝体单独生长，或许多齐生形成束状、绒毛状、毛笔状的藻层。丝体多数直立，基部附着在基质上。不具有假分枝，或具少数假分枝。丝体通常直立，有时丝体的基部呈弯曲，或部分倾斜，所以丝体有时匍匐在基质上。丝体常具有基部异形胞，多少呈球形，或半球形，也具有胞间位的异形胞，通常呈圆柱状。丝体的基部有时变宽，或狭小。相邻两细胞间横壁处缢缩或不缢缩，丝体的末端部细胞有时形成毛丝体，无色透明。胶质鞘存在，通常坚韧，有时有层次，黄褐色、棕褐色，有些种类在其丝体的末端扩展成散裂的漏斗状。基部的细胞呈扁盘形，趋向中部呈方形、圆柱形。营养细胞中没有气泡，但在藻殖段内有时有气泡。厚壁孢子单生或成串，很少在基部形成。繁殖主要依靠藻殖段的形成，孢子的产生，及丝体的折断。

选模式种：*Calothrix confervicola*（Roth）C. Agardh ex Bornet & Flahault。

眉藻属在本书中报道 10 种。

眉藻属分种检索表

1. 丝体呈天鹅绒状的藻层，厚 3～5 mm，丝体匍匐生长，具有反复多重伪枝藻状的假分枝 ··**胎生眉藻 *Calothrix vivipara***

1. 丝体附生，匍匐，簇状生长，或混生于其他藻体间，通常具有假分枝 ······························2

2. 异形胞总是基部位 ··3

2. 异形胞基部位和胞间位··8

3. 丝体的直径 30～40 μm；细胞很短，细胞的长仅 2～3 μm··························· **粗眉藻 *Calothrix robusta***

3. 丝状的直径小于 30 μm···4

4. 细胞很短，细胞的长度小于其直径的 1/3，相邻细胞横壁处不缢缩，或微有缢缩 ························5

4. 细胞的长度与其直径几近相等，略呈方形；相邻细胞间横壁处有缢缩···7

5. 丝体长 2～3 mm，靠近丝体基部的直径为 12～25 μm；藻丝直径 10～18 μm ···**丝状眉藻 *Calothrix confervicola***

5. 丝体的长度不超 0.5 mm，靠近丝体基部的直径可达 15 μm；藻丝直径 7～9 μm·······························6

6. 胶质鞘不具层次，部分呈水解状态；附生在多种海藻上················· **铜色眉藻 *Calothrix aeruginea***

6. 胶质鞘略有层次，在丝体的顶端位胶质鞘散裂扩展呈漏斗状；只附生在海索面 *Nemalion* sp.的藻体上 ··**附生眉藻 *Calothrix parasitica***

7. 藻丝的直径（5.5～）6～7.5 μm；胶质鞘薄，无色透明·················**褐紫眉藻 *Calothrix fusca-violacea***

7. 藻丝的直径 5～10 μm；胶质鞘相当厚，无色至黄棕色························ **黏滑眉藻 *Calothrix contarenii***

8. 丝体的直径 10～14 μm，异形胞基部位，常几个异形胞成串，胞间位少见 ···**岩生眉藻 *Calothrix scopulorum***

8. 丝体的直径 10～40 μm，异形胞基部位和胞间位……………………………………………………9

9. 丝体的直径 20～40 μm；胶质鞘薄，无层次，不呈漏斗状扩展……………………………………………………………………………………………………软毛眉藻 ***Calothrix pilosa***

9. 丝体直径 10～30（～40）μm，胶质鞘肥厚，明显具有层次；丝体末端呈漏斗状扩展……………………………………………………………………………………………皮壳状眉藻 ***Calothrix crustacea***

Key to the species of *Calothrix*

1. Filaments velvet, up to 3–5 mm thick prostrate, with numerous repeated scytonema-like branches up to 3–5 mm high……………………………………………………………………… *Calothrix vivipara*

1. Filaments epiphytic, prostrate, caespitose, or mixed with other algae; with false branch……………………2

2. Heterocyst basal ……………………………………………………………………………………3

2. Heterocyst basal and intercalary ……………………………………………………………………8

3. Filaments 30–40 μm in diameter; cells very short, only 2–3 μm long ……………………*Calothrix robusta*

3. Filaments less than 30 μm in diameter……………………………………………………………………4

4. Cells very short, always shorter than 1/3 of their width, not constricted or slightly constricted at croos-walls ……………………………………………………………………………………………5

4. Cells isodiametic, quadratic, or a little shorter, or longer, constricted at cross-walls ……………………7

5. Filaments 2–3 mm long, 12–25 μm in diameter near bases, trichomes 10–18 μm in diameter……………………………………………………………………………………… *Calothrix confervicola*

5. Filaments maximally 1/2 mm long, up to 15μm wide near bases, trichomes 7–9 μm in diameter …………6

6. Sheaths not stratified, slightly diffluent; periphytic on various seaweeds ……………*Calothrix aeruginea*

6. Sheaths slightly lamellated, with funnel-like widening at the end, strictly epiphytic *Nemalion*sp.…………………………………………………………………………………………*Calothrix parasitica*

7. Trichomes (5.5–) 6–7.5 μm in diameter; sheaths thin, colourless ……………………*Calothrix fusca-violacea*

7. Trichomes 5–10 μm in diameter; sheaths rather thick, colourless to yellow-brown ·····*Calothrix contarenii*

8. Filaments 10–14 μm in diameter, heterocyst basal, a few in a row, rarely intercalary…………………………………………………………………………………………… *Calothrix scopulorum*

8. Filaments 10–40μm in diameter, heterocyst basal and intercalary ……………………………………9

9. Filaments 20–40 μm in diameter, sheaths thin, not lamellated, not funnel-like at the end……………………………………………………………………………………………*Calothrix pilosa*

9. Filaments 10–30 (–40) μm in diameter; sheaths widened, distinctly lamellated, funnel-like at the end·………………………………………………………………………………………… *Calothrix crustacea*

89. 铜色眉藻 图版 III：3

Calothrix aeruginea (Kützing) Thuret, 1875, p. 381; Reinbold, 1907, p. 552; Hua Maoson and C. K. Tseng in C. K. Tseng (ed.), 1983, p. 32, pl. 20: 2; Lee, In Kyu and Jae Won Kang, 1986, p. 313; Silva, P. C., E. G. Menezand R. L. Moe, 1987, p. 13; Titlyanova, Perestenko & Kalugina-Gutnik, 1992, p. 42; Silva, P. C., P. W. Basson and R. L. Moe, 1996, p. 71; J. Komárek, 2013, p. 240.

Leibleinia aeruginea Kützing，1843，p. 221.

模式标本产地：意大利（Trieste，Italy）。

藻体蓝绿色，丛生，形成一个多少呈连续的藻层，高 0.5 mm。丝体的直径 10～12.5 μm，基部略倾斜，并稍宽厚。胶质鞘厚，无色，在基部稀有呈淡黄色。藻丝的直径 7～8 μm。丝体的末端部渐尖，形成细长的毛丝体。细胞呈压扁状，仅长 1.5～2.5 μm，异形胞圆柱形，长 15～20 μm。

习性：生长在潮间带附近的岩石，及各种海藻的丝体上。

产地：海南省海南岛。

国外分布：北美大西洋沿岸，加勒比海，朝鲜半岛，菲律宾，印度洋。

90. 丝状眉藻 图 64

Calothrix confervicola（Roth）Agardh，1824，p. 70；Bornet and Flahault，1886-88，p. 349；Tilden，1910，p.256，pl. XVI，fig. 6-8；Collins and Hervey，1917，p. 27；Taylor，1928，p.50，pl. 2，fig. 7；Setchell and Gardner，1930，p. 126；Newton，1931，p.32；Geitler，1932，p. 601，fig. 376；Tseng and Li，1935，p. 199；Frémy，1934，p. 140，pl. 35，fig. 1；Taylor，1950，p. 107；Fan，K. C.，1956，p. 169；Chu Hao-Jan，1959，p. 15，pl. V，fig. 1；Umezaki，1961，p. 94，pl. 16，fig. 2；Trono，1968，p. 195；Tsuda，1968，p. 208；Tsuda and Mary，1972，p. 2；Hua Maosen and C. K. Tseng，1985，p. 14，fig. 2：1；Lee In Kyu and Jae Won Kang，1986，p. 313；Silva，P. C.，P. W. Bosson and R. L. Moe，1996，p. 71；J. Komárek，2013，p. 239.

Conferva confervicola Dillwyn，1802，pl. 8.

Calothrix nodulosa Setchell et Gardner，1924，p. 702，pl. 12，figs. 9，10；Umezaki，1961，p.94.

选模式标本产地：英国（Aberystwyth，Gardigan，Wales）。

藻体簇生，黄绿色至蓝绿色。丝体不分枝，长 0.8～1.22 mm，中部的直径为 20～28μm，基部略膨大，但有时并不明显。胶质鞘较厚，可达 5～8 μm，略有层次。藻丝直径（中部）10～15 μm。相邻两细胞间横壁处没有缢缩。细胞长 3～5（～6.5）μm，丝体的顶端渐尖形成毛丝体。异形胞基部位，多数 1 个，有时 2 个，偶见 3 个，球形，直径 10～12μm，长 8～15μm。

习性：生长在礁湖内低潮带附近，附生在泥沙地表，或密集生长在低潮线附近的浅水礁石的石头上。

产地：海南省三沙市西沙群岛的中建岛，及山东省的青岛沿海等地。

国外分布：太平洋：日本的北海道、若狭湾、濑户内海，琉球群岛的奄美大岛，小笠原群岛，菲律宾，墨西哥（雷维利亚希赫多群岛），夏威夷群岛，马绍尔群岛，加罗林群岛，百慕大群岛；大西洋：美国，加拿大，瑞典，英国，法国，牙买加等地沿岸。

丝状眉藻在我国西沙群岛有一定数量，但藻体较小，长只及模式标本（长 2～3 mm）的一半。在现有标本中没有发现，或很少有藻殖段的存在。所以，这些标本可能是幼年藻体。

据 Umezaki（1961）报道，日本产的丝状眉藻的藻体也比较短小，长 1～1.5 mm，丝体常具数个成熟的藻殖段。西沙群岛的丝状眉藻与之较为相似。

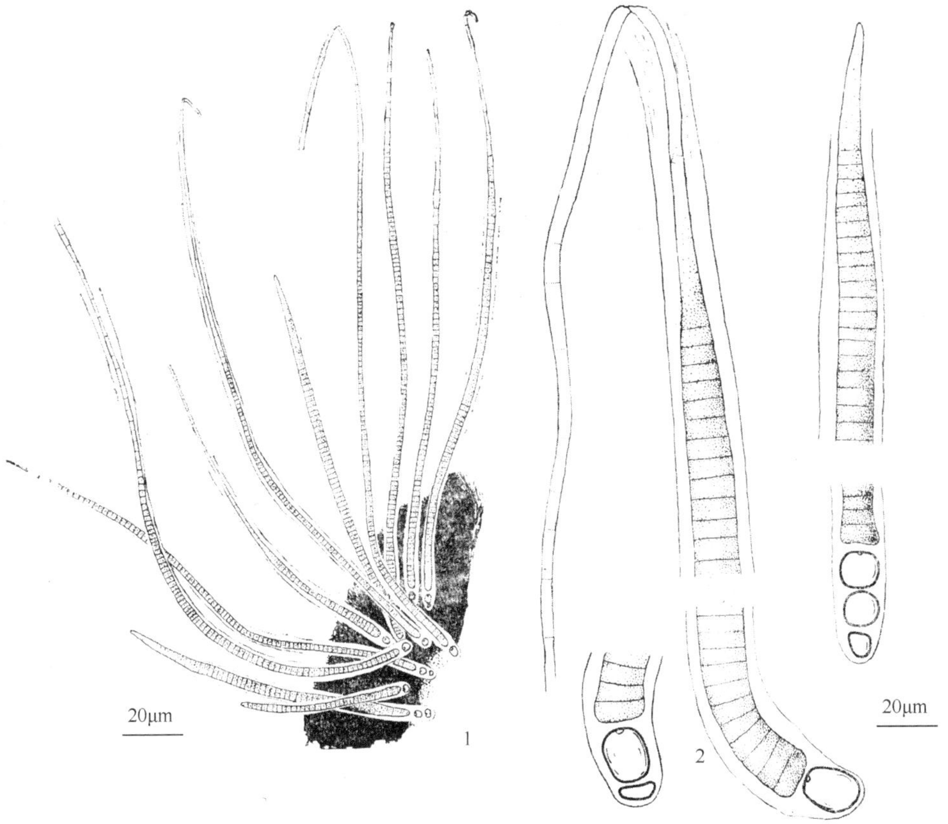

图 64　丝状眉藻 *Calothrix confervicola*（Roth）Agardh 的藻体形态，藻体的部分形态

1. 一丛丝体；2. 丝体各部分的放大

Fig. 64　*Calothrix confervicola*（Roth）Agardh，thalli showing it s habit sketch

1. A clump of filaments；2. Enlargement of various parts of filament.

91. 黏滑眉藻　图 65

Calothrix contarenii（Zanardini）Bornet et Flahault，1886，p. 355；Tilden，1910，p.259，pl. XVI，fig. 13；Setchell and Gardner，1919，p. 97；Newton，1931，p. 33；Geitler，1932，p. 600；Tseng，C，K. 1936，p.170；Iyengar and Desikachary，1944，p. 48，fig. 9；Desikachary，1959，p. 524，pl. 111，figs. 2，5-8；Hua Maosen and C. K. Tseng，1985，p. 14，fig. 2：3；Silva，P. C.，P. W. Basson and R. L. Moe，1996，p. 72；J. Komárek，2013，p. 235.

Rivularia contarenii Zanardini，1840，p. 134.

模式标本产地：意大利（Venezia，Italy）。

藻体簇生，形成皮壳状的藻层，有黏滑感，深蓝绿色。丝体长 0.3 mm，基部附着，密集地向上平行排列，直走或略弯曲。丝体的直径 10～15 μm，基部膨大。胶质鞘厚，亮黄色，有许多层次，在丝体的顶端部呈漏斗状散裂。藻丝的直径 5～10 μm。细胞较短，长 2.5～5 μm，在丝体的顶端渐尖、延长形成毛丝体。两相邻细胞间横壁处没有缢缩，但在丝体的基部常有缢缩。异形胞基部位，仅见一个，呈球形或半球形。

习性：生长在礁湖内低潮带，附生在各种死贝壳上，与褶丝藻 *Kyrtuthrix* sp.等混生在一起。

产地：海南省三沙市西沙群岛琛航岛东南面，及我国的香港沿海。

国外分布：太平洋：新喀里多尼亚岛，美国沿岸；大西洋：加勒比海（牙买加、波多黎各），美国（马萨诸塞州）、英国、法国；印度洋：印度南部沿岸等地。

在西沙群岛的琛航岛，黏滑眉藻生长良好，数量较多，密集生长为成片的藻层。

我们的标本较模式标本（长 1 mm）小些，而且基部的异形胞数量仅见一个（模式标本为 1～2 个）。

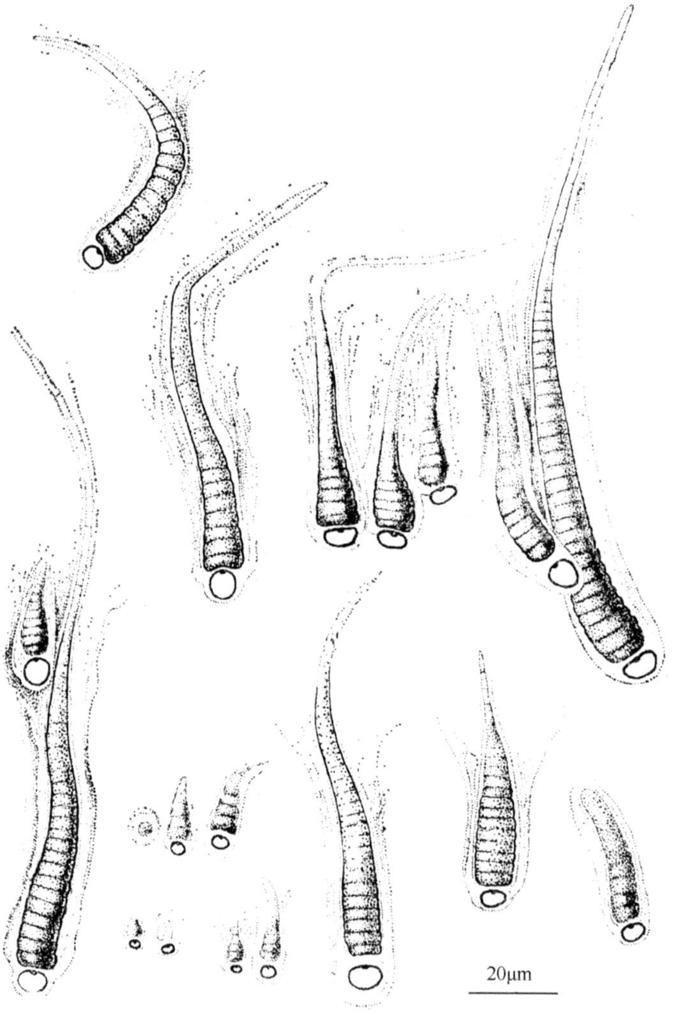

图 65　黏滑眉藻 *Calothrix contarenii*（Zanardini）Bornet et Flahault，藻体的部分形态。一些丝体的高倍放大

Fig. 65　*Calothrix contarenii*（Zanardini）Bornet et Flahaul，thalli showing its habit sketch. Enlargement of high time of some filaments

据 Setchell 和 Gardner（1919）报道，美国太平洋沿岸的本种标本，其基部异形胞有时可多达 3～4 个，这在我们的标本中尚未观察到这种情况。此外，产自印度南部沿岸的黏

滑眉藻较大，其丝体的直径为 11.8～19.6 μm，藻丝直径为（6.6～）9.2～13.1（～15.7）μm，显较模式标本要大些。经研究发现，我国西沙群岛的本种标本的主要特征，仍符合模式标本的描述。上述不同产地标本的这些差异，说明黏滑眉藻在形态上有较大的变异幅度。

92. 皮壳状眉藻　图 66　图版 III：8

Calothrix crustacea Thunet in Bornet & Thunet, 1876, p. 13, pl. IV. figs. 1-6; Tilden, 1910, p. 264, pl. 17, figs. 2-6; Taylor, 1928, p. 51, t. 2, f. 10; Newten, 1931, p. 34, fig. 73; Geitler, 1932, p. 601, fig. 375b; Tseng and Li, 1935, p. 199; C. K. Tseng, 1936b, p. 12; Chu Hao-Jan, 1959, p. 15, pl. IV, fig. 3; Chou, C. Y. and Z. H. Chen, 1965, p. 2; 1983, p. 100; Hua Maosen and C. K. Tseng in C. K. Tseng (ed.), 1983, p. 32, pl. 20: 5; Hang Jinxin and Sun Jianzhang, 1983, p. 107; Lee, In Kyu and Jae Won Kang, 1986, p. 313; Silva, P. C., E. G. Menez and R. L. Moe, 1996, p. 72; Sun Jianzhang, 2006, p. 58.

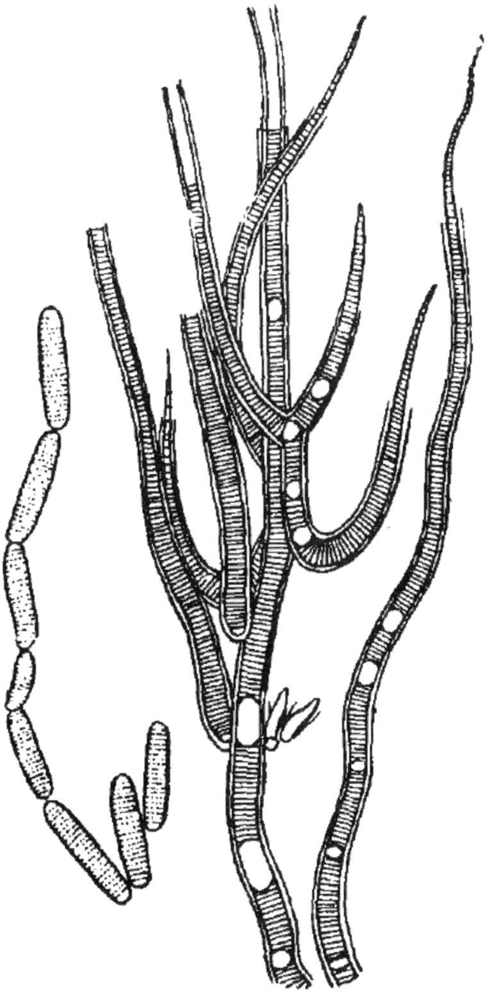

图 66　皮壳状眉藻 *Calothrix crustacea* Thunet，藻体的部分形态（仿朱浩然，1959）

Fig. *Calothrix crustacea* Thunet, thalli showing it s habit sketch (from Chu Hao-Jan, 1959)

Bacachytrichia maculans Gomont, 1901, p. 210, pl. 5, figs. 5-7; Tseng, 1936, p. 172; Silva, P. C. E. G. Menez and R. L. Moe, 1996, p. 78.

模式标本产地：摩洛哥（Tangier，Morocco）。

藻体棕黄色或深蓝绿色，多数丛生，密集成簇状、天鹅绒状的一片藻层，高达 1～2 mm。丝体的直径 10～30（～40）μm，在藻丝的基部略膨大。胶质鞘较厚，6～10 μm，幼时无色透明，老年时变为黄褐色，通常有层次。藻丝的直径 10～20 μm，其顶部往往逐渐狭小形成无色的毛丝体。丝体中上部的细胞通常较短，2～3 μm，细胞的内含物均匀，并无明显的颗粒体，橄榄色。异形胞有基部位，多数为 1～3 个，呈半球形；胞间位异形胞，通常有一至数个，多数为长方形。藻殖段较多，其长度为其直径的 4～5 倍，即由数个细胞至十几个细胞组成，藻殖段常常数个相连成串。

繁殖主要依靠藻殖段的形成。当藻殖段成熟时，便在母丝体内萌发，或冲破外包的胶质鞘，形成新的藻体。藻殖段通常没有胶质鞘，表面平滑，其细胞极具细胞分裂的能力。

习性：生长在潮间带附近的岩石上，或在潮水退潮后的小石沼中。在夏季 7、8 月间，繁生甚密，常与其他藻类混生在一起。

产地：我国沿岸各地的习见种。

国外分布：在世界沿海各地，均有广泛分布。

93. 褐紫眉藻　图版 III：13

Calothrix fusca-violacea P. Crouan & H. Crouan, 1859, p. 291, pl. 22, fig. H; Forti, 1907, p. 608; Geitler, 1931, p. 599; Hua Maosen and C. K. Tseng in C. K. Tseng (ed.), 1983, p. 34, pl. 21: 1; Silva, P. C., P. W. Basson and R. L. Moe, 1996, p. 72; J. Komárek, 2013, p. 218.

模式标本产地：法国（Brest，Finistere，France）。

藻体常由许多丝体聚齐生长在一起，形成束状，或茸毛状的藻层，高 0.5 mm，蓝绿色，或紫罗兰色。丝体直走，或弯曲，直径 8～12 μm，基部稍膨胀。胶质鞘薄，无色透明。藻丝的直径（5.5～）6～7.5 μm，其顶端部逐渐狭小形成较短的毛丝体。中部细胞长 3.5 μm。异形胞基部位，通常球形，直径 7～10 μm。

习性：生长在潮间带附近的岩石上。

产地：海南省三沙市西沙群岛。

国外分布：北美，欧洲，毛里求斯，印度洋。

94. 附生眉藻

Calothrix parasitica (Chauvin) Thuret, 1875, p. 381; Tilden, 1910, p. 260, pl. 16, fig. 15、16; Newton, 1931, p. 33; Geitler, 1932, p. 597, fig. 374; Tseng and Li, 1935, p. 198; Chu Hao-Jae, 1959, p.14, pl. IV: 4; J. Komárek, 2013, p. 240.

Rivularia parasitica Chauvin, 1842, p. 41.

模式标本产地：地中海。

藻丝深蓝绿色，长达 0.5 mm，直径 9～10 μm，有时可达 15 μm，丝体的基部略弯曲，且明显地膨大，其直径有时可达 20 μm。胶质鞘一般很薄，无色透明，老年时变为黄色，在丝体的末端部逐渐散裂扩展，有明显的层次，层次的外侧常开裂。在藻丝中段处的细胞宽 7～8 μm，在基部处的细胞直径为 18～20 μm，藻丝顶端部逐渐狭细，最后形成一条弯曲、无色透明的长毛丝体。基部的细胞很短，在中段以上，其直径与高的比例逐渐减小；毛丝体细胞的直径仅是其高的 1/3～1/2。异形胞基部位，呈半球形。藻殖段多产生在藻丝的上端部，一至数条，有时成串，萌发后形成新的藻体。

习性：附生眉藻常寄生于海索面（一种红藻）的组织内。繁生旺盛时，往往使原为紫红色的寄主体变为青绿色；或附生或寄生在其他种藻类的疏松组织内，如浒苔 *Enteromorpha* sp. 的中央腔内，往往有这种眉藻存在。

产地：山东省青岛、威海；辽宁省大连。

国外分布：美国等地。

95. 软毛眉藻 图版 III：11

Calothrix pilosa Harvey，1858，p. 106，pl. XLVIII. C；Forti，1907，p. 614；Sigee，1966，p. 68；Hackett，1977，p. 11；Hau Maosen and C. K. Tseng in C. K. Tseng（ed.），1983，p. 34, pl. 21 : 2；Lee, In Kyu and Jae Won Kang. 1986, p. 313；Silva, P. C., E. G. Meney and R. L. Moe，1987，p. 14；Silva，P. C.，P. W. Basson and R. L. Moe，1996，p. 73.

模式标本产地：美国（Key West Florida，U. S. A.）。

藻体深蓝绿色、橄榄绿色，至黄绿色，通常由许多丝体聚齐生长在一起，形成簇状，或茸毛状扩展的藻层，高 1～3 mm。丝体很长，通常直立，硬直，直径 20～40 μm，具有明显的假分枝，更有伪枝藻（*Scytonema*-like）状的假分枝。胶质鞘坚固，幼时无色，透明，老年时变为浅黄色或淡褐色，厚 5～10 μm，具有层次。藻丝的直径 10～20 μm，细胞长 2～5μm，藻丝的顶端部略渐尖。异形胞基部位和胞间位。

习性：生长在潮间带上部的岩石上。

产地：海南省海南岛。

国外分布：朝鲜半岛，菲律宾，印度洋等暖海区。

96. 粗眉藻

Calothrix robusta Setchell et N. L. Gardner in N. L. Gardner 1918，p. 473，pl. 40：fig. 22；Zhou Zhengying and Chen Zhouhua，1983，p. 100；J. Komárek，2013，p.281，fig. 324.

模式标本产地：不详。

藻体由许多丝体生长在一起，形成簇状的藻层，高达 2 mm，由基部附生在基质上。蓝绿色，或暗蓝绿色。丝体较大，长圆柱形，直径为 30～40 μm，很少有假分枝。胶质鞘无色透明，随着藻体的成熟，胶质鞘至淡黄色，逐渐出现层次，厚达 7～8 μm。细胞的直径 16～20 μm，细胞很短，全部丝体的细胞均很短，其顶端部，突然渐尖，直行，或呈弯钩状，细胞的长仅 2～3 μm。异形胞基部位，扁压状，有时 2 个成一串连在一起。

产地：福建省。

国外分布：美国加利福尼亚州。我们没有看到标本，根据记录列入本卷册。以上描述根据 Komárek 和 Anagnostidis（2013）。

97. 岩生眉藻 图 67

Calothrix scopulorum（Weber & Mohr）Agardh, 1824, p.70; Bornet and Flahault, 1886-88, p. 353; Tilden, 1910, p. 258, pl. XVI, figs. 11, 12; Collins and Hervey, 1917, p. 27; Setchell and Gardner, 1919, p. 96; Newton, 1931, p. 33; Gardner, 1932, p.306; Geitler, 1932, p. 600, fig. 374; Frémy, 1934, p. 143, pl. 35, fig. 2; Iyengar and Desikachary, 1944, p. 49, fig. 10; Taylor, 1950, p. 107; Chapman, 1956, p. 366, fig. 8, no. 3; Desikachary, 1959, p. 524, pl. 111, fig. 9; Chu Hao-Jan, 1959, p. 15, pl. V, fig. 1; Zhou Zhenying and Che Zhouhua, 1983, p. 100; Hua Maosen and C. K. Tseng, 1985, p. 16, fig. 2: 2; Lee, In Kyu and Jae Won Kang, 1986, p. 313; Silva, P. C., P. W. Basson and R. L. Moe, 1996, p. 73; J. Komárek, 2013, p. 235.

Conferva scopulorum Weber & Mohr, 1804, p. 195, pl.3, fig . 3.

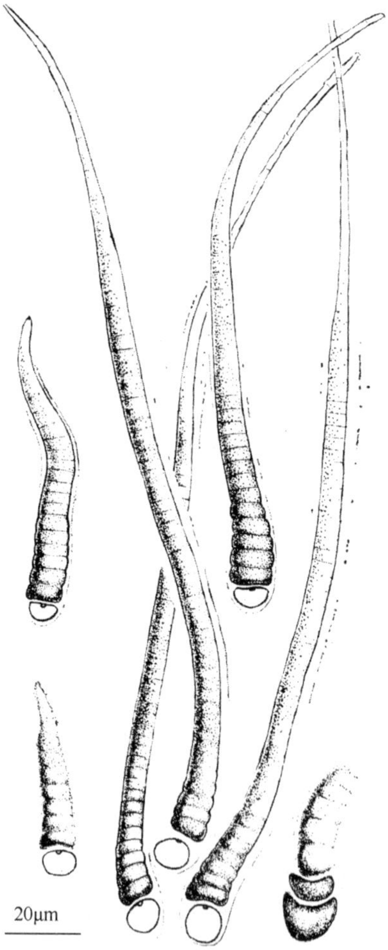

图 67 岩生眉藻 *Calothrix scopulorum*（Weber & Mohr）Agardh，藻体的部分形态。一些丝体的高倍放大

Fig. 67 *Calothrix scopulorum*（Weber & Mohr）Agardh, thalli showing its habit sketch. Enlargement of high time of some filaments.

模式标本产地：瑞典（Varberg，Sweden）。

藻体附生，直走，或略弯曲，长 0.4～0.6 mm，有时高达 1 mm 以上，基部略膨大，单独生长，或许多丝体聚齐生长在一起，形成簇状的藻层，蓝绿色，或橄榄绿色。丝体直径 10～14 μm。胶质鞘透明，或呈亮黄色，有层次，在藻丝的顶端部呈漏斗状散裂。藻丝中部的直径 6～12.5 μm，基部略膨大，直径 12～16μm，顶端部渐尖形成毛丝体。在丝体中、上部，两细胞间横壁处的缢缩不明显，但在基部则缢缩明显。基部细胞的高为 3～5 μm，是其直径的 1/3～1 倍。异形胞基部位，多数一个，有时两个，半球形或球形。藻殖段在每条胶质鞘内甚多，其长为直径的 5 倍。

习性：生长在礁湖内中潮带至低潮带，附生在礁石、死珊瑚、死贝壳上。与颤藻 *Oscillatoria* sp.、鞘丝藻 *Lyngbya* sp.、微毛藻 *Microchaete* sp.等混生在一起。

产地：海南省三沙市西沙群岛的金银岛、琛航岛、中建岛及永兴岛，福建及山东省沿岸。

国外分布：岩生眉藻是世界性分布种。太平洋：朝鲜半岛，日本的全国沿岸，琉球群岛的奄美大岛、冲绳岛，新西兰，马绍尔群岛；大西洋：加勒比海（博奈尔岛），百慕大群岛，美国（东、西部沿岸），加拿大（纽芬兰岛），瑞典，英国，法国；印度洋：印度南部沿岸。

98. 胎生眉藻

Calothrix vivipara Harvey ex Bornet & Flahault，1886，p. 362，Zhou Zhenying and Chen Zhuohua，1983，p. 100；J. Komárek，2013，p. 177.

模式标本产地：不详。

藻体呈天鹅绒状的藻层，橄榄绿色，丝体匍匐附生在基质上，形成厚达 3～5 mm 的藻层。丝体具有反复多次的伪枝藻状（*Scytonema*-like）假分枝。丝体的基部彼此缠绕交织，其分枝部分直立向上，彼此密集平行排列。胶质鞘厚，稍呈水解状态，没有层次，藻体的直径 9～15 μm。细胞方形，直径与其高几乎相等，或略短些。异形胞基部位，或胞间位，有时 4 个异形胞连在一起成串。

产地：福建省沿岸。

国外分布：欧洲挪威沿岸，北美太平洋沿岸。

我们没有看到本种标本，根据记录列入本卷册。以上描述根据 Komárek 和 Anagnostidis（2013）。

栅须藻属 *Isactis* Thuret ex Bornet & Flahault Thuret ex Bornet & Flahault，1886，p. 341

藻体通常为皮壳状的胶群体，以其基部附着，蓝绿色，或淡黄绿色。群体内许多丝状体紧密平行排列。丝体基部的直径略大，向上端部逐渐狭小，或形成毛丝体。几乎不存在假分枝。胶质鞘肥厚，多数呈水解状态。细胞方形，细胞的直径与其高几乎相等。异形胞基部位，通常一个。厚壁孢子缺乏。繁殖主要依靠藻殖段的形成，及丝体、群体的破裂有时也能生长为新的个体。

模式种：*Isactis plana*（Harvey）Thuret ex Bornet & Flahault。

栅须藻属在本书中仅报道 1 种。

99. 扁平栅须藻 图 68

Isactis plana（Harvey）Thuret，1875，p.382；Bornet and flahault，1886-88，p. 344；Tilden，1910，p. 281，pl. XIX，fig. 5；Setchell and Gardner，1919，p. 104；Newton，1931，p. 35；Geitler，1932，p. 656，fig. 418；Frémy，1934，p. 151，pl. 42，fig. 1；Chu Hao-Jan，1959，pl. V，fig. 2；Hua Maosen and C. K. Tseng，1985，p. 16，fig. 3；Silva，P. C.，P. W. Bosson and R. L. Moe，1996，p. 75；J. Komárek，2013，p. 284.

Rivularia plana Harvey in W. Hooker，1833，p. 394.

模式标本产地：爱尔兰（Miltowy Malbay，County Clare，Ireland）。

藻体通常为皮壳状的胶群体，以其基部附着，形成厚 0.3～0.5 mm 的藻层，蓝绿色，或淡黄绿色。群体内许多丝体紧密平行排列，胶质鞘肥厚，略呈水解状态，无色透明，

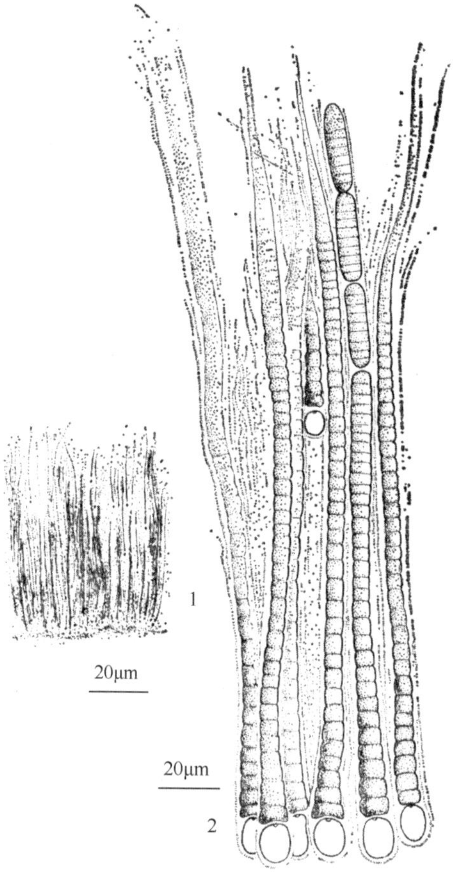

图 68 扁平栅须藻 *Isactis plana*（Harvey）Thuret，藻体的部分形态。
1. 一株胶群体；2. 一些丝体的高倍放大
Fig. 68 *Isactis plana*（Harvey）Thuret
1. A mucilage colony；2. Enlargement of high times of some filaments.

或呈淡棕黄色，丝体顶端部的胶质鞘呈散裂状，由于无数丝体在群体内平行排列，所以，丝体间借胶质鞘的彼此融合，使众多的丝体凝齐形成合一的扁平胶群体。藻丝中部的直径 5～8 µm，基部细胞稍膨大，其直径 8～10 µm，藻丝的顶端部略渐尖形成毛丝体。细胞几乎呈方形，但中部细胞较短，为其直径的 1/3～1/2 倍。异形胞基部位，通常一个，球形或长球形，直径 8～10µm。藻殖段存在，一至数个，球状或半球状。

习性：生长在中潮带至低潮带附近的礁湖内，附生在死贝壳上，与鞘丝藻 *Lyngbya* sp.、眉藻 *Calothrix* sp.、鞭鞘藻 *Mastigocoleus* sp.等混生在一起。

产地：海南省三沙市西沙群岛的金银岛，及黄海、渤海沿岸。

国外分布：太平洋：日本的本州岛以南沿岸，琉球群岛的奄美大岛，北美沿岸；大西洋：英国，法国。

胶须藻属 *Rivularia* C. Agardh ex Bornet & Flahault
C. Agardh ex Bornet & Flahault，1886，p. 345

藻体通常呈囊状的胶群体，球形、半球形或其他不规则的块状，蓝绿色、橄榄绿色，或淡黄色、暗褐色，系由无数的藻丝及其胶质鞘相聚齐黏合构成，以其基部附着在基质上。无数的丝体，从群体的基位，或中央部位辐射状排列，指向群体的球面，偶见平行排列，直走，很少弯曲。丝体基部有时略宽大，上端部渐尖，最终形成很长的、无色透明的毛丝体。异形胞多见基部位，同时存在部分的胞间位。胶质鞘肥厚，藻丝明显具有个体胶质鞘，以及包裹整个群体的公共胶质鞘。假分枝通常发生在藻丝的中下部位，长成后常与母藻丝平行排列，其结构与母藻丝相类似，随母藻丝同样的辐射状排列，使群体增大。老年的群体有时在群体的中央中空，表面出现皱折，与年幼时光亮平滑的胶群体外表有所不同。繁殖主要依靠藻殖段的形成，藻殖段多发生在藻丝的中、上部，单个或数个成串，或群体或丝体的断裂也能形成新的个体。

选模式种：*Rivularia dura* Roth ex Bornet & Flahault.

胶须藻属在本书中仅报道 2 种。

胶须藻属分种检索表

1. 海产种类，藻丝的直径 2～6 µm………………………………………… **黑色胶须藻 *Rivularia atra***
1. 淡水种类，有喜盐习性，藻丝的直径（3～）5～9（～13）µm…… **巴氏胶须藻 *Rivularia biasolettiana***

Key to the species of *Rivularia*

1. Marine species；trichomes 2–6 µm in diameter ……………………………………… *Rivularia atra*
1. Freshwater species，or habitats with high salinity；trichomes（3–）5–9（–13）µm in diameter……………………………………………………………………………………… *Rivularia biasolettiana*

100. 黑色胶须藻 图版 IV：1，2

Rivularia atra Roth，1806，p. 340；Farlow，1875，p. 38，pl. 2，fig. 2；Bornet and Plahault，1886，p. 353；Tildon，1910，p. 289，pl. xx，fig. 10；Chu Hao Jan，1959，p. 16，pl. v，fig. 3；C. K. Tseng，1936b，p. 13；Hua Maosen and C. K. Tseng in C. K. Tseng （ed.），1983，p. 36，pl. 22：5a，b；Lee，In Kyu and Jae Won Kang，1986，p. 313；Huang，Shufang，2000，p. 113；Sun Jianzhang，2006，p. 58；J. Komárek，2013，p. 292.

模式标本产地：不详。

藻体为囊状、球状胶群体，黑蓝绿色，或微黄绿色，单生，或多个侧面互相愈合形成直径达 4 mm 的藻团。其表面明亮光滑，坚实，呈球形、半球形或扁平形的藻体，直径 1～3 mm。在幼年时的胶群体内，有无数的丝体，自群体基部，或近于中央部位的一侧，呈放射状密集、有序的排列。靠近基部的藻丝较细，直径 2～3 μm，上部藻丝的直径稍宽大，直径 4～6μm，末端部渐尖，形成细长、无色透明的毛丝体。

假分枝存在。这起源于藻殖段的形成，并在母丝体上向外侧滑移，萌发形成新的假分枝。藻殖段通常产生于藻丝的中、下部位。萌发、长成后的假分枝，与母丝体平行排列，其结构与母丝体相类似。在幼藻体内，最初众多的丝体，几乎在同一时刻产生出它们各自的、第一代的藻殖段，且形成它们第一代的假分枝，跟随母丝体同样的辐射状排列，使群体增大。以此类推，第二代或第三代假分枝的形成，使辐射状的扇面向上延伸、扩增。胶群体逐渐趋向成熟，呈球状，或半球状形态，其中央部位也随之变实，成为实心的藻体。当年老时，球状藻体的中央部位常呈中空状态，其群体外壁出现皱折，呈无定型的囊状形态。

丝体的胶质鞘稍薄，无色透明，或呈淡黄褐色。由于众多的藻丝彼此挤压排列，所以，个体胶质鞘常不明显。在丝体上部的胶质鞘常散裂，扩展形成漏斗形，淡黄褐色。相邻细胞间横壁处稍收缢，或不收缢。基部细胞的直径略小于其高，上部细胞较短。异形胞基部位，单个，球形或椭圆形。

习性：生长在潮间带上部的岩石上。

产地：本种为黄海沿岸的习见种。还分布在浙江省、台湾省、福建省的厦门沿岸。

国外分布：世界性的温带海域。

101. 巴氏胶须藻

Rivularia biasolettiana Meneghini ex Flahault，1886，p. 298；Zhou Zhenying and Chen Zhuohua，1983，p. 100；J. Komárek，2013，p. 298，fig. 140.

模式标本产地：不详。

藻体呈球状，或半球状的胶群体，通常附着在含钙的基质上，匍匐生长，或集合形成垫状的 2 mm 厚的藻层。藻体蓝绿色、橄榄绿色，或淡黄色。丝体基部直径（7.5～）10～30 μm；胶质鞘肥厚，在丝体的上部位，胶质鞘呈漏斗状向上扩散，幼年时无色透明，逐渐具有层次，棕褐色，宽达 30 μm。藻丝基部的直径（3～）5～9（～13）μm，藻丝中、上部向顶端呈渐尖，最后形成无色透明、细长的毛丝体。相邻细胞间横壁处，具有明显的缢缩。异形胞通常基部位，球形或椭圆形。

习性：主要为淡水产的蓝藻种类，也分布在高盐水体地带。

产地：福建省。

国外分布：北欧，及北美的寒、温带地区，格陵兰，冰岛、阿拉斯加及美国加利福尼亚。

我们没有看到标本，根据记录列入本卷册。以上描述根据 Komárek 和 Anagnostidis（2013）。

双须藻属 *Dichothrix* Zanardini
Zanardini ex Bornet et Flahault，1886，p. 373

藻体呈典型的灌木状形态。直立，从生，基部附着在基质上。丝状体单独生长，或许多聚生形成毛笔状，或刷状的藻层。具明显的二叉状假分枝。二叉状假分枝从藻体的基部到顶端部反复多次发生。基部的丝体略粗大。在同一公共胶质鞘内常含有 2～6 条藻丝，彼此平行、疏松地排列，在分枝的顶端部，胶质鞘内通常只有一条藻丝。藻丝的中、上部略渐尖，有时最终形成细长的毛丝体。藻丝中部的细胞呈方形，或近方形，内含物均匀，相邻细胞间横壁处具缢缩与否随种不同而异。异形胞基部位和胞间位。繁殖主要依靠藻殖段的形成，及丝体的断裂也能生长成新的个体。

模式种：*Dichothrix penicillata* Zanardini。

双须藻属在本书中报道 6 种。

双须藻属分种检索表

1. 异形胞基部位……………………………………………………………………………………2
1. 异形胞基部位和胞间位 ……………………………………………………………………4
   2. 基部异形胞由 2～6 个成串，细胞短，细胞的长度较其直径为短，长 2.5～3.5 μm ………………………………………………………………………………串胞双须藻 ***Dichothrix seriata***
   2. 基部异形胞单个，或两个成对；细胞方形，其直径与长度几近相等………………………3
3. 基部异胞胞单个，或两个成对；丝体较大，直径 25～35 μm………刷状双须藻 ***Dichothrix penicillata***
3. 基部异形胞单个；丝体较小，直径 12～15 μm……………………橄色双须藻 ***Dichothrix olivacea***
   4. 藻丝的直径 17～27.5 μm；胶质鞘较薄，没有层次出现 ………………附生双须藻 ***Dichothrix fucicola***
   4. 藻丝的直径小于 16 μm；胶质鞘肥厚，具有层次……………………………………………5
5. 藻丝的直径 7.5～14 μm；细胞柱形，通常较短，细胞长为 2～8 μm………………………………………………………………………………………………博氏双须藻 ***Dichothrix bornetiana***
5. 藻丝的直径 14～16 μm；细胞方形，其直径与长度几乎相等，靠近丝体基部的细胞长度为 10～40（～60）μm……………………………………………中建双须藻 ***Dichothrix zhongjianensis***

Key to the species of *Dichothrix*

1. Heterocyst basal ……………………………………………………………………………2
1. Heterocyst basal and intercalary ……………………………………………………………4
   2. Heterocyst in series of 2–6；cells short，always shorter than wide，2.5–3.5μm long ……………………………………………………………………………………*Dichothrix seriata*
   2. Heterocyst single，or in pairs；cells isodiametric or slightly longer，or shorter than wide…………3
3. Heterocyst single，or in pairs；filaments larger，25–35 μm in diameter ………………*Dichothrix penicillata*
3. Heterocyst single only；filaments smaller，12–15μm in diameter ……………………*Dichothrix olivacea*
   4. Trichomes17–27.5 μm in diameter；sheasth thin，not lamellated…………………*Dichothrix fucicola*

4. Trichomes smaller than16 μm in diameter, sheath thick, lamellated ························ 5

5. Trichomes 7.5–14 μm in diameter; cells pillar, usually shorter than wide, 2–8 μm long ························ *Dichothrix bornetiana*

5. Trichomes 14–16 μm in diameter; cells square, isodiametric, or so, 10–40 (–60) μm long at the base of the trichome ························ *Dichothrix zhongjianensis*

102. 博氏双须藻 图 69

Dichothrix bornetiana Howe, 1924, p. 357; Geitler, 1932, p. 584, Hua Maosen and C. K. Tseng, 1985, p. 18, fig. 5; J. Komárek, 2013, p. 329.

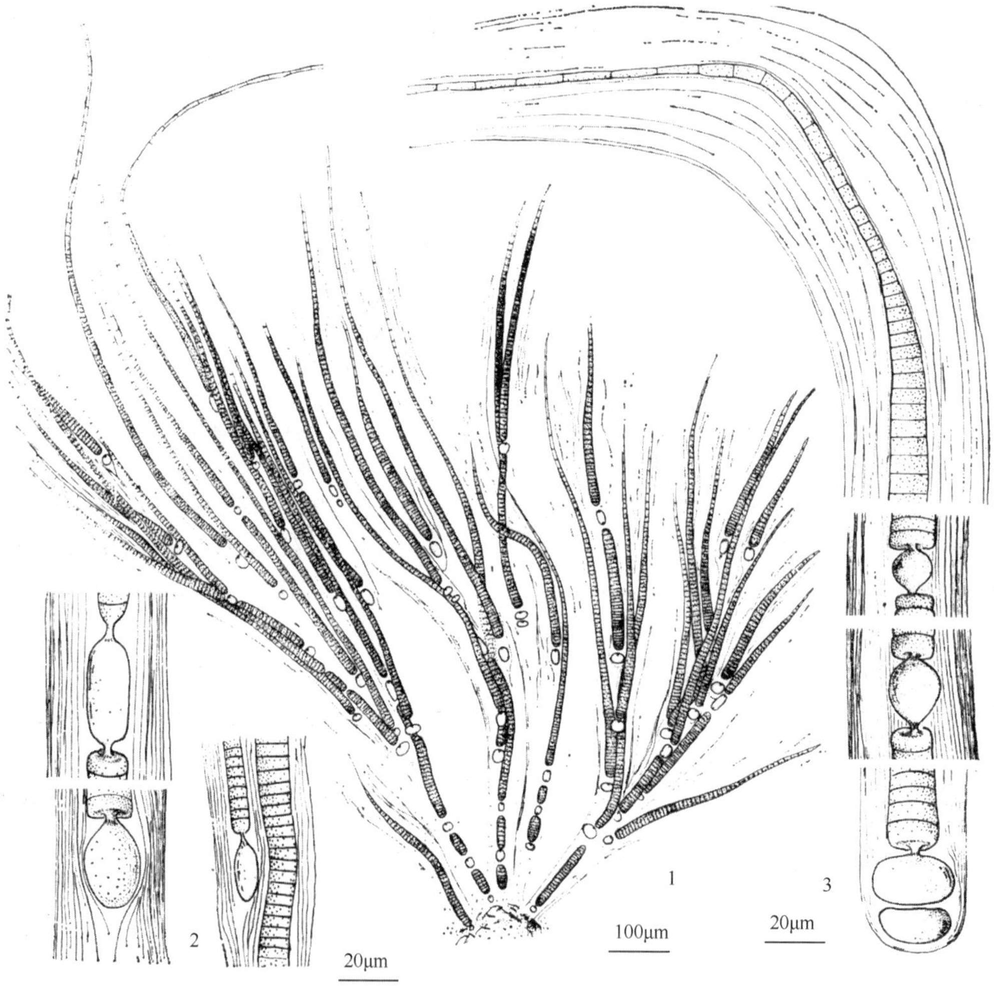

图 69 博氏双须藻 *Dichothrix bornetiana* Howe, 藻体的部分形态

1. 几株藻体的外形; 2. 一条丝体的高倍放大; 3. 丝体的基部、中部和顶部, 胶质鞘厚, 层次明显, 异形胞的形状各异

Fig. 69 *Dichothrix bornetiana* Howe, thalli showing its habit sketch

1. Habit sketch of some frond; 2. Enlargment of high time of a filament; 3. Showing the basal, mid and apex of filaments, gelatinous sheaths thick, distinct lamellated, different form of heterocysts

模式标本产地：巴哈马群岛。

藻体由基部附着，直立，簇生成刷状，高 1.5～2 mm，蓝绿色。丝体十分粗大，直径（30～）38～50（～58）μm。胶质鞘很厚，8～16μm，在藻体的中、上部胶质鞘呈亮黄色，层次很多，细柔，在丝体的顶端部呈散裂状。藻丝直径 7.5～14 μm，细胞呈扁圆柱形，高 4～8 μm，相邻两细胞间横壁处没有缢缩，仅在丝体的基部微有缢缩。异形胞基部位和胞间位，基部异形胞一个，偶见两个，球形或长圆形；胞间异形胞的形态多样，多数为长圆形，长 15～40 μm。

习性：生长在礁湖内低潮带附近。附生在死贝壳，或其他海藻如仙掌藻 *Halimeda* sp. 的藻体上，与多种丝状蓝藻混生在一起。

产地：海南省三沙市西沙群岛的中建岛。

国外分布：大西洋：巴哈马群岛、牙买加。

在 1924 年，Howe 首次报道博氏双须藻以来，尚未见其他报道。该种的模式标本产地在巴哈马群岛，与伞房束枝藻 *Gardnerula corymbosa* 混生在一起。Howe 经过仔细鉴定后认为博氏双须藻的丝体粗大，胶质鞘肥厚，并且在藻丝、细胞等特征方面与束枝藻完全不同，排除了曾怀疑该种即为束枝藻的看法而鉴定为新种。据资料表明，博氏双须藻在已知双须藻属中，其丝体的直径是最大的。

103. 附生双须藻　图 70

Dichothrix fucicola（Kützing）Bornet et Flahault，1886，p. 379；Tilden，1910，p. 279；Collins and Hervey，1917，p.28；Taylor，1928，p. 52，pl. 2，fig. 15；Gardner，1932，p. 307；Hua Maosen and C. K. Tseng. 1985，p. 17，fig. 4；J. Komárek，2013，p. 331.

模式标本产地：不详。

藻体直立丛生，以基部附着在基质上，有反复二叉状的假分枝，呈刷状，橄榄绿色，高 2～4 mm。丝体较粗，直径 25～35 μm，较刚直，不柔软。胶质鞘较薄，紧包藻丝，没有层次，在顶端部的胶质鞘呈淡黄色。藻丝的直径 17～27.5 μm，在丝体的中、上部较粗大。基部细胞呈方形，或长方形，细胞长 15～28 μm，几乎是其直径的 1～2 倍，而中、上部的细胞则压扁，长仅 3～10 μm。相邻两细胞间横壁处没有缢缩，但在基部往往有缢缩。藻丝顶端部略渐尖形成毛丝体。异形胞基部位或胞间位，球形或长球形，其直径往往与藻丝的直径相同。

习性：礁湖内低潮带，附生在死珊瑚枝上，与鞘丝藻 *Lyngbya* sp.、眉藻 *Calothrix* sp. 等混生在一起。

产地：海南省三沙市西沙群岛广金岛。

国外分布：美国（佛罗里达半岛，德赖托图加斯群岛），墨西哥，加勒比海，牙买加及菲律宾。

本种是热带、亚热带性的海产种类，仅分布在加勒比海及其附近。在西沙群岛采集的标本数量不多，其主要特征符合模式标本的描述。

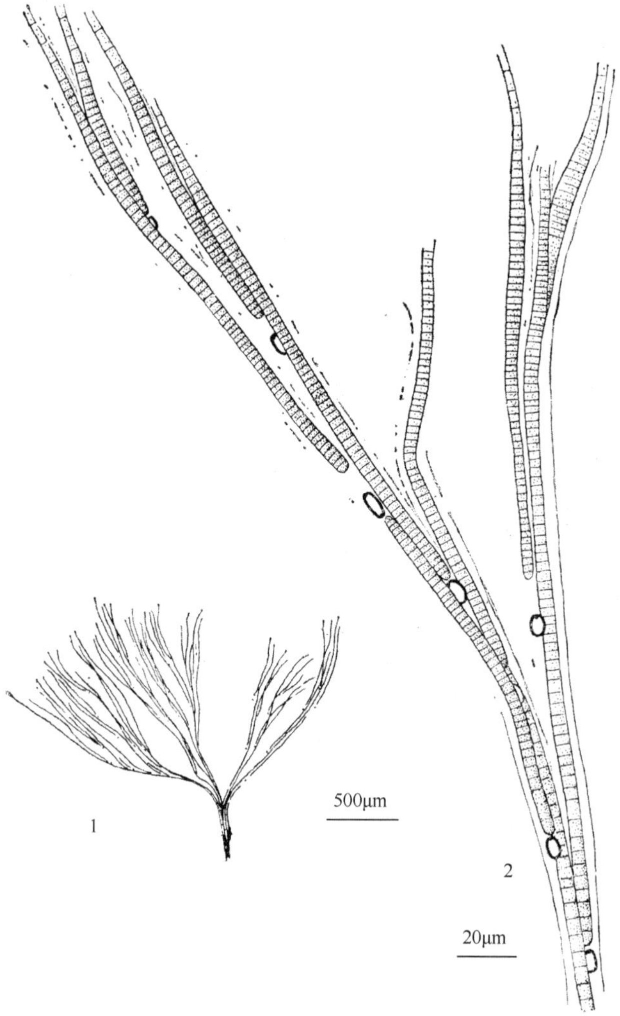

图 70 附生双须藻 *Dichothrix fucicola*（Kützing）Bornet et Flahault，藻体的部分形态
1. 一株藻体的外形；2. 一小枝分枝丝体的高倍放大

Fig. 70 *Dichothrix fucicola*（Kützing）Bornet et Flahault，thalli showing its habit sketch
1. Habit sketch of a fornd；2. Enlargemnt of high time of a small branching filament

104. 橄色双须藻 图版 IV：6

Dichothrix olivacea（Hooker）Bornet et Flahault，1886，p. 379；Taylor，1928，p. 53，pl. 2，fig. 14；Hua Maosen and C. K. Tseng in C. K. Tseng（ed.），1983，p. 34，pl. 21：4；J. Komárek，2013，p. 334.

模式标本产地：不详。

藻体直立，丛生，形成叶枕状的藻层，附生在基质上，橄榄色，或蓝绿色，高 1～2 mm。丝体直径 25～30 μm，二叉状假分枝很长，等长。胶质鞘均匀，透明，无色。藻丝直径 10～15μm，相邻两细胞间横壁处稍缢缩，藻丝顶端渐尖成为长毛丝体。细胞长 3～5μm。异形胞基生，很少间生。

习性：生长在珊瑚石上。

产地：海南省三沙市西沙群岛。

国外分布：加勒比海，美国佛罗里达，非洲等。

105. 刷状双须藻　图 71

Dichothrix penicillata Zanardini，1858，p. 89，t XII，f. 3；Bornet and Flahault，1886-88，p. 379；Tilden，1910，p. 280；Gardner. 1932，p. 307；Geitler，1932，p. 585；Taylor，1928，p. 53；1950，p. 108；Nasr A. H.，1947，p. 14；Hua Maosen and C. K. Tseng，1985，p. 20，fig. 6；J. Komárek，2013，p. 334.

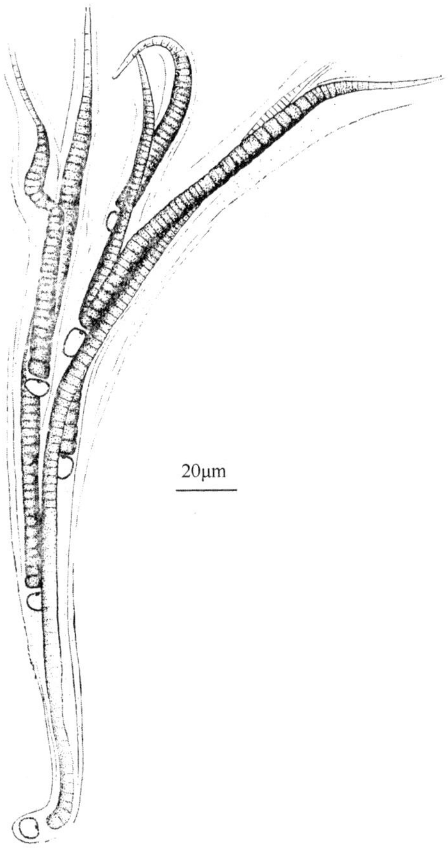

图 71　刷状双须藻 *Dichothrix penicillata* Zanardini，藻体的部分形态

Fig. 71　*Dichothrix penicillata* Zanardini，thallus showing its habit sketch

模式标本产地：红海。

藻体簇生或单独生长，蓝绿色，高 0.6～1.5 mm，呈刷状。丝体的直径 15～35 μm，胶质鞘肥厚，但没有层次，透明，初时无色，随着藻体长大呈亮黄色。藻丝的直径 10～15 μm，细胞呈扁圆柱形，长 5～8 μm，相邻两细胞间横壁处微有缢缩。藻丝顶端部稍渐尖形成毛丝体。异形胞基部位，一个，球形或椭圆形。

习性：生长在礁湖内低潮带位附近。附生在死贝壳表面，与鞘丝藻 *Lyngbya* sp.、裂须藻 *Schizothrix* sp.等混生在一起。

产地：海南省三沙市西沙群岛的琛航岛及金银岛。

国外分布：太平洋：马绍尔群岛；大西洋：美国（佛罗里达半岛，德赖托图加斯群岛），加勒比海，牙买加、波多黎各、瓜德罗普岛、巴哈马群岛，以及墨西哥湾；印度洋：红海沿岸。

106. 串胞双须藻

Dichothrix seriata Setchell et Gardner，1918，p. 473，pl. 40，fig. 20；Chou Chen-Ying and Chen Zhuo-Hua，1965，p.2；J. Komárek，2013，p. 337.

模式标本产地：不详。

藻体单独生长，许多丝体齐聚生长在一起，直立附生在基质上，形成厚达 1～1.5 mm 的藻层，蓝绿色，或铜绿色。丝体的直径 25～35 μm，具反复的二叉状假分枝。藻丝的细胞很短，其长仅 2.5～3.5 μm，呈扁圆柱形。直径 9～11 μm，藻丝的中、上部不呈渐尖，不形成细长的毛丝体。胶质鞘均匀，无色透明，有时具有层次。异形胞基部位，通常 2～6 个成一串，扁圆球形。

习性：本种为海产种类，生长在高潮带的岩石上，或在其他藻类的丝体上。

产地：福建省平潭岛的大富。

国外分布：北美太平洋沿岸。

我们没有看到标本，根据记录列入本卷册。以上描述根据 Komárek 和 Anagnostidis（2013）。

107. 中建双须藻　图 72

Dichothrix zhongjianensis Hua et Tseng，1985，p. 20，fig. 7：1-9.

模式标本产地：海南省三沙市西沙群岛中建岛。

藻体簇生，高 0.5～1 cm，蓝绿色，有时略呈紫红色。许多丝体以基部聚生于基物，其上端的分枝辐射状展开，形成绒球状藻团。丝体柔软，由基部向顶端有 4～8 回反复双叉状假分枝，每回分枝几乎同步发生，所以，所有分枝略呈对称形态。在基部和顶端部的丝体直径几乎相等，很少渐尖，直径（25～）30～40 μm。胶质鞘较厚，且有层次，一般 2～3 层，透明无色，外层不粗糙。在胶质鞘内，除在藻体基部有时含有数条藻丝外，在丝体的上端，或顶端部只包含一条藻丝。藻丝的直径 14～16 μm。丝体基部的细胞大都为长方形，或方形，细胞长 10～40（～60）μm，两细胞间横壁处没有缢缩，或微有缢缩。藻丝中部，或顶部的细胞大都呈扁圆柱形，细胞长 5～10 μm。相邻两细胞间横壁处不缢缩。藻丝顶端部不渐尖，或稍有渐尖，或延长成毛丝体。异形胞基部位和胞间位，基部异形胞多数一个，极少两个，球形或长球形，直径 10～20 μm，长 20～25 μm。细胞间的异形胞很多，单个存在，绝不形成数个成串的排列，直径 10～16 μm，长 25～50 μm。成熟丝体常有一或数个藻殖段。

习性：附生在低潮带位的死珊瑚，或礁石、沙粒上。

产地：海南省三沙市西沙群岛的中建岛，及金银岛。

本种为我国特有种。

主要特征：①藻体高 0.5～1 cm，簇生，形成绒球状藻团。②丝体柔软，由基部向顶端有 4～8 回反复双叉状分枝，直径（25～）30～40 μm，藻丝的直径为 14～16 μm。③胶质鞘较厚，层次 2～3 层，无色透明。④异形胞基部位和胞间位。

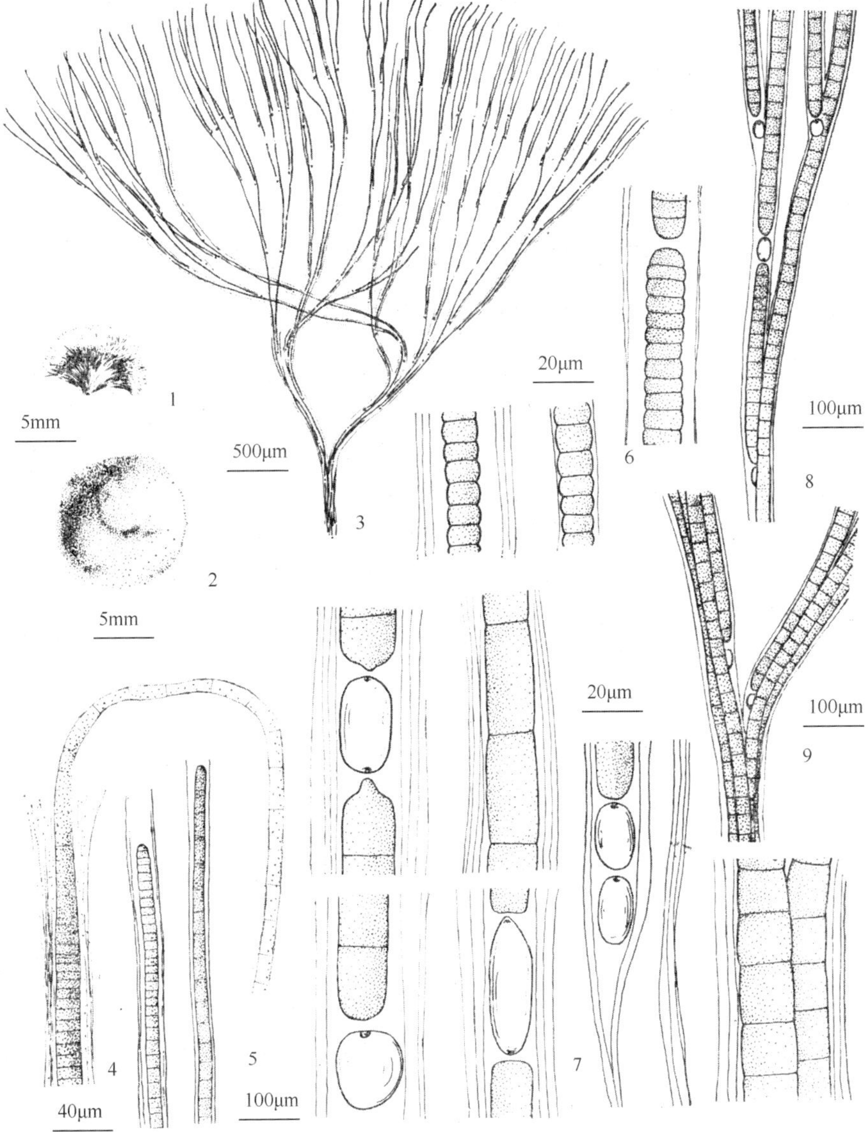

图 72　中建双须藻 *Dichothrix zhongjianensis* Hua et Tseng，藻体的部分形态

1-2. 一藻团的侧面和顶面观外形；3. 一束丝体形态的低倍放大；4-5. 丝体的顶端；6. 丝体顶部的细胞扁压，有缢缩；7. 丝体的异形胞和营养细胞的各种形态；8-9. 藻体顶部和基部的假分枝的分叉形态

Fig. 72　*Dichothrix zhongjianensis* Hua et Tseng，thalli showing its habit sketch

1-2. Habit sketch of lateral and apical view of a algal mat; 3. Enlargment of low times of a fascicular filament; 4-5. Apex of filaments; 6. The apical cells in filaments compressed and constricted; 7. Different morphology of heterocyst and vegetative cells in filament; 8-9. The dichotomous form of false branching of apex and base

在双须藻属中，本种的藻体大小与附生双须藻 *D. fucicola* 较相近。两种的主要区别在于：①本种的藻体通常簇生，总是形成绒球状的藻团，绝无少数丝体散生或弧生的现象，其丝体比较柔软；而附生双须藻的藻体丛生，形成刷状藻团，常有少数丝体散生或弧生，丝体较硬直，不柔软。②本种的丝体较粗，直径（25～）30～40μm，藻丝却较小，

直径 14～16μm；而附生双须藻的丝体直径较小，20～30μm，藻丝却较大，直径 17～22μm。③本种的胶质鞘厚而有层次，无色透明；而附生双须藻的胶质鞘较薄，往往均匀，没有层次，有时呈亮黄色。因此，这两种显然是不相同的。

中建双须藻在我国西沙群岛中建岛、金银岛数量较多，鲜藻略呈紫红色，大都附生在珊瑚枝上，有时因海浪冲击而脱落，随水流漂浮至岸边，在金银岛西南面礁湖中常发现这种蓝藻。

束枝藻属 *Gardnerula* De Toni
De Toni，1936，p.3

藻体呈小型的灌木状，簇生，直立，以基部附着于基质上，蓝绿色、橄榄绿色，常形成 2～10 mm 厚的藻层。藻体具反复的二叉状，或多叉状假分枝，假分枝粗大，为肥厚的公共胶质鞘所包被，内含 20～200（～260）条藻丝，每一条藻丝有自己的个体胶质鞘，均匀，无色透明，或有层次。公共胶质鞘坚韧、均匀，或有层次，外层粗糙。假分枝的横切面显示，细胞紧密排列，个体胶质鞘互相挤压呈多角形，酷似假薄壁组织。藻丝直走，很少弯曲，顶端部有时渐尖，或形成细长的毛丝体。异形胞基部位和胞间位。繁殖主要依靠藻殖段及假分枝的断裂。

模式种：*Gardnerula corymbosa*（Harvey）De Toni。

束枝藻属在本书中报道 3 种。

束枝藻属分种检索表

1. 藻体的末端分枝，不呈伞房花序状；藻丝的末端部不渐尖，不形成细长的毛丝体……2
1. 藻体的末端分枝呈伞房花序状；藻丝的末端部逐渐呈渐尖状，并且形成细长的毛丝体……………………**簇生束枝藻 *Gardnerula fasciculate***
    2. 假分枝直径 50～80 μm，通常内含 20～60 条紧密平行排列的丝体；藻丝的直径 3～4.5 μm……………………**极细束枝藻 *Gardnerula tenuissima***
    2. 假分枝直径 100～170 μm，通常内含 80～200（～260）条紧密平行排列的丝体；藻丝的直径 7.5～10 μm……………………**西沙束枝藻 *Gardnerula xishaensis***

Key to the species of *Gardnerula*

1. Plants not forming a corymbose in shape at top of branched；terminal cells not attenuated into hairs……2
1. Plants forming a corymbose in shape at top of branched；terminal cells attenuated into long hairs……………………*Gardnerula fasciculate*
    2. Branches 50–80 μm in diameter，consisting generally 20–60 closely arranged parallel filaments；trichomes 3–4.5 μm in diameter……………………*Gardnerula tenuissima*
    2. Branches 100–170 μm in diameter，consisting generally 80–200（–260）closely arranged parallel filaments；trichomes 7.5–10 μm in diameter……………………*Gardnerula xishaensis*

108. 簇生束枝藻　图 73　图版 IV：3

Gardnerula fasciculate Tseng et Hua，1982，p. 112，fig. 2：1-10，pl. II：1-5；Hua Maosen and C. K. Tseng in C. K. Tseng（ed.），1983，p. 36，pl. 22：1；J. Komárek，2013，p. 349.

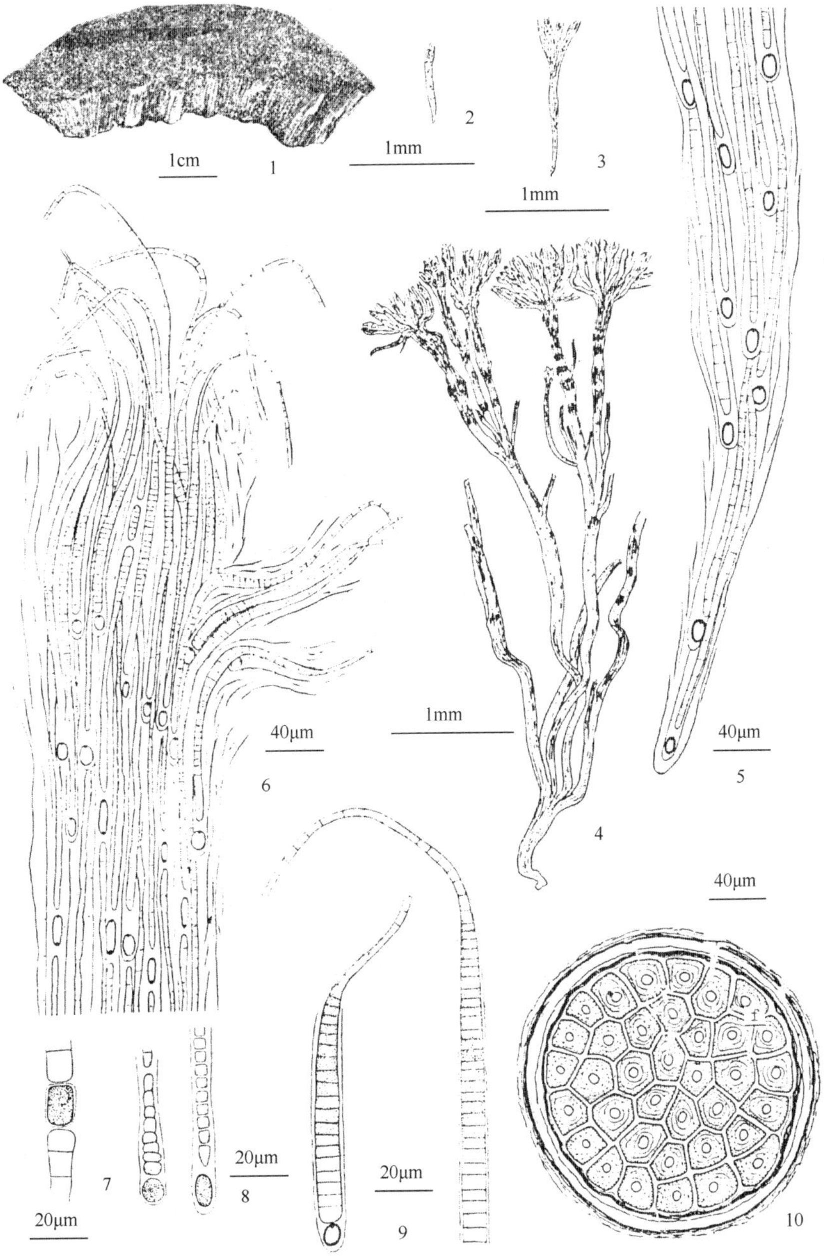

图 73　簇生束枝藻 *Gardnerula fasciculate*Tseng et Hua，藻体的部分形态

1. 许多株藻体聚生在一起，形成一片绒状的藻层；2-3. 两株幼小的藻体；4. 一株成熟藻体；5. 一株藻体的基部结构；6. 一个束状分枝的内部结构，显示许多藻丝的顶端渐尖，并形成细长、透明的毛状；7-8. 显示异形胞的各种形状；9. 两条丝体，显示其顶端渐尖，并形成细长、透明的毛状；10. 一个束状分枝的横切面

Fig. 73　*Gardnerula fasciculate* Tseng et Hua，thalli showing its habit sketch

1. Expansive velvety strata of the crowded thalli；2-3. Two young thalli；4. A mature thallus；5. Base of a thallus；6. Internal structure of a coaxial branch，showing apices of trichomes with long，hyaline hairs；7-8. Heterocyst showing various shape；9. Two filaments，note apices of trichomes with long，hyaline hairs；10. Transverse section of the branch

模式标本产地：海南省三沙市西沙群岛金银岛。

藻体蓝绿色，簇状，直立，基部附着基质上，常形成高 5～10 mm 的天鹅绒状的藻层。藻体通常呈 3～5 次反复的假分枝。假分枝粗大，直径达 40～100（～130）μm，内含 30～80（～130）条藻丝。假分枝的横切面显示，细胞紧密排列，个体胶质鞘相互挤压，假分枝外层的公共胶质鞘均匀、透明，或有层理，或外层粗糙，呈假薄壁组织状的细胞结构。藻丝蓝绿色，直走，彼此平行排列。藻丝基部直径 3～9（～12.5）μm，中部为 5～7 μm，上部逐渐狭小，2.5～5 μm。藻体顶端部的假分枝丛生，达 6～12 条或更多条，呈伞房花序状，该处藻丝的顶端渐尖形成细长的毛丝体，长度达 100～300（～500）μm。异形胞基部位，或胞间位，单个，长圆形，直径 3.7～12.5 μm，长 6～12.5 μm。藻殖段都见于顶端部的假分枝部位。

簇生束枝藻在末端分枝处的藻丝渐尖，延长成毛丝体的特点，类似于产自印度尼西亚的强森束枝藻 *Gardnerula jesenii*。但两者明显的区别在于簇生束枝藻的末端分枝很特别，呈伞房花序状；印度尼西亚的标本很大，分枝直径为 120～260 μm，较我国西沙群岛的本种标本大许多。

习性：生长在潮间带上部的珊瑚石上。

产地：海南省三沙市西沙群岛金银岛。

本种为我国特有种。

109. 极细束枝藻 图版 IV：4

Gardnerula tenuissima Tseng et Hua, nom illeg, Hua Maosen and C. K. Tseng in C. K. Tseng（ed.），1983，p. 36，pl. 22：2.

藻体蓝绿色，簇生，直立，以基部附着于基质上，常形成茸毛状的藻层。藻体具有 5～8 次反复的假分枝，末端假分枝单条，或二叉式，很少有 3 条以上分枝出现。中部假分枝直径 50～85 μm，顶部的假分枝略大，100～150 μm，内含 20～60 条平行排列的藻丝。假分枝的横切面，呈假薄壁组织状的细胞结构，细胞紧密排列，个体胶质鞘彼此相互挤压，呈多角形。藻丝直径 3～4.5 μm，中上部渐尖。末端假分枝处的藻丝，其顶端细胞不延长形成毛丝体。

习性：生长在潮间带上部珊瑚石上。

产地：海南省三沙市西沙群岛。

110. 西沙束枝藻 图 74，图版 IV：5

Gardnerula xishaensis Tseng et Hua，1982，p. 111，fig. 1：1-9，pl. I：1-3；Hua Maosen and C. K. Tseng in C. K. Tseng（ed.），1983，p. 36，pl. 22：3；J. Komárek，2013，p. 351.

模式标本产地：海南省三沙市西沙群岛。

藻体蓝绿色，呈灌木状，单独生长，或少数聚生，但不形成扩展的藻层，直立挺拔，高 2～4 mm，具有 2～3 次层级的假分枝。整个藻体呈伞房花序状。假分枝枝条状，或棍棒状。一级分枝仅 3～5 条，比较长；二级分枝可有（3～）5～12（～20）条，直径粗大，达 100～170 μm，内含 80～200（～260）条，几乎是彼此平行排列的丝体。有时具三级或四级层次的分枝很多，使藻体形成类似的伞房花序状形态。每条藻丝均具有个体胶质鞘，均匀或有层次。假分枝的横切面，呈假薄壁组织状的细胞结构，显示细胞紧密排列，

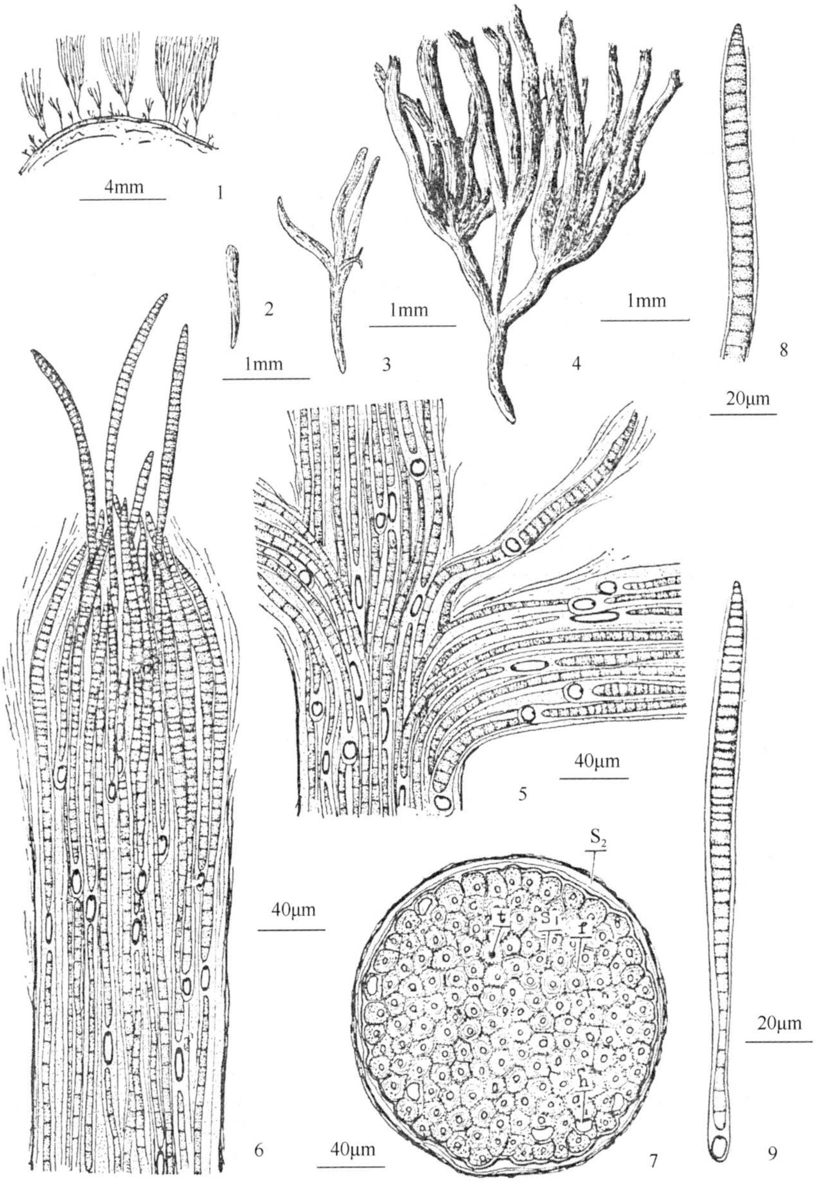

图 74　西沙束枝藻 *Gardnerula xishaensis* Tseng et Hua，藻体的部分形态

1. 一株或多株藻体直立附生在基质上的示意图；2-3. 两株幼小的藻体；4. 一株成熟藻体；5. 藻体第一级束状分枝的内部结构；6. 一个束状分枝的内部结构，显示藻丝的顶部细胞外侧呈圆形，不渐尖形成细胞的毛丝体；7. 一个束状分枝的横切面，显示无数的丝体彼此挤压，平行排列在同一个管状的公共胶质鞘内，形成束状的分枝；8-9.两条丝体

（注：f=丝体，t=藻丝，h=异形胞，S_1=个体胶质鞘，S_2=公共胶质鞘）

Fig. 74　*Gardnerula xishaensis* Tseng et Hua，thalli showing its habit sketch

1. Habit sketch of solitary or tufted thalli；2-3. Two young thalli；4. A mature thallus；5. Internal structure of the first order branching；6. Internal structure of a coaxial branch，note the terminal cell of trichome round，not attenuated into hair；7. Transverse section of the branch；8-9. Two filaments（f=filament，t=trichome，h=heterocyst，s_1=individual sheath，s_2=common sheath）

个体胶质鞘彼此挤压呈多角形，公共胶质鞘厚，坚韧，透明，黄色、淡棕色，有层次，外层粗糙。藻丝蓝绿色，中部直径较大，7.5～10 μm，细胞高 2.5～6 μm，顶端细胞圆形，不渐尖形成毛丝体。异形胞基部位和胞间位，基部异形胞，单个，球形、半球形或椭圆形，直径 10～15 μm，长为 17.5～30 μm；胞间异形胞，多数单个球形或椭圆形，直径 6～7.5μm，长 17.5～30μm。藻殖段多发生在顶端部的分枝上。

本种在藻体形态及顶端部的藻丝不形成毛丝体的特点，与 *Gardnerula corymbosa* 有相似之处，但本种假分枝具有几乎相同的直径，二级分枝处，多达 5～12 条分枝，而后者仅 3～4 条分枝，而且其分枝顶端明显地渐尖。

习性：生长在潮下带 1m 以下深的木棍上。

产地：海南省三沙市西沙群岛。

本种为我国特有种。

微毛藻科 Microchaetaceae Lemmermann
Lemmermann，1907，p.101，106

藻体为单列细胞丝状体，丝体有顶部和基部的分化，基部和顶端部的细胞直径相同，顶部有时稍尖细，但不形成毛丝体，不分枝或有假分枝；胶质鞘坚固，无色透明，内含一条藻丝；异形胞胞间位或基部位；繁殖主要依靠藻殖段和丝体的折断。

微毛藻科在本书中报道 3 属。

微毛藻科分属检索表

1. 丝体新月形，呈"U"字形态，以其中部附着，两端直立向上，丝体的两端几乎同型……**拟弯线藻属 *Camptylonemopsis***
1. 丝体单独生存，或呈束状，不形成 "U" 字形态，有基部和顶端部的分化……………………………2
   2. 丝体为单列的丝状体，假分枝通常不存在…………………………………………**微毛藻属 *Microchaete***
   2. 丝体直立，具有单叉状的假分枝；分枝的基部常有异形胞…………………………**单歧藻属 *Tolypothrix***

Key to the genus of Microchaetaceae

1. Filaments with screscent basal parts，and erect both ends；forming U-formed in shaped………*Camptylonemopsis*
1. Filments solitary，or fascicles，heteropolar，not forming U-formed in shaped ………………………………2
   2. Filments uniseriate；false branched usually lacking……………………………………………*Microchaete*
   2. Filaments erect，usually single false branching arose often below intercalary heterocyst……… *Tolypothrix*

拟弯线藻属 *Camptylonemopsis* Desikachary
Desikachary，1948，p. 46

藻体为单列细胞的丝状体，呈"U"字形态，以其丝体的中部附着于基质上，丝体的两端部分直立向上伸展，或游离状态。顶端细胞外侧圆形，不形成毛丝体。异形胞存在，胞间位，1 个或 2 个，细胞通常扁圆柱形。繁殖主要依靠藻殖段和丝体的折断。

选模式种：*Camptylonemopsislahorensis*（S.L.Ghose）Desikachary。
拟弯线藻属在本书中报道 1 种。

111. 大拟弯线藻　图 75，76，图版 IV：7

Camptylonemopsis major Tseng et Hua，1983，p. 361，figs.1-2，pl. I-II；Hua Maosen and C. K. Tseng in C. K. Tseng（ed.），1983，p. 40，pl. 24：3.

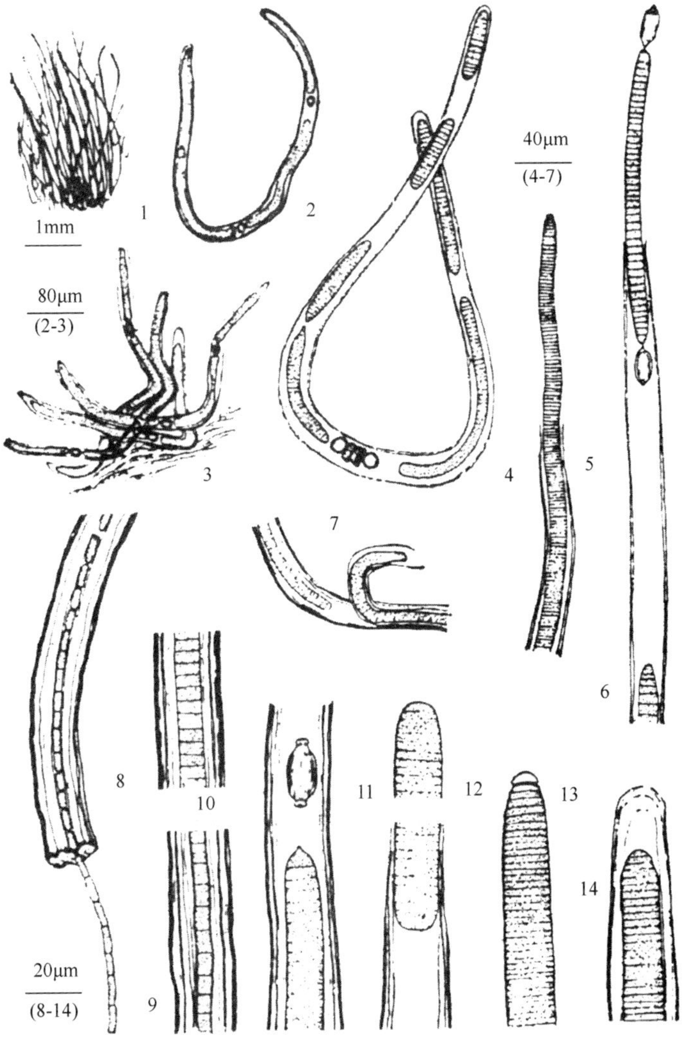

图 75　大拟弯线藻 *Camptylonemopsis major* Tseng et Hua 的一般形态
1. 一丛藻体的形态；2-4. 部分丝体，呈新月形形态，在丝的中部具有 1 或 2 个异形胞；5. 丝体顶端部的形态；6.显示藻殖段，在其两端有异形胞；7. 一条丝体的部分，有假分枝存在；8-9.丝体的匍匐部分，胶质鞘较厚，而藻丝上的细胞较长些；10-11. 丝体中部与直立部分的形态；12-14. 丝体的顶部形态

Fig. 75　*Camptylonemopsis major* Tseng et Hua
1. Habit sketch of tufted thalli；2-4. Crescent-shaped filaments with one or two heterocysts in their middle parts；5. Terminal portion of a filament；6. A hormogon with two heterocysts at its both ends；7. A part of a filament showing a short false-branch. 8-9. Prostrate portion of the filament with its thick sheath and cylindrical cells；10-11. A filament showing its middle and upper parts；12-14. Free ends of the filament

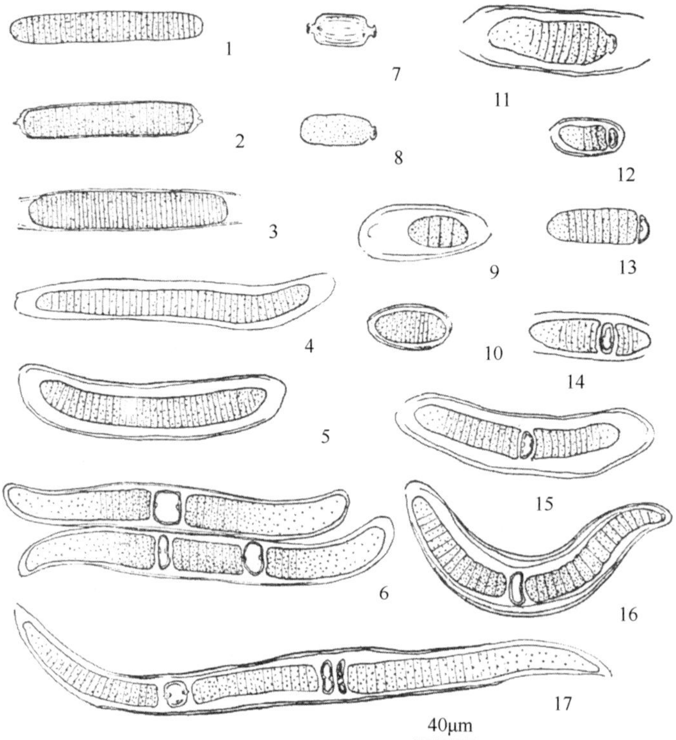

图 76　大拟弯线藻 *Camptylonemopsis major* Tseng et Hua 的繁殖及其形态

1. 一个游离存在的藻殖段；2-3. 两条正在萌发过程中的藻殖段，出现很薄的胶质鞘；4-5.胶质鞘逐渐加厚；6. 两条幼丝体，其中部有 1-2 个异形胞；7.一个游离的异形胞（异形胞也能萌发为营养状丝状体）；8-11.萌发中的异形胞，胶质鞘形成、增厚，细胞分裂成幼丝体；12-13.两株丝体形成微毛藻状的形态；14-15.两株丝体，在中部各具异形胞，丝体的两端伸长，开始直立向上弯曲升起；16. 一株正常的幼丝体；17.一条成熟的丝状体，通常中部附着，异形胞中部位，丝体两端向上弯曲生长

Fig. 76　*Camptylonemopsis major* Tseng et Hua

1. A free hormogon；2-3. Two growing hormogonia each with thin sheath；4-5. Filaments with thickening sheath；6. Two hormogonia each with one or two heterocysts in its middle part；7. A free heterocyst；8-11. Germinating heterocysts with sheath and 4-16 daughter cells；12-13. Two young filaments each showing *Microchaete*-like structure and a new heterocyst at its terminal；14-15. Two young filaments arising from germinating heterocysts each with a single new heterocyst and two unequal parts；16. A young filament；17. A young filament with a heterocyst in its middle part

模式标本产地：广东省雷州市。

藻体亮褐绿色，丛生，有时形成扩展的藻层。丝体幼时短，呈新月形，以中部附着，两端直立；成熟时的丝体很长，1～3 mm，"U"字形弯曲，直径 20～27μm，不分枝或很少假分枝，没有真分枝。胶质鞘坚固，稍厚，无色透明，或有层次，丝体在基部的直径可达 10 μm。胶质鞘在两端较薄，没有任何明显的层次。藻丝中部（基部）的直径为 2.5～4 μm，在两端的直径是 15～19 μm。藻丝中部（基部）的细胞长 10～15 μm，在两端的

细胞长 2～4 μm。异形胞中央位 1～2 个，其他部分 3～6 个。

习性：生长在潮间带上部岩石上。

产地：广东省。

本种为我国特有种。

微毛藻属 *Microchaete* Thuret ex Bornet et Flahault
Thuret ex Bornet et Flahault，1886，p. 83

藻体常单独生长，或许多丝体齐聚生长在一起，形成簇状的藻层，基部附着或匍匐在基质上，丝体明显地有基部和顶端之分，但藻丝呈圆柱形，基部和顶端部的细胞直径相同，绝不渐尖成为毛丝体。胶质鞘明显，坚韧，薄或厚，无色透明，有时有轻微的层次。细胞呈压扁，或呈方形，相邻两细胞间横壁处缢缩，或不缢缩。顶端细胞常呈圆形。异形胞基部位，呈半球形，球形，或长圆形。胞间异形胞并不常见，圆柱形。繁殖主要依靠藻殖段的形成。

几乎所有种类都附生在各类基质上，或附生在海岸的潮间带，或在沼泽及池塘内的各种水生植物体，或藻类的丝体上。

模式种：*Microchaete grisea* Thuret。

微毛藻属在本书中报道 4 种。

微毛藻属分种检索表

1. 异形胞基部位……………………………………………………………………………………2
1. 异形胞基部位和胞间位 ……………………………………………………………………3
   2. 丝体的直径 7～10 μm，长 150～300 μm，基部略膨大………………… **灰色微毛藻 *Microchaete grisea***
   2. 丝体的直径 6.3～8 μm，长 200～400（～500）μm，基部不膨大……………………………………………… **维蒂微毛藻 *Microchaete vitiensis***
3. 丝体的直径 12 μm，胶质鞘厚，没有层次 ……………………………**铜锈微毛藻 *Microchaete aeruginea***
3. 丝体的直径较小，4～4.5 μm，胶质鞘很薄，不明显…………………**细小微毛藻 *Microchaete tapahiensis***

Key to the species of *Microchaete*

1. Heterocyst basal ……………………………………………………………………………2
1. Heterocyst basal and intercalary ………………………………………………………3
   2. Filaments 7–10 μm in diameter，150–300 μm long，slightly widened at the base ····· *Microchaete grisea*
   2. Filaments 6.3–8 μm in diameter，200–400（–500）μm long，not widened at the base ……………………………………………… *Microchaete vitiensis*
3. Filaments 12 μm in diameter，sheaths thick，not lamellated…………………… *Microchaete aeruginea*
3. Filaments smaller，4–4.5 μm in diameter，sheaths very thin，unclear ………………… *Microchaete tapahiensis*

112. 铜锈微毛藻　图 77

Microchaete aeruginea Batters，1892，p. 86；De Toni，1907，p. 486；Weber-van Bosse，1913，p. 41；Newton，1931，p.42；Geitler，1932，p. 666；Frémy，1934，p. 165；

Iyengar and Desikachary, 1944, p. 50, fig. 12; Desikachary, 1959, p. 510, pl. 61, figs. 1-3; Hua Maosen and C. K. Tseng, 1985, p. 22, fig. 9: 1; Silva, P. C., P. W. Basson and R. L. Moe, 1996, p. 66.

模式标本产地：英国（Berwick-Upon-Tweed，Northumberland，England）。

藻体簇生，基部常弯曲，铜绿色，长 300～500 μm，有时达 560 μm，丝体的直径 9～11 μm。胶质鞘中等厚，1.5～2.5 μm，无色透明，没有层次。藻丝的直径 6～7 μm，细胞

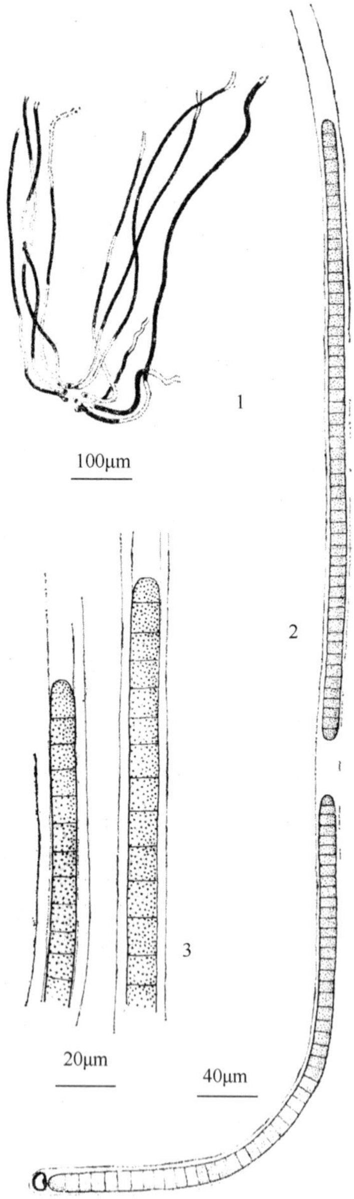

图 77 铜锈微毛藻 *Microchaete aeruginea* Batters，藻体的部分形态

1. 一丛丝体；2-3. 几条丝体及其顶端的放大

Fig. 77 *Microchaete aeruginea* Batters, thalli showing it s habit sketch

1. A clump filaments; 2-3. Enlargement of some filaments and the apex

呈扁圆柱形，在丝体顶部的细胞略长。异形胞基部位，一个，球形或半球形。丝体往往有一至数个藻殖段。没有发现胞间异形胞。

习性：礁湖内低潮带，附生在死贝壳或其他丝状藻类上。与鞘丝藻 *Lyngbya* sp.、眉藻 *Calothrix* sp.、双须藻 *Dichothrix* sp.等混生在一起。

产地：海南省三沙市西沙群岛中建岛及金银岛。

国外分布：太平洋：日本，印度尼西亚（爪哇、卡伊群岛），澳大利亚；大西洋：英国；印度洋：印度（南部沿岸）。

本种主要分布在印度-西太平洋的热带、亚热带海区。在我国西沙群岛数量较多，生长茂盛，藻体较大（模式标本长仅 300μm），丝体大都具有一至数个藻殖段。异形胞基部位，没有发现胞间异形胞。

113. 灰色微毛藻　图 78

Microchaete grisea Thuret in Bornet & Thuret, 1880, p. 127, pl. XXX, figs. 1-4; Bornet and Flahault, 1886-88, p. 85; Tilden, 1910, p. 204, pl. X, fig. 12; Newton, 1931, p. 41, fig. 143; Geitler, 1932, p. 666, fig. 427; Chu Hao-Jan, 1959, p. 16, pl. IV, fig. 6; Desikachary, 1959, p. 510; Umezaki, 1961, p. 88; Hua Maosen and C. K. Tseng, 1985, p. 23, fig. 9: 2; Silva, P. C., P. W. Basson and R. L. Mao. 1996, p. 66; J. Komárek, 2013, p. 403.

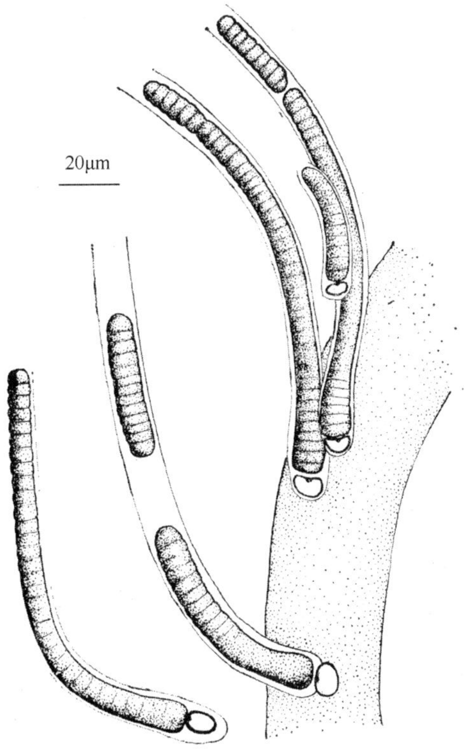

图 78　灰色微毛藻 *Microchaete grisea* Thuret，藻体的部分形态

Fig. 78　*Microchaete grisea* Thuret, thalli showing its habit sketch

模式标本产地：法国（Le Croisic，Loire-Atlantique，France）。

藻体较小，或聚齐生长在一起形成绒毛状或木耳状的藻层，附生。丝体长 150～300 μm，藻层厚达 1 mm，蓝绿色，基部略膨大，呈节球状。丝体直径 7～10 μm，弧形，胶质鞘很薄，透明均匀，没有层次，但清晰易见。藻丝直径 4.5～7 μm，基部略膨大。相邻两细胞间横壁处微有缢缩，异形胞基部位，一个，半球形或近似球形。

习性：生长在礁湖内低潮带至中潮带的石块、贝壳上，及附生在鞘丝藻 *Lyngbya* sp.、黑顶藻 *Sphacelaria* sp. 的丝体上，常与多种蓝藻混生在一起。

产地：海南省三沙市西沙群岛的金银岛、全富岛及中建岛，还分布在我国华北沿海如大连等地。

国外分布：太平洋：日本的北海道至濑户内海、九州岛，琉球群岛的奄美大岛；大西洋：美国（康涅狄格、马萨诸塞州、缅因等州沿岸），加拿大（爱德华太子岛），英国，地中海，法国；印度洋：印度的加尔各答等地沿岸。

114. 细小微毛藻 图 79

Microchaete tapahiensis Setchell，1926，p. 66；Geitler，1932，p. 667；Hua Maosen and C. K. Tseng，1985，p. 23，fig. 9：3；J. Komárek，2013，p. 416.

模式标本产地：社会群岛（塔希提岛）。

藻体十分细小，附生，蓝绿色，大多数直走，或略呈弯曲，基部略膨大，直径 4～4.5 μm。胶质鞘很薄，清晰易见，没有层次。藻丝直径 3.5～4μm。异形胞基部位，一个，圆球形或长球形。

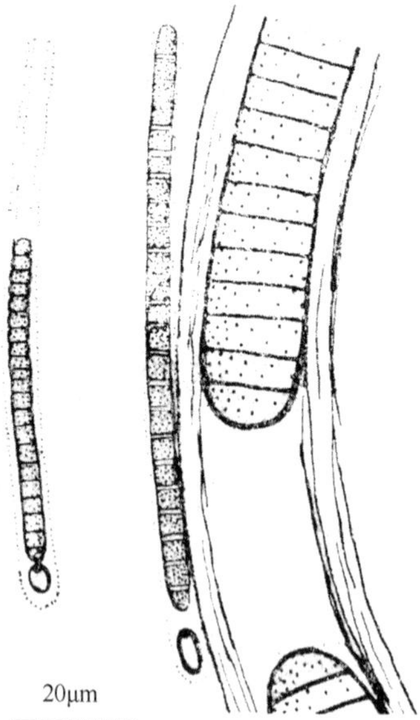

图 79 细小微毛藻 *Microchaete tapahiensis* Setchell，藻体的部分形态，其中有一条丝体附生在鞘丝藻 *Lyngbya* sp.的丝体上

Fig. 79 *Microchaete tapahiensis* Setchell，thalli showing its habit sketch，a filament epiphytic on the filament of *Lyngbya* sp.

习性：生长在低潮带的礁湖内，附生在其他藻类的丝体上。

产地：海南省三沙市西沙群岛的广金岛、全富岛。

国外分布：社会群岛（塔希提岛）。

115. 维蒂微毛藻　图 80

Microchaete vitiensis Askenasy ex Bornet et Flahault，1885（1885-1889），p. 214；De Toni，1907，p. 485；Weber-van Bosse，1913，p. 22；1926，p. 73；Setchell and Gardner，1930，p. 127；Geitler，1932，p. 666；Umezaki，1961，p. 89，pl. 14，fig. 2；Hua Morsen and C. K. Tseng，1985，p. 23，fig. 9：4；Silva，P. C，P. W. Basson and R. L. Moe，1996，p. 67；J. Komárek，2013，p. 411.

模式标本产地：斐济（Matuku Island，Fiji）。

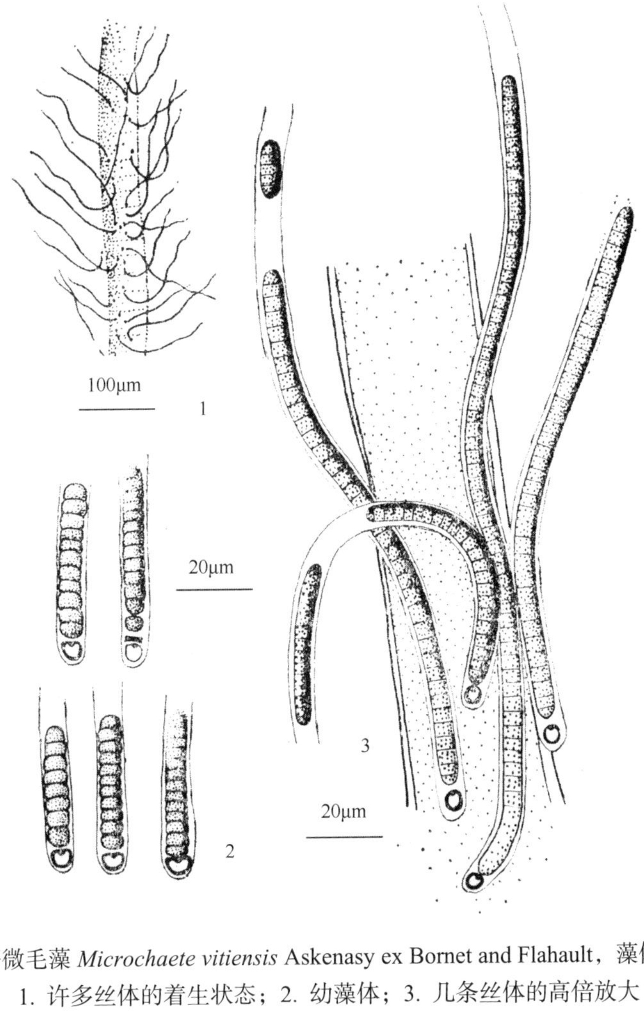

图 80　维蒂微毛藻 *Microchaete vitiensis* Askenasy ex Bornet and Flahault，藻体的部分形态

1. 许多丝体的着生状态；2. 幼藻体；3. 几条丝体的高倍放大

Fig. 80　*Microchaete vitiensis* Askenasy ex Bornet and Flahault，thalli showing its habit sketch

1. The form of many filaments attached；2. Young frond；3. Enlargement of high time of some filaments

藻体很小，通常由基部附着生长，有时整条丝体贴附在基质上，蓝绿色，长 200～400（～500）μm。基部不膨大，但常呈弯曲状。丝体的直径 6.3～8 μm。胶质鞘薄，没有层次，但清晰易见。藻丝的直径 4.5～6 μm，相邻两细胞间横壁处不缢缩。异形胞基部位，一个，球形或半球形。

习性：生长在低潮带的礁湖内，附生在鞘丝藻 *Lyngbya* sp.或其他丝状藻类的丝体上，常与较小的鞘丝藻 *Lyngbya* sp.、眉藻 *Calothrix* sp. 等混生在一起。

产地：海南省三沙市西沙群岛的琛航岛、广金岛、中建岛、金银岛、永兴岛及东岛。

国外分布：太平洋：日本，琉球群岛的奄美大岛，印度尼西亚（卡伊群岛），斐济，哥斯达黎加，夏威夷群岛，萨摩亚群岛，社会群岛（塔希提岛）；大西洋：加勒比海（瓜德罗普岛），百慕大群岛，加那利群岛。

维蒂微毛藻是热带、亚热带性海产蓝藻，在我国西沙群岛数量较多。

单歧藻属 *Tolypothrix* Kützing ex Bornet & Flahault
Kützing ex Bornet & Flahault，1886，p. 118

藻体为单列细胞的丝状体，单独生长，或呈簇状，直立，或匍匐形成藻层。假分枝总是单歧分枝，成对的分枝极为少见。假分枝多源于异形胞的上部。胶质鞘无色透明，有时具不同颜色，其内只含一条藻丝。繁殖主要依靠藻殖段和藻殖孢的形成。藻殖段常发生在丝体的顶端部位。

模式种：*Tolypothrix distorta* Kützing ex Bornet & Flahault。

单歧藻属在本书中报道 1 种。

116. 半盐生单歧藻 图版 IV：8，9，10

Tolypothrix subsalsa Tseng et Hua，nom illeg，Hua Maosen and C. K. Tseng in C. K. Tseng（ed.），1983，p. 38，pl. 23：3a-c.

藻体呈浅黑褐色，亮黄或蓝绿色，丛生，形成垫状的藻层，高 2～5 mm。丝体有明显的上部和基部的分化：上部的丝体宽 30～45 μm，有反复的分枝，分枝大多数为棍棒状，通常为单叉状的假分枝，偶有成对的叉状分枝，如在伪枝藻发生的那样，但通常不多见。胶质鞘厚，达 4～8（～10）μm，亮黄色，或浅黄褐色，有层次。基部的丝体通常单生，直立附着于基物，直径 20～30 μm，胶质鞘薄，透明，不具有层次。藻丝的直径 7.5～12.5 μm，通常蓝绿色或淡蓝绿色。细胞长 4～6 μm，几近念珠状的形态，特别是在基部部分。异形胞呈扁压盘状，或球形，直径 10～15μm。细胞原生质体内有一些较大的颗粒体。

习性：生长在潮间带上部至潮上带的岩石上，或生长在盐田里的湿土上。

产地：海南省海南岛。

念珠藻科 Nostocaceae Eichler
Eichler，1886，p.7

藻体为单列细胞的丝状体，不存在假分枝和真分枝，藻丝圆柱形，顶端部不渐尖，通常没有基部和顶端部之分。胶质鞘常呈水解状态，黏液化，不明显。有时几乎不存在胶质鞘。只有少数属种的胶质鞘存在，看上去明显，但仍有别于那种很坚韧、很厚的胶质鞘。异形胞存在，大多数都是胞间位，少数位于藻丝的顶端部位。繁殖主要依靠藻殖段的形成、丝体的折断及厚壁孢子。

念珠藻科在本书中报道 3 属 4 种。

念珠藻科的分属检索表

1. 藻丝具有胶质鞘；细胞很短，呈短圆盘形……………………………………… **节球藻属 *Nodularia***
1. 藻丝不具有胶质鞘；细胞不呈短圆盘形 ……………………………………………………2
   2. 藻丝很短，仅有几个至 30 个细胞组成，通常生长在一种海洋硅藻的细胞内………**植生藻属 *Richelia***
   2. 藻丝较长，直走或弯曲，单独生长或呈浮游习性，或混生于其他海藻之间………**鱼腥藻属 *Anabaena***

Key to the genus of Nostocaceae

1. Trichomes with a firm sheath，cells very short and discoid……………………………… *Nodularia*
1. Trichomes without firm sheath；cells not discoid……………………………………………2
   2. Trichomes short with a few of cells（up to 30）；endobiotic in frustule of marine diatoms………*Richelia*
   2. Trichomes longer，straight or flexuous，solitary and free-floating，either planktonic or intermingled with other algae……………………………………………… *Anabaena*

鱼腥藻属 *Anabaena* Bory ex Bornet et Flahault
Bory ex Bornet et Flahault，1888，p.224

藻体为单列细胞的丝状体，没有明显的胶质鞘。丝体通常弯曲、卷曲，或呈波浪式的形态，很少有直走的。细胞呈念珠状、球形、椭圆形，原生质内含物均匀，或具有颗粒体。相邻两细胞间横壁处明显缢缩。异形胞胞间位，球形、椭圆形，或长圆柱形。繁殖主要依靠藻殖段及厚壁孢子的形成，及藻丝的折断也能形成新的个体。

模式种：*Anabaena variabilis* Kützing，1843。

鱼腥藻属在本书中报道 1 种。

117. 多变鱼腥藻　图 81

Anabaena variabilis Kützing，1843，p. 210；Forti，1907，p. 437；Setchell and Gardner，1919，p. 91，pl. 8；Geitler，1932，p. 876；Chu Hao-Jae，1959，p. 13，pl. IV：1；Hua Maosen and C. K. Tseng in C. K. Tseng（ed.），1983，p. 32，pl. 20，fig. 1；Chu Hao-Jae（ed.），2007，p. 156，pl. XCV：5.

Trichormus variabilis（Kützing）Komárek& Anagnostidis，1989，p. 304；Silva，P. C.，P. W. Bosson and R. L. Moe. 1996，p. 71；J. Komárek，2013，p. 931.

模式标本产地：德国（Wangerooge，East Frisian Island，Germany）。

藻体单生，或许多蓝绿色体聚齐形成一种薄而黏滑的藻层，附着在基物上或呈浮游习性，或与其他藻体混生在一起，蓝绿色、橄榄绿色，或深蓝绿色。胶质鞘一般不存在。丝体的直径 4～6 μm，丝体的顶部细胞钝圆锥形，细胞圆球形，相邻两细胞间横壁处有明显的缢缩。异形胞球形或卵形，直径 6 μm，长 8 μm。繁殖孢椭圆形或长圆形，其直径 7～9 μm，细胞长 8～14 μm，通常单个或数个相连成串，发育时先在两个异形胞间的某一个细胞开始，以后向两端陆续发育，常接近异形胞。繁殖孢的细胞壁较厚，表面平滑，呈棕黄色。

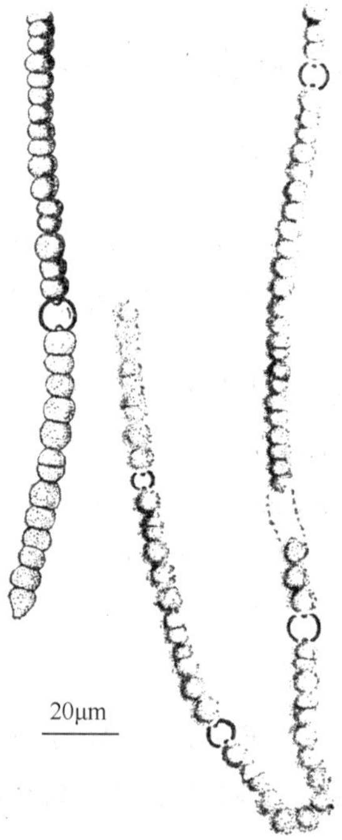

图 81 多变鱼腥藻 *Anabaena variabilis* Kützing，藻体的部分形态

Fig. 81 *Anabaena variabilis* Kützing，thalli showing its habit sketch

习性：生长在潮间带的石沼中。

产地：山东省青岛。

国外分布：美国，欧洲，非洲，印度洋。

节球藻属 *Nodularia* Mertens ex Bornet et Flahault Mertens ex Bornet et Flahault，1886，p. 243

藻体为单列细胞的丝状体，不分枝，直走，弯曲，或呈不规则的螺旋状卷曲。丝体单生，或许多丝体聚集生长在一起，但很少形成藻团。具有无色透明的胶质鞘，通常略呈水解状态，在丝体的两端呈开放式。藻丝呈圆柱形，在藻丝的末端很少有渐窄的状态。相邻两细胞间横壁处呈缢缩状态。异形胞多个，胞间生。细胞短桶形，细胞的长度从未超过其直径，气泡有或无。细胞的原生质内含物淡黄色、灰蓝绿色或蓝绿色。主要依靠藻殖段和厚壁孢子进行繁殖。

模式种：*Nodularia spumigena* Mertens。

节球藻属在本书中报道 2 种。

节球藻属的分种检索表

1. 细胞的直径 7～10 μm，呈扁圆形，或细胞高几乎与其直径相等……………………………………………………

……………………………………………………………………………………夏威夷节球藻 ***Nodularia hawaiiensis***

1. 细胞的直径较小，3～4 μm，呈规则的扁盘形 ………………………………哈氏节球藻 ***Nodularia harveyana***

Key to the species of *Nodularia*

1. Cells 7–10 μmin diameter，compressed spherical up to almost isodiameter…………… *Nodularia hawaiiensis*
1. Cells 3–4 μm in diameter，regularly shortly barrel-shaped ……………………………………*Nodularia harveyana*

118. 哈氏节球藻　图 82

Nodularia harveyana（Thwaites）Thuret，1875，p. 378；Tilden，1910，p. 182，pl. 9，figs. 1，2；Geitler，1932，p. 864；Frémy，1934，p. 179，pl. 60，fig. 1；Umezaki，1961，p. 78，pl. 12，fig. 3；De Wildman，1900，p. 28；Reinbold，1907，p. 552；Whitton and Potts，1979，p. 3；Hua Maosen and C. K. Tseng，1985，p. 12，fig. 1：2；Silva，P. C.，P. W. Basson and R. L. Moe，1996，p. 69；Chu Hao-Jan（ed.）2007，p. 177，pl. CIX：2；J. Komárek，2013，p. 912.

Spermosira harveyana Thwaites in Harvey，1848，pl. CLXXIII. C.

模式标本产地：英国（Shirehampton，near Bristol，England）。

藻体附生，大多数单独生长，直走或稍弯曲，蓝绿色。丝体较细小，直径 4～7.5 μm，顶端略渐尖。胶质鞘很薄，无色透明，常呈水解状态。藻丝的直径 3～4 μm，细胞扁球形，长 1.5～2.5 μm，顶端细胞钝圆锥形。异形胞胞间位，扁球形，直径较其他细胞略大。繁殖孢子没有见到。

图 82　哈氏节球藻 *Nodularia harveyana*（Thwaites）Thuret，藻体的部分形态

Fig. 82　*Nodularia harveyana*（Thwaites）Thuret，thalli showing its habit sketch

习性：生长在礁湖内中潮带至低潮带，附生在鞘丝藻 *Lyngbya* sp.、微鞘藻 *Microcoleus* sp.、双须藻 *Dichothrix* sp.等藻体上。

产地：海南省三沙市西沙群岛的永兴岛、广金岛、琛航岛及中建岛。

国外分布：陆、海均产，主要分布在日本的四国，纪伊半岛，若狭湾，能登半岛；印度尼西亚（爪哇）；北美；北非；欧洲等地沿岸。

西沙群岛的哈氏节球藻大多数为单条或数条的丝体附生在基质上，未形成较大藻团；胶质鞘有时完全看不见，有一些丝体未见到异形胞。总体而言，藻丝的直径变异幅度较大，经仔细观察未发现繁殖孢子，这与日本产的标本相似。繁殖可能是依靠藻丝的折断。

119. 夏威夷节球藻　图 83

Nodularia hawaiiensis Tilden, 1910, p. 184, pl. 9, fig. 5; Setchell, 1926, p. 64; Hua Maosen and C. K. Tseng，1985，p. 12，fig. 1：3.

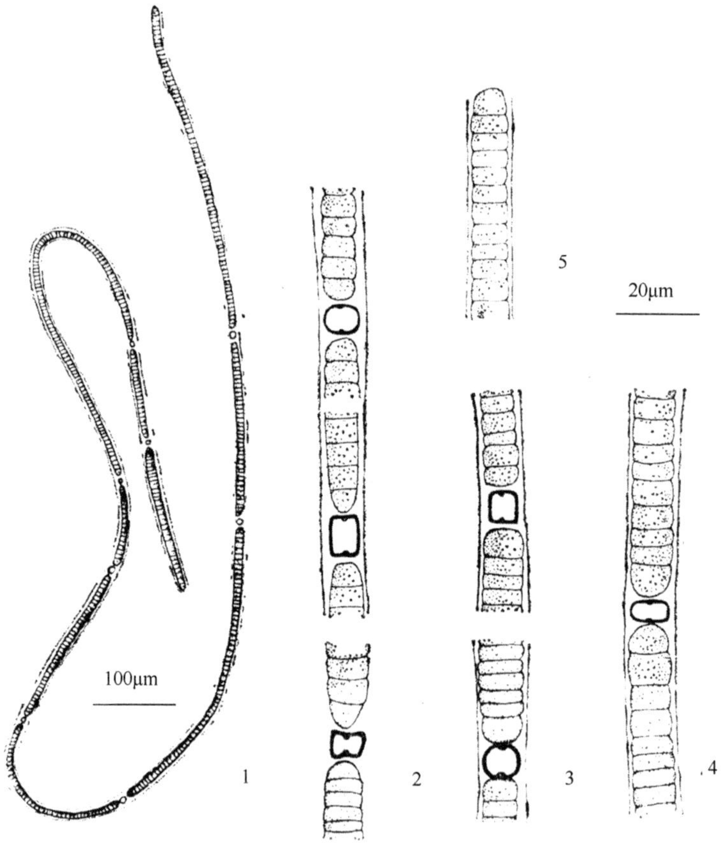

图 83　夏威夷节球藻 *Nodularia hawaiiensis* Tilden，藻体的部分形态

1. 一条丝体的外形；2-4. 丝体各部分的放大，同时显示异形胞的形态多变；5. 藻体顶端

Fig. 83　*Nodularia hawaiiensis* Tilden，thalli showing it s habit sketch

1. Habit sketch of a filament；2-4. Enlargment of different parts of filament，and showing the variability of heterocysts；5. The apex of filament

模式标本产地：美国夏威夷。

许多丝体聚生在一起，常形成黏滑的、深蓝绿色的藻团。丝体很长，长 0.3～0.5 mm，直走或弯曲，直径 10～12 μm，胶质鞘薄，但清晰易见。藻丝的直径为 7～10 μm，细胞扁圆柱形，细胞长 4～6（～8）μm。异形胞很多，胞间位，单个存在不成系列，其形状和大小的变异较大，直径一般为 7～10 μm。未观察到繁殖孢子。

习性：生长在礁湖内低潮线附近，附生在泥沙地表，与颤藻 *Oscillatoria* sp.、鞘丝藻 *Lyngbya* sp.、眉藻 *Calothrix* sp.等混生在一起。

产地：海南省三沙市西沙群岛的中建岛。

国外分布：夏威夷群岛、社会群岛（塔希提岛）。

据已知资料，有关本种的报道较少。在西沙群岛本种标本数量较多，往往形成藻团；其异形胞的形状多样，从扁圆形至长圆形。但镜检许多标本未发现繁殖孢子。

植生藻属 *Richelia* Schmidt
Schmidt in Ostenfeld et Schmidt，1901，p. 146

藻体仅由数个至 20 个细胞组成的丝状体，很短小，单生，圆柱形，直走，或稍呈弓形，缺乏胶质鞘，相邻两细胞间横壁处稍有缢缩。细胞的直径与其长度几近相等，或长短于宽，蓝绿色。异形胞常位于丝体的一端，圆球形，成年丝体的异形胞有时发生在丝体的两端。它们比营养细胞略宽大。厚壁孢子不明。繁殖依靠藻丝的折断，典型的藻殖段没有发现。海生习性，内生在海洋硅藻（如根管藻 *Rhizosolenia* sp.、角刺藻 *Chaetoceras* sp.等）的藻体内。主要分布在温暖、热带海区域。

模式种：*Richella intracellularis* Schmidt。

植生藻属在本书中报道 1 种。

120. 胞内植生藻 图 84，图版 IV：11

Richelia intracellularis Schmidt in Ostenfeld et Schmidt, 1901, p. 146; Tilden, 1910, p. 201, pl. X，fig. 6；Geitler，1932，p. 804，fig. 513；Frémy，1934，p. 188，pl. 62，fig. 3；Iyengar and Desikachary，1944，p. 53，fig. 15；Desikachary，1959，p. 353，pl. 61，figs. 9-11，pl. 15，figs. 6-10；Umezaki，1961，p. 77，pl. 12，fig. 1；Hua Maosen and C. K. Tseng in C. K. Tseng (ed.), 1983, p. 30, pl. 19：5; Hua Maosen and C. K. Tseng, 1985，p. 11，fig. 1：1；J. Komárek，2013，p. 921.

模式标本产地：不详。

藻体大多数内附生在具浮游习性的根管藻 *Rhizosolenia* sp.（硅藻）的细胞内，蓝绿色。丝体微小，长仅 40～50 μm，为数个或十数个细胞的短丝体，其中部细胞的直径 5～7 μm，细胞长 4～5 μm。缺乏胶质鞘。丝体基部和顶端部略有分化，基部略膨大，有一个透明、圆球形的异形胞，十分膨大，直径 9～11 μm。丝体顶端部略细小，但顶端细胞通常略大，近圆球形。相邻两细胞间横壁处微有缢缩。细胞内原生质均匀，在普通显微镜下未见到颗粒体。

习性：海洋浮游种类。

产地：海南省三沙市西沙群岛的东岛近海。

国外分布：太平洋：日本若狭湾，琉球群岛的奄美大岛，夏威夷群岛及其附近海域，北美沿岸；大西洋：巴西，法国沿海；印度洋：印度（金奈）沿海。

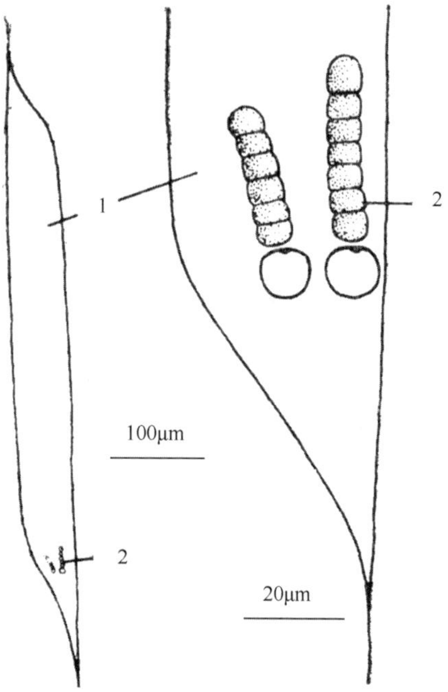

图 84 胞内植生藻 *Richelia intracellularis* Schmidt，藻体的部分形态

1. 根管藻 *Rhizosolenia* sp.（硅藻）的细胞；2.胞内植生藻的两条藻丝附生在根管藻的细胞上

Fig. 84 *Richelia intracellularis* Schmidt，thalli showing its habit sketch

1. Showing the cells of *Rhizosolenia* sp.；2. The two filaments of *Richelia intracellularis* epiphytic on cell of the *Rhizosolenia* sp.

这种短丝状的蓝藻通常附生或内附生在一些海洋硅藻如根管藻 *Rhizosolenia* sp.、角刺藻 *Chaetoceras* sp.、半管藻 *Hemiaulus* sp.的细胞内。在西沙群岛主要内附生在根管藻的细胞内，有一定数量。

真枝藻目 Stigonematales Geitler Geitler，1925

藻体集各类型分枝、单列或多列细胞组成的丝状体，丝体常呈弯曲，很少直走，单独生长，或众多个体聚生形成藻层。丝体具真分枝，丝体上的细胞单列、双列或多列。异形胞存在或缺乏，在丝体的顶端生长，或胞间生。常以藻殖段的形成、萌发为繁殖的主要方式。

真枝藻目在本书中可分为 3 个科。

胶聚线藻科 Symphyonemataceae Hoffman, Komárek & Kastovsky

Hoffman, Komárek & Kastovsky, 2005, p.183

藻体主要为单列细胞组成的丝状体，具有真分枝结构，单独生长，或聚集成茸毛状藻层，藻丝总是单列细胞，不规则弯曲或呈波状，具有异形胞。真分枝主要为倒"V"字形，或倒"Y"形模式，侧生，呈"T"字形的真分枝少见。繁殖主要依靠藻殖段，藻殖孢及丝状体的折断也能生长成新个体。

胶聚线藻科在本书中报道 1 属。

海雹菜属 *Brachytrichia* Zanardini ex Bornet & Thuret

Zanardini ex Bornet & Thuret, 1886, p. 371

藻体呈扁平或半球形的胶群体，直径达 5 cm，深绿色或浅褐色，藻体成熟时，胶群体有时中空。丝体具真分枝，真分枝多为倒"V"形，或"T"形，同时也有倒"Y"形。藻丝单列，不同程度地弯曲，很少直走，藻丝和分枝的末端部位常渐尖。细胞的形状依所处部位不同各异，中部细胞方形，扁盘形；末端细胞长圆柱形。胶质鞘存在，薄而坚韧。繁殖主要依靠藻殖段的形成，丝体的折断也能形成新个体。

模式种：*Brachytrichia quoyi*（C. Ag.）Bornet et Flahault。

海雹菜属在本书中报道一种。

121. 海雹菜　图 85 图版 IV：12，13

Brachytrichia quoyi (C. Agardh) Bornet et Flahault, 1886, p. 373; Collins, 1900, p. 42; Newton, 1931, p. 41; Forti, 1907, p. 680; Okamura, 1936, p. 911, fig. 427; C. K. Tseng, 1936a, p. 170, fig.1; Dawson, 1954, p. 380, fig. 3k, l; Desikachary, 1959, p. 580, pls. 124, 125; Chu Hao-Jan, 1959, p. 17, pl. V: 4; C. K. Tseng et al., 1962, p. 95, fig. 20, pl. vi: 38; Young-Meng, Chiang, 1962, p. 155; Umamaheswara Rao, 1974, p. 300; Hua Maosen and C. K. Tseng in C. K. Tseng (ed.), 1983, p. 40, pl. 24, fig. 5a, b; Zhou Zhenying and Chen Zhuohua, 1983, p. 100; Lee, In Kyu and Jae Won Kang, 1986, p. 313; Silva, P. C., E. G. Menez and R. L. Moe, 1987, p. 15; Phang, 1994, p. 125; Silva, P. C., P. W. Basson and R. L. Moe, 1996, p. 78; Huang Shufang, 1998, p. 209; 2000, p. 114; J. Komárek, 2013, p. 207.

Nostoc quoyi C. Agardh, 1824, p. 22.

模式标本产地：马里亚纳群岛（Mariana Islands）。

藻体呈球形、半球形，或扁压的球形，或呈囊状。幼时中实，随着成长逐渐变为中空。藻体深蓝绿色、亮蓝色或淡黑绿色。藻体的直径（0.5～）1～2 cm，大者可达 5 cm，或更大。幼期的藻体表面较光滑，其后变为凸凹不平，常有波状皱折。在藻体的内部，有许多被胶质鞘所包被的丝体；在下部的丝体，略做交织状，上部的丝体则多数呈直立状，相互平行或做放射状的排列。藻丝末端部呈短的或长的毛丝体。分枝常做"V"形状态。藻丝基部的直径 3～5 μm，中间和上部的直径 6～9 μm。异形胞圆形或椭圆形，胞间生，其直径 5～8 μm，比其他营养细胞的直径略宽大。

习性：生于中潮带上部靠近高潮带的海区，泥沙地表或石块聚泥的地方均是繁生适宜的场所。其繁殖期在通常在 8、9 月。

产地：海雹菜在我国沿岸分布很广，产量较多，北从辽东半岛，南至台湾省、海南岛均有生长，沿海民众常采集食用。

国外分布：日本，越南，菲律宾，印度尼西亚，密克罗尼西亚，印度洋等世界各地海域。

海雹菜是我国台湾人民喜欢食用的藻类之一。

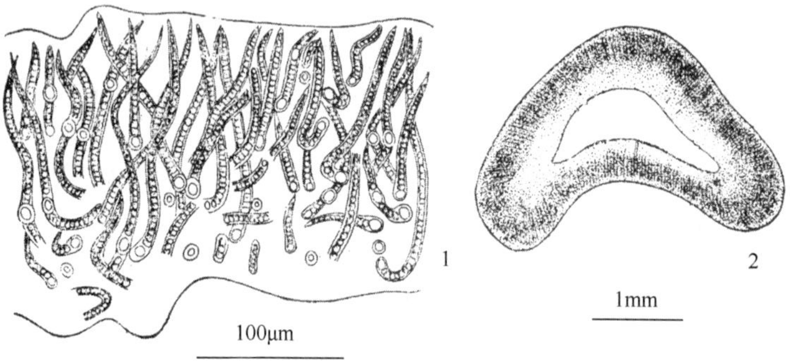

图 85　海雹菜 *Brachytrichia quoyi*（C. Agardh）Bornet et Flahault，藻体的部分形态（仿曾呈奎，1962）
1. 藻体横切面放大的一部分；2. 藻体横切面

Fig. 85　*Brachytrichia quoyi*（C. Agardh）Bornet et Flahault，thalli showing it s habit sketch.（after Tseng，1962）
1. Enlargement cross section of frond；2.Cross section of frond

真枝藻科 Stigonemataceae（Bornet & Flahault）Borzì Borzì，1892，p.43

藻体为单列至多列细胞的丝状体，具有真分枝结构，具有异形胞。偶有假分枝存在。真分枝多为侧生，因细胞分裂方向的变更，形成真分枝。繁殖主要依靠藻殖段、藻殖孢及各类孢子的形成，以及它们萌发形成新一代的个体，丝体的折断也是一种繁殖的方式。

真枝藻科在本书中报道 1 属。

鞭鞘藻属 *Mastigocoleus* Lagerheim Lagerheim，1886，p.54

藻体由匍匐的丝状体组成，通常不规则地聚集，形成束状的藻团。胶质鞘薄，坚韧，无色透明。藻丝通常单列，细胞圆柱形，相邻两细胞横壁处不缢缩，或稍有缢缩，常具侧生、不规则的真分枝。分枝短，1～2 个细胞，其顶端常有顶生的异形胞；或延伸、渐尖形成细长的毛丝体。细胞等径或长大于宽（特别在分枝的末端），蓝绿色或淡粉红色。异形胞常位在短枝的末端，称为顶生，或位在丝体的侧面，称为侧生，很少有胞间位的胞间异形胞，通常单个，很少成对。厚壁孢子不明。分枝在形成前，常因细胞进行的纵分裂而形成。繁殖主要依靠藻殖段的形成与萌发。本属主要为海产种类，多数匍匐生长在石灰石的岩石表面，或死贝类的壳面。主要分布在欧洲，南非，及美国的温带和亚热带沿岸。

鞭鞘藻属在本书中报道 1 种。

122. 贝生鞭鞘藻 图 86

Mastigocoleus testarum Lagerheim，1886，p. 66，T. 1，figs. 1-13；Bornet and Flahault，1889，p. 16，pl. x，fig. 4；Tilden，1910，p. 237，pl. XIV，fig. 12；Setchell and Gardner，1919，p. lll；Setchell，1926，p. 66；Taylor，1928，p. 49，pl. 2，fig. 2；Newton，1931，p.41，fig. 27；Geitler，1932，p. 473，fig. 284；Frémy，1934，p. 191，pl. 62，fig. 4；Iyengar and Desikachary，1944，p. 42，fig. 6；Umezaki，1956，p. 87；1956，p. 418；1961，p. 81，pl. 12，fig. 5；Chu Hao Jan，1959，p. 17，pl. V，fig. 4；Desikachary，1959，p. 575，pl. 122，Figs. 1-5；Bird and Mclachlan，1977，p. 74，fig. 65；Hua Maosen，1985，p. 34，fig. 6；Silva，P.C.，L. W. Basson and R. L. Moe，1996，p. 78；J. Komárek，2013，p. 542.

模式标本产地：瑞典（Kristinebery，Sweden）。

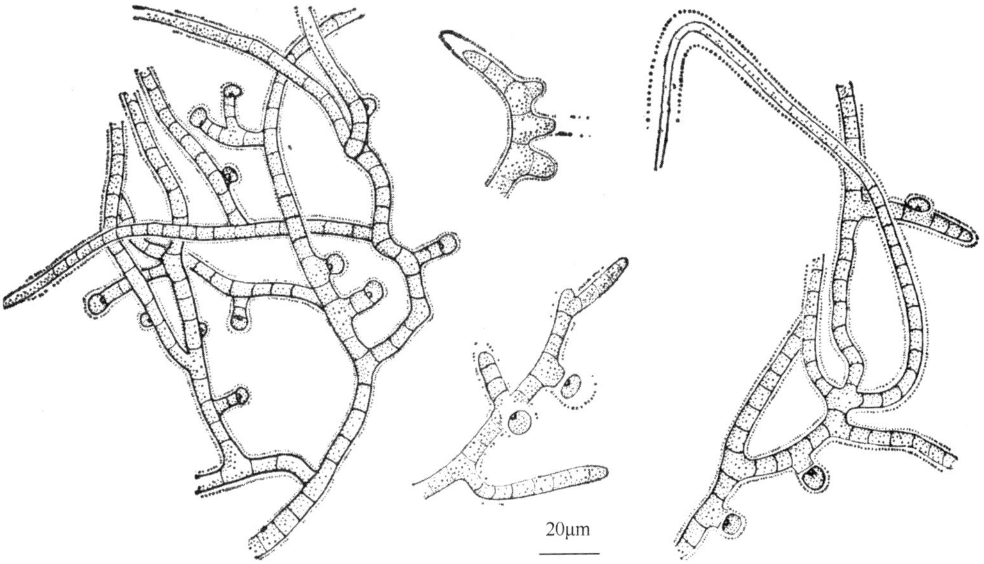

图 86　贝生鞭鞘藻 *Mastigocoleus testarum* Lagerheim，藻体的部分形态

Fig. 86　*Mastigocoleus testarum* Lagerheim，thalli showing its habit sketch

藻体通常穿越生长在贝壳，或含钙的基质中。为单列丝体，有发达的真分枝，蓝绿色。从形态看，分枝可分成两种类型，一为长分枝，较长，圆柱形，顶端不渐尖，或只有少数长分枝的顶端渐尖形成鞭状的毛丝体；另一为短分枝，很短，仅一至数个细胞，在其顶端通常有一个较大的顶生异形胞。分枝与主丝体的直径大致相同，6～10 μm。丝体多曲折，很少直走。胶质鞘薄，无色透明，没有层次，或在顶端微有层次。藻丝蓝绿色，直径 4～6 μm，细胞呈方形，或长圆柱形，细胞长 4～8 μm。异形胞除在短分枝上

顶生的外，着生方式很不规则，常在藻丝的侧面呈侧生的状况，球形或扁球形，其直径5～10 μm。

习性：生长在礁湖内低潮带，附生或穿越生长在贝壳的表面，或贝壳的内部结构，或在珊瑚等含钙的基质上，与颤藻 *Oscillatoria* sp.、鞘丝藻 *Lyngbya* sp.、眉藻 *Calothrix* sp.、束丝藻 *Gardnerula* sp.和褶丝藻 *Kyrtuthrix* sp.等混生在一起。

产地：海南省三沙市西沙群岛的琛航岛及金银岛，此外还分布在我国黄渤海沿岸。

国外分布：为世界性分布的蓝藻，主要是海产，淡水产稀少。太平洋：日本，印度尼西亚，巴拿马，夏威夷群岛，社会群岛（塔希提岛）；大西洋：加勒比海（牙买加），百慕大群岛，墨西哥，美国，加拿大（爱德华太子岛、新斯科舍半岛），瑞典，英国，法国，以及波罗的海沿岸，及印度洋：印度的南部沿岸。

膜基藻科 Parenchymorphaceae Tseng et Hua
Tseng et Hua，1984，p. 525

藻体由匍匐的丝状体组成，有基部和上部直立丝状体的分化，基部具有分枝繁多的丝体，彼此平行排列侧面愈合，或有这样的倾向，形成膜状藻体，一层细胞厚，扁平，紧密地附着在基质上。上部为单列细胞的丝状体，是由基部的丝体延伸生长形成。丝体顶端通常逐渐变细形成毛丝体，具有真正的“T”字形侧生分枝。异形胞缺乏。繁殖主要依靠藻殖段和厚壁孢子。

模式属：*Parenchymorpha* Tseng et Hua。

膜基藻科在本书中报道 1 属。

膜基藻属 *Parenchymorpha* Tseng et Hua
Tseng et Hua，1984，p. 525

藻体为一层细胞厚的胶群体，有异丝性的分化：由假薄壁组织状的基部，和直立、游离的丝状体两部分组成。基部的丝体及其分枝系统繁复，呈不规则的平行排列，彼此侧面愈合，或有这样的倾向，形成假薄壁组织的、一层细胞的膜状结构。直立丝体为单列细胞的丝状体，源自基部的中央，向上生长，或自基部向四周辐射延续生长。明显具有“T”字形的真分枝，是由细胞沿丝体的纵轴方向的细胞分裂所形成。胶质鞘存在。胶质鞘内通常只有一条藻丝。异形胞缺乏。繁殖主要依靠藻殖段及厚壁孢子，丝体的折断也能形成新个体。

模式种：*Parenchymorpha xishanica* Tseng et Hua。

膜基藻属在本书中报道 1 种。

123. 西沙膜基藻　图 87，图 88

Parenchymorpha xishanica Tseng et Hua，1984，p. 525，pl. I：1-10，fig. 1a，b，1-21；1985，p. 273，pls. I-III；J. Komárek，2013，p. 202.

模式标本产地：海南省三沙市西沙群岛中建岛。

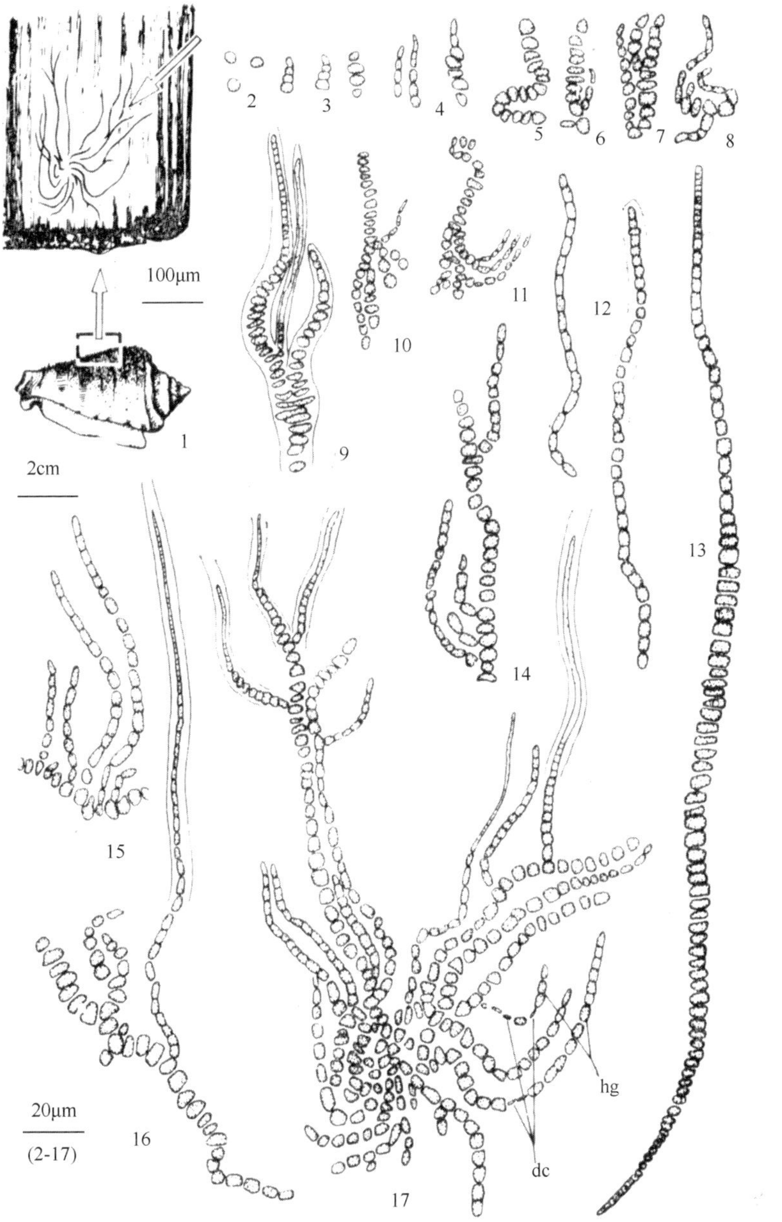

图 87　西沙膜基藻 *Parenchymorpha xishanica* Tseng et Hua，藻体的部分形态

1. 一株藻体附生在篱凤螺 *Strombus* 壳表，显示其直立、贴附生长的习性；2-3.孢子及孢子萌发形态的幼丝体；4-13. 一些不同形态的幼丝体；14-16. 三株具有侧生分枝的丝体；17. 一株藻体，显示正在分化成基部和上部的异丝体特征（dc=死细胞；hg=藻殖段）

Fig. 87　*Parenchymorpha xishanica* Tseng et Hua，thalli showing its habit sketch

1. A frond epiphytic on the surface of shell of *Strombus*, showing the habit of erect and affixed; 2-3. Spore and spores development to form young filaments；4-13. Different forms of some young filaments；14-16. With lateral branching of three filaments；17. A frond showing the differentiate into heterotrichous basal and upper character（dc=die cell；hg=hormogon）.

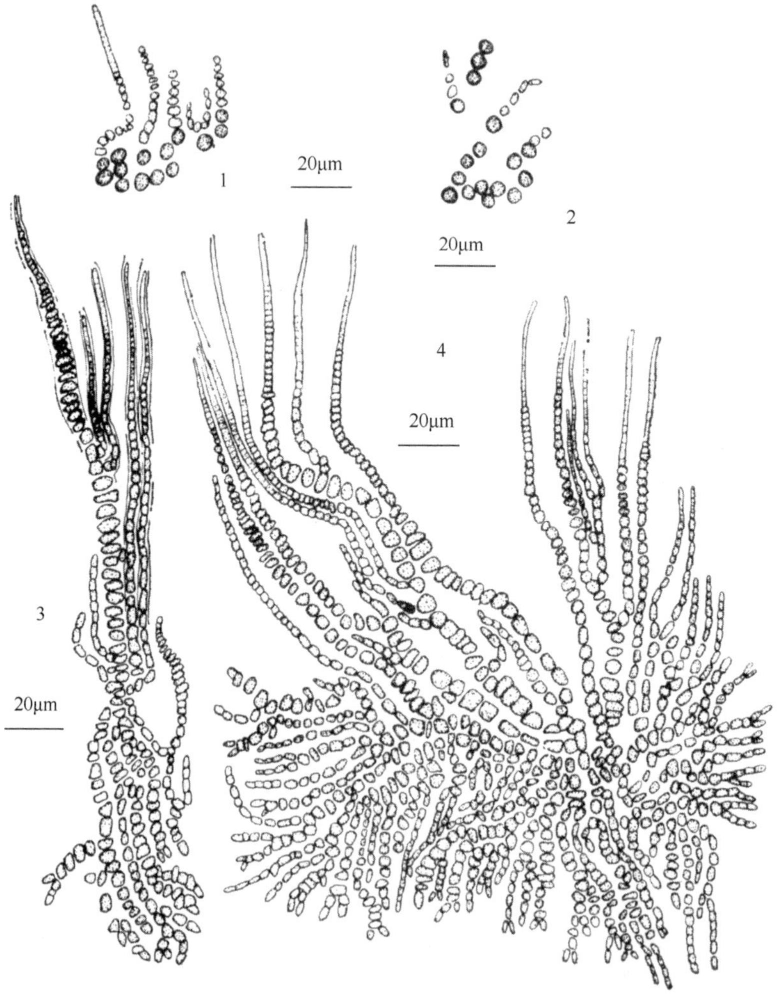

图 88　西沙膜基藻 *Parenchymorpha xishanica* Tseng et Hua，藻体的部分形态
1-2. 显示一些孢子的形态；3-4. 两株成熟丝体，显示已分化为具有假薄壁组织状的膜状基部和游离或部分游离丝体的上部的形态

Fig. 88　*Parenchymorpha xishanica* Tseng et Hua，thalli showing its habit sketch
1-2. Showing the form of some spores；3-4. The two mature filaments，showing already differentiated with Pseudoparenchymatous membranous base and drift away or the upper part of some drift away filaments

藻体高 300～500 μm，附着生长，有异丝体性的分化，藻体为具有真分枝的复杂的丝状体，分枝侧生，偶有类似双叉状的分枝形态。藻体的基部呈假薄壁组织状结构，扁平，仅一层细胞厚。上部丝体有 2～10（～20）条，呈单列细胞的丝状体，直立，其中部细胞的直径 6～10 μm，常有分枝，游离或部分游离；胶质鞘缺乏，或很薄，或呈水解状态；藻丝由单列细胞组成，顶端渐尖形成毛丝体；异形胞缺乏，繁殖主要依靠藻殖段的形成、萌发，球形或亚球形孢子，以及丝体的折断也能形成新个体。球形孢子的直径 8～10 μm。

习性：附生在礁湖内水下 1m 左右的篱凤螺 *Strombus* 壳的外表面。

产地：海南省三沙市西沙群岛中建岛。

本种为我国特有种。

参 考 文 献

胡鸿均，李尧英，等. 1980. 中国淡水藻类. 上海：上海科学技术出版社：1-525，图版 1-110.

华茂森. 1978. 西沙群岛海产蓝藻的研究Ⅰ. 海洋科学集刊，12：59-66，图版Ⅰ-Ⅱ.

华茂森. 1981. 西沙群岛海产博氏藻属一新种. 海洋与湖沼，12（3）：265-269，图版Ⅰ.

华茂森. 1983. 西沙群岛海产蓝藻的研究Ⅱ. 海洋科学集刊，20：55-67，图 1-7.

华茂森、曾呈奎. 1985. 西沙群岛海产蓝藻的研究Ⅲ. 海洋科学集刊，24：1-9，图 1-3.

华茂森，曾呈奎. 1985. 西沙群岛海产蓝藻的研究Ⅳ. 海洋科学集刊，24：11-26，图 1-9.

华茂森、曾呈奎. 1985. 西沙群岛海产蓝藻的研究Ⅴ. 海洋科学集刊 24：27-37，图 1-7.

黄淑芳. 1998. 垦丁海藻——乡土教学活动资源手册. 屏东县：屏东县自然史教育馆：1-143.

黄淑芳. 2000. 台湾东北角海藻图谱. “国立”台湾博物馆印行：Ⅻ+233.

孙建璋. 2006. 浙江底栖海藻记录. 青岛：海洋出版社：58-66.

曾呈奎，1962. 中国经济海藻志. 北京：科学出版社：7+198，图 1-52，图版Ⅰ-Ⅹ.

曾呈奎，华茂森. 1984. 西沙膜基藻——中国西沙群岛的新蓝藻. 中国科学 B 辑，6：525-530，图 1，图版Ⅰ.

曾呈奎，郑柏林. 1954. 青岛海藻的研究. 植物学报，3（1）：105-120，图版 1-3.

周贞英，陈灼华. 1965. 平潭岛海藻调查结果. 福建师范学院学报，1：1-12.

周贞英，陈灼华. 1983. 福建海藻名录. 台湾海峡，2（1）：1-102.

朱浩然. 1959. 华北微观海藻的研究 I. 蓝藻类. 南京大学学报，2：1-22，图版 1-5.

朱浩然. 1963. 中国色球藻科志. 南京大学学报，1：93-201，图版 1-33.

朱浩然. 1982. 蓝藻类分类系统的探讨. 南京大学学报（藻类专辑），（6）：25-56.

朱浩然. 1991. 中国淡水藻志　第二卷　色球藻纲. 北京：科学出版社：1-161，图版 I-XLII.

朱浩然. 2007. 中国淡水藻志　第九卷　蓝藻门　藻殖段纲. 北京：科学出版社：xviii+312，图版 I-CIX.

朱浩然，华茂森. 1982. 西沙群岛蓝枝藻属一新种. 南京大学学报（藻类专辑）：111-114，图 1，图版 I.

Agardh C A. 1822-1823. Species algarum. Vol. 1，part 2. Lundae [Lund]：Pp.[I-VIII+]169-398（1822），399-531（1823）.

Agardh C A. 1824. Systema algarum. Lundae [Lund]：XXXVIII+312pp.

Agardh C A. 1827. Aufzählung einiger in den Östreichischen Ländern gefundenen neuen Gattungen und Arten von Algen，nebst iher Diagnostik und beigefügten Bemerkungen. Flora 10：625-646.

Agardh C A. 1828. Species algarum. Vol. 2 sect. 1 Gryphiae [Greifswald]：LXXVI+189pp.

Agardh C A. 1829. Icones algarum Europaearum. Fasc. 3. Leipsic [Leipzig]. Nos：XXI-XXX，pls. 21-30.

Agardh J G. 1842. Algae maris Mediterranei et Adriatici. Paristis[Paris]：X+164 pp.

Anagnostidis K. 1989. *Geiterinema*，a new genus of Oscillatorialean Cyanothytes. Plant Systematics & Evolution 164：33-46，4 figs.，1 table.

Anagnostidis K. 2001. Nomerclatural changes in cyanoprokaryotic order Oscillatoriales. Preslia，73：259-375.

Anagnostidis K，A. Pantazidou，1991. Marine and aerophytic *Cyanosarcina*，*Stanieria* and *Pseudocapsa*（Chroococcales）. Species from Hellas（Greece）Archiv für Hydrobiologie Supplement，92：141-157，24 figs.

Anagnostidis K，Komárek J. 1988. Modern approach to the classification system of Cyanophytes. 3 Oscillatoriales. Archiv für Hydrobiologie Supplement，80：327-472，35 figs.，13 tables.

Anagnostidis K，Komárek J. 1990. Modern approach to the classification system of cyanophytes，1 Introduction. - Arch. Hydrobiol. / Algolog. Stud. 38/39：291-302.

Anagnostidis K，Komárek J. 1990. Modern approach to the classification system of cyanophytes，5 Stigonematales. -Algolog. Stud. 59：1-73.

Anand N，Venkatesan N. 1985. Note on blue-green algae from Salt pans. Seaweeds Research and Utilisation 7：102-103，13 figs.

Anand N，Mohan E，Hopper R S S，Subramanian T D. 1986. Taxonomic studies on blue-green algae from Certain marine environments. Seaweed Research and Utilisation 9：49-56，25 figs. 1 table.

Ardissone F，Strafforello J. 1877. Enumerazione delle alghe di Liguria. Milano：238 pp.

Barton E S. 1893. A provisional list of the marine algae of the Cape of Good Hope. Journal of Botany，31：53-56.

Basson P W. 1979. Marine algae of the Arabian Gulf coast of Saudi Arabia. Botanica Marina，22：47-82，XVI pls.

Batters E A L. 1892. Microchaete aeruginea，sp. n. Journal of Botany，30：68.

Bird C，McLachlan J. 1977. Investigation of the marine algae of Nova Scotia：XIII. Cyanophyceae. *Proc. N. S. Inst. Sci*，28：65-86.

Biswas K. 1926. Flora of the Salt-lakes. Journal of the Department of Science，University of Calcutta 8（10-15）：1-47，x pls.

Biswas K. 1932. Algal flora of the Chilka Lake. Memoirs of the Asiatic Society of Bengal，11：165-198，pls. 24-32.

Biswas K. 1949. Common fresh & Brackish water algal flora of India and Burma with a catalogue of Indian Myxophyceae，Chlorophyceae，Xanthophyceae and Bacillariophyceae. Part I. Records of the Botanical survey of India，15（1）：v+iv_105 pp.，X pls.

Boergesen F. 1935. A list of marine algae from Bombay. K. Danske Vidensk. Biol. Medd.，12（2）：1-62.

Boergesen F. 1936. Some marine algae from Ceylon. Ceylon Jour. Sci. Bot.，12（2）：57-96，12.

Bornet É. 1891. Algues du department de la Haute-Vienne continues dans l'herbier d'Édouard Lamy de la Chapelle. Bulletin de la Société Botanique de France，38：247-255.

Bornet É，Flahault C. 1886. Revision des Nostocacées héterocystées continues dans les principaux herbiers de France. Annales des Sciences Naturelles，Botanique，ser. 4：343-373.

Bornet É，Flahault C. 1887. Revision des Nostocacées hétérocystées continue dans les principaux herbiers de France. Annales des Sciences Naturelles，Botanique，ser. 5：51-129.

Bornet E，Flahault C. 1888. Note sur deux nouveaux genres d'algues perforantes. Journal de Botanique [Morot]，2：161-165.

Bornet E，Thuret G. 1876. Notes algologiques. Fac. 1. Paris：Pp.[I]-XX+[1]-70[72]，pls. I-XXV.

Bornet E，Thuret G. 1880. Notes algologiques. Fasc. 2. Paris：Pp. 73-196，pls. XXVI-L.

Bory de Saint-Vincent J B G M. 1827. Oscillaire. Dictionnaire Classique d'Histoire Naturelle，12：457-480.

Borzì A. 1882. Note alla morphologia e biologia delle alghe Ficocromacee. N. Giorn. Bot. Ital.，14：272-315.

Borzì A. 1892. Alghe d'acqua dolce della Papuasia raccolte su cranii umani dissepolti. Nuova Notarisia，3：35-53.

Borzì A. 1914. Studi sulle Mixoficee. I. N. G. Bot. Ital.，Ser. N. 21：307-360.

Castagne L. 1851. Supplément au catalogue des plantes qui croissant naturellement aux environs de Marseille. Aix：125 pp.，pls. VIII-XI.

Cavalier-Smith. 2002. The neomuran origin of archaebacteria，the negibacterial root of the universal tree and bacterial megaclassification. Int. J. Syst. Evol. Microbiol.，52：7-76.

Chacko P I. 1942. An unusual incidence of mortality of marine fauna. Current Science 11：404.

Chapman V J. 1956. The marine algae of New Zealand. *Jour. Linn. Soc. London（Bot.）*，55（360）：333-501.

Chauvin J F. 1842. Recherches sur l'organisation，la fructification et la classification de plusieurs genres d'algues. Caen：132 pp.

Chiang Y M. 1960. Marine algae of Northern Taiwan（Cyanophyta，Chlorophyta，Phaeophyta）. Taiwania No.7：pp. 51-76，figs. 1-3，pl. 1.

Chiang Y M. 1962. Marine algae collected from Penghu（Pescadores）. Taiwania No.8：pp. 167-180，figs. I-II，pl. I-II.

Christensen T. 1978. Annotations to a textbook of phycology. Botanisk Tidsskrift，73：65-70.

Christensen T. 1980. Algae. A taxonomic survey. Odense：1-228 pp.

Collins F S. 1900. Preliminary lists of new England plants V. Marine algae. Rhodora，2：41-52.

Collins F S，Holden I，Setchell W A. 1895-1919，Phycotheca boreali-americana. A collection of dried specimens of the algae of North America. Malden，Massachusetts. Nos：1-2300.

Compère P. 1985. Combinaisons nouvelles dans les Cyanophycées. –Bull. Jard. Bot. Nat. Belg.，55：487-489.

Crouan P L，Crouan H M. 1858. Notes sur quelques algues marines nouvelles de la rade de Brest. Annales des Sciences Naturelles，Botanique，ser. 4，9：69-75，pl. 3.

Crouan P L，Crouan H M. 1859. Notice sur quelques espéces et genres nouveaux d'algues marines de la rade de Brest. Annales des Sciences Naturelles，Botanique，ser. 4，12：288-292，pl. 22.

Crouan P L，Crouan H M. 1860. Liste des algues marines découvertes dans le Finistére depuis la publication des algues de ce department en 1852. Bulletin de la Société Botanique de France，7：367-373.

Crouan P L，Crouan H M. 1867. Florule du Finistère. Paris and Brest：X+262 pp.，31[+I] pls.，frontispiece.

Crow W B. 1927. The generic Characters of Arthrospira and Spirulina. Transactions of the American Microscopical Society，46：139-148.

Dawson E Y. 1954. Marie plants in the Vicinity of the Institute Océanographique de Nha Trang. Viêt Nam. Pacific Science，8：372-469，63 figs.，1 map.

Dawson E Y. 1957. An annotated list of marine algae from Eniwetok Atoll，Marshall Island. Pac. Sci.，11：92-132，31 figs.

De Toni J B. 1907. Sylloge Algarum，Vol. V. Myxophyceae：761 pp.

De Toni G. 1934. Noterelle di nomenclatura algologica. 1. Alcuni casi di omonimia（Missoficee）. Brescia：Privately published：7.

De Toni G. 1936. Noterella di nomenclature algological，vii. Primo elenco di Floridee omonime. Brescia：8 pp.

De Toni G. 1939. Diagnoses algarum novarum post Sylloges editionem descriptarum. I. Myxophyceae. Centuria VI. Brixiae [Brescia]. Nos：501-600.

De Wildeman É. 1900. Les algues de la flore de Buitenzorg. Leide[Leiden]：XI+457 pp.，XVI pls.

Delf E M，Michell M R. 1921. The Tyson collection of marine algae. Annals of the Bolus Herbarium，3：89-119.

Desikachary T V. 1948. Proc. Indian Acad. Sci.，13，18：46.

Desikachary T V. 1959. Cyanophyta，Indian Coun. Agr. Res. New Delhi：686 pp.，139 pls.

Desmazieres J B H J. 1858. Plantes Cryptogames de France. Lille Ed. 3，fasc，11/12：nos：501-600.

Dickie G. 1874. Enumeration of algae from Fernando de Noronha，Collected by H. N. Moseley，M. A.，naturalist to H. M. S. "Challenger". Journal of the Linnean Society [London]，Botany，14：363-365.

Dillwan L W. 1809. British conferve. London：pp. 1-87.

Dillwyn L W. 1802. British Confervae. London：87[+6] pp.，pls. 1-109+A-G.

Dixit S C. 1968. Species list of Indian marine algae II. Joural of the University of Bombay，36（3&5，Sect. B）：9-24.

Drouet F，Daily W A. 1948. Nomenclatural transfers among coccoid algae，Lloydia，11：77-79.

Drouet F，Daily W A. 1952. A synopsis of the coccoid Myxophyceae. Butler University Botanical Studies，10：220-223.

Drouet F. 1936. Myxophyceae of the Allan Hancock Expedition of 1934，collected by W. R. Taylor. Hancock Pac. Exped，3（2）：

15-17，pls. 2-3.

Drouet F. 1938. Notes on Myxophyceae，I-IV. Bulletin of the Torrey Botanical club，65：285-292.

Drouet F. 1942. Studies in Myxophyceae. I. Publications of the Fied Museum of Natural History，Botanical Series，20：123-141，III. Pls.[=19 figs.]

Drouet F. 1968. Revision of the classification of the Oscillatoriaceae. Academy of Natural Sciences of Philadephia，Monograph 15：bi+370 pp.，131 figs.

Ehrenberg C G. 1830. Neue Beobachtugen über blutartige Erscheinungen in Aegypten，Arabien und Sibirien，nebst einer Uebersicht und Kritik der früher bekannten Annalen der Physik und Chemie，ser. 2，8：477-514.

Ehrenberg C G. 1838. Die Infusionsthierchen als vollkommene Organisman. Leipzing：Xviii+547 pp. Atlas：LXIV pls.

Elenkin A A. 1933. O novych semejstvach sinezelenych vodoroslej grupy stereometreae Elenk.（podgrupy Excavatae Elenk.）porjadka Chroococcales Geitler（1925）. [Über neue Familien der Cyanophyceen aus der Gruppe der Stereometrae Elenk.（Untergruppe Excavatae Elek.，）der Ordnung der Chroococcales Geitler（1925）.] -Acta Inst. Bot. Acad. Sci. USSR，ser. 2（1-2）：1908 pp.，Izd. AN SSSR，Moskv-Leningrad.

Elenkin A A. 1933a. O sistematiceskoj podrazdelenii porjadka Chroococcales Geitler(1925). [Über die systematische Einteilung der Ordnung Chroococcales Geitler（1925）.] -Acta Inst. Bot. Acad. Sci. USSR，Ser. 2（1）：17-21.

Elenkin A A. 1934. Sur le Principes fondamentaux du Systeme des Cyanophyceae. Soc. Bot.，5：51-83.

Elenkin A A. 1938. Monographia algarum cyanophycearum aquidulcium et terrestrium in finibus URSS inventarum.（Sinezelenye vodorosli SSSR）. Moskva-Leningrad：Izd. AN SSSR. Pars spec.（1-2）：pp. 1-1908.

Ercegović A. 1925. Litofitska vegetacija vapnenaca I dolomita u Hrvatskoj. [La vegetation des lithophytes sur les calcaires et les dolomites en Croatia.] Acta Bot.，1：74-110.

Ercegović A. 1929. *Dalmatella*，nouveau genre des Cyanophycées lithophyte de côte adriatique. Acta Botanica Instituti Botanici Universitatis Zagrebensis 4：35-41，7 figs.

Ercegović A. 1929. Sur quelques nouveaux types des Cyanophycees lithophytes de la cote adriatique. Archiv für Protistenkunde，66：164-174，3 figs.

Ercegović A. 1932. Ekološke i sociološke studije o litofitskim cizanoficejama sa jugoslovenske obale Jadrana. Rad Jugoslovenske Akaolemije Znanostii Umjetnosti [Zagreb]，244：129-220，10 figs.，VII pls.，XI tables.

Fan，Kung-ghu. 1956. Revision of *Calothrix*. Ag. Rev. Algo. Nouv. Ser，2（3）：154-178.

Forti A. 1907. Myxophyceae，In J. B. De Toni，Sylloge algarum. Vol. V. Pata VII：VII+761pp.

Frémy P. 1932. Cyanophycées vivant dans le thalle des Codium. Comptes Rendus Hebdomdaires des Séances de I'Académie des Sciences [Paris]，195：1413-1414.

Frémy P. 1934. Les Cyanophycees des cotes d'Europe. Mem. Soc. Nat. Sci. Nat. Math. Cherbourg，41：1-234，66 pls.

Frémy P. 1935. Trois Cyanophycées nouvelles de l'Afrique du Nord. Bull. Hist. Nat. Afr. Nord，26：89-101.

Frémy P. 1939. Cyanophyceae. *In*：Børgesen F. Marine algae from the Iranian Gulf especially from the innermost part near Bushire and the Island Kharg. *In*：Jessen K，Spärck R. Danish scientific in vestigations in Iran，Part I. Copenhagen：pp. 55-57.

Frémy P. 1941. Cyanophycées parforantes. Mémoires de la Société Linnéenne de Normandie，Nouvelle Série，Sujets Divers，1：16-33，1 fig.，pl. I.

Friedmann E I. Maosen Hua，Roseli Ocampo-Friedmann. 1988. Cryptoendolithic Lichen and Cyanobacterial Communities of the Ross Desert，Antarctica. Polarforschung，58（2/3）：251-259.

Gardner N L. 1917. New Pacific coast marine algae I. Univ. Calif. Publ. Bot.，4：377-416.

Gardner N L. 1918. New Pacific coast marine algae III. University of California Publications in Botany，6：455-486，Plates 38-41.

Gardner N L. 1927. New Myxophyceae from Proto Rico. Memoires of the New York Botanical Garden，7：1-144，pls. 1-23.

Gardner N L. 1932. The Myxophyceae of Porto Rico and the Virgin Islands. Sci. Surv. Porto Rico and Virgin Islands，8：249-311，pls. 1-2.

Geitler L. 1925. Cyanophyceae. In：Die Süsswasser-Flora Deutschlands，Österreichs und der Schweiz.（Pascher，A. Eds）Vol.12. Jena：Gustav Fischer：pp. 1-450.

Geitler L. 1925a. Synoptische Darstellung der Cyanophyceen in morphologischer und systematicher Hinscht. Beih. Bot. Cbl，2（4）：163-184.

Geitler L. 1932. cyanophyceae. In L. Rabenhorst，Kryptogammen-Flora von Deutschland，Oesterreich und der schweiz. Bd. 14. Leipzig：1196 pp.

Gomont M. 1890. Essai de classification des Nostocacées homocystées. Journal de Botanigue，4：349-357.

Gomont M. 1892. Monographie des Oscillarées（Nostocacées homocystées）. Annales des Sciences Naturelles. Botanique，ser. 16：91-264，pls. 1-7.

Gomont M. 1893. Sur quelques Phormidium a thalle rameux. Bulletin de la Société Botanique de France 40：LXXXVI-XC. pl. IV.

Gomont M. 1901. Myxophyceae hormogoneae. In：Schmidt J. Flora of Koh Chang. Contributions to the knowledge of the vegetation in the Gulf of Siam. Part IV. Botanisk Tidsskrift，24：202-212，pl. 5.

Hackett H E. 1977. Marine algae known from the Maldive Islands. Atoll Research Bulletin 210：iii+30 pp.，2 figs.

Hansgirg A. 1892. Prodromus der Algenflora von Böhmen.2. Arch. Naturwiss. Landesdurchforsch. Böhmen，8（4）：1-268.

Harvey W H. 1833. Confervoideae. *In*：Hooker W J. British flora. vol. 2，part 1. London：Pp. 259-261，322-385.

Harvey W H. 1849. Phycologia Britannica. London. Vol. 2：pls. CCXVII-CCCVI.

Harvey W H. 1858. Nereis boreal-americana. Part III. Chlorospermeae. Smithsonian Contribution to Knowledge，10（2）：140pp.，pls. XXXVII-L.

Hauck F. 1877. Beiträge zur Kenntniss der adriatischen algen III. Österreichische Botanische Zeitschrift，27：230.

Hauck F. 1883-1885. Die Meeresalgen Deutschlands und Oesterreichs. In Rabenhort's Kryptogamen-Flora von Deutschland，Oesterreich und der Schweiz，vol. 2. Leipzing.

Hauck F. 1888. Ueber einige von J. M. Hidebrandt im rothen mere und Indischen Ocean gesammelte Algen. Hedwigia，27：86-93.

Hoffmann L. 1985. Quelques remarques sur la classification des Oscillatoriaceae. Hoffmann，L. & P. Compère，1990. Nomenclatural notes in the Cyanophyceae. Taxon 39：307-310 Cryptogamie：Algologie 6：71-79.

Hoffmann L. Komárek J，Kaštovský J. 2005. System of cyanoprokaryotes（cyanobacteria）state in 2004. Algolog. Stud，117：95-115.

Hollerbach M M. Kosinskaja E K，Poljanskij V I. 1953. Sinezelenye vodorosli.[Blue-green algae] Opredel. Presnovod. Vodoros. SSSR 2：1-652，Izdat.，Sovetskaja nauka，Moskva.

Hooker W J. 1833. Class XXIV. Cryptogamin. In：the English flora of Sir James Edward Smith，Vol. V（or Vol. II of Dr. Hooker's British flora）Part I. Comprising the mosses，Hepaticae，lichens，Characeae and algae. London：Pp. i-432.

Hornemann J W. 1813. Icones plantarum...Florae danicae vol. 9，fasc 25. Havniae[Copenhagen]：pp. 1-8，pls. MCCCCXLI-MD.

Howe M A. 1924. Note on algae of Bermuda and the Bahamas. Bull. Torrey Bot. Club.，51：351-359.

Hua M. S. Friedmann E I. Ocampo-Friedmann R，Campbell S B. 1989. Heteropolarity in unicellular cyanobacteria：structure and development of *Cyanocystis violacea*. Pl. Syst. Evol.，164：17-26.

Islam A K M N. 1974. The algal flora of Sundarbans mangrove forest，Bangladesh. Bangladesh Journal of Botany，2（2）：11-36，12 pls.，2 micrographa，2 maps.

Islam A K M N. 1976. Contribution to the study of the marine algae of Bangladesh. Bibliotheca Phycologica：19[III+]253 pp.，73 pls.，2 maps.

Iyengar M O P，Desikachary T V. 1944. A systematic account of some marine Myxophyceae of the South Indian coast. Journal of the Madras University，Section B，16：37-68，31 figs.

Iyengar M O P，Desikachary T V. 1946. On *Johannesbaptistia pellucida* (Dickie) Taylor and Drouet from Madras. Jour. Indian Bot. Soc.，25（3）：117-121，pl. 1.

Jagtap T G. 1993. Studies on littoral and sublittoral of Islands in Andaman Sea. Indian Journal of Marine Research Bulletin，382：10 pp.，3 figs.，1 table.

John D M，Whitton B A，Brook A J. 2011. The Freshwater Algal Flora of the British Isles. -An Identification Guide to Freshwater and Terrestrial Algae. Cambridge：Cambridge UniversityPress：878 pp.，193 Plates.

Jürgens G H B. 1816. Algae aquaticae. Hannover，Fasc. 1：nos. 1-10；Fasc 2：nos. 1-10.[Exsicata with text].

Jürgens G H B. 1822. Algae aquaticae. Hannover，Fasc. 13：nos. 1-10；Fasc. 15：nos. 1-10. [Exsiccata with text].

Kirchner O. 1898. Schizophyceae. *In*：Engler A，Prantl K. Die natirlichen Pflanzenfamilien...I. Teil. Abt. La. Leizpig：pp. 45-92，figs. 48-62.

Komárek J，Anagnostidis K. 1986. Modern approach to the classification system of Cyanophytes. 2. Chroococcales. Archiv für Hydrobiologie Supplement，73：157-226，28 figs. 6 tables.

Komárek J，Anagnostidis K. 1989. Modern approach to the classification system of Cyanophytes. 4 Nostocales. Archiv für Hydrobiologie Supplement，82：247-345，27 figs.，8 tables.

Komárek J，Anagnostidis K. 1998. Cyanoprokaryota 1. Teil/ Part 1：Chroococcales：548 pp. figs. 1-643.

Komárek J，Anagnostidis K. 2005. Cyanoprokaryota 2. Teil/Part 2：Oscillatoriales：759 pp. figs. 1-1010.

Komárek J，Anagnostidis K. 2013. Cyanoprokaryota 3.Teil/Part 3：Heterocytous Genera. *In*：SuBwasserflora von Mitteleuropa. Freshwater Flora of Central Europe，Springer-Spektrum：1- 1130 pp，figs. 1-1328.

Krishna Pillai V. 1957. Trace element requivements of two halophilic blue-green algae. In Proceedings of the Forty-furth Indian Science Congress. Calcutta，1957. Part III. Abstracts. Calcutta：P. 269.

Kuntze O. 1891. Revisio generum plantarum. Part 2. Leipzig：Pp. [375]-1011.

Kützing F T. 1833. Beitrag zur kenntniss über die Entstehung und Metamorphose der niederm vegeetabilis-chen Organismen，nebst einer systematischen Zusammenstellung der hieher gehörigen nieden Algenformen，Linnaea，8：335-384，pls. VI-VIII.

Kützing F T. 1836. Algarum aquae dulcis germanicarum decas XXI. Halis Saxonum [Halle] [Nos. 151-160] [Exsiccata with text].

Kützing F T. 1842. Ueber *Ceramium* Ag. Linnaea，15：727-746.

Kützing F T. 1843. Phycologia Generalis. Leipzig：XXXII+458pp.，80 pls.

Kützing F T. 1845. Phycologia germanica. Nordhausen：X+340pp.

Kützing F T. 1846. Tabulae Phycologicae. vol. 1，fasc. 1. Nordhausen：pp. 1-8，pls. 1-10.

Kützing F T. 1847. Tabulae Phycologicae. vol. 1，fasc. 3-5. Nordhausen：pp. 17-36，pls. 21-50.

Kützing F T. 1849. Species algarum Leipzig I：vi+922p.

Kützing F T. 1863. Tabulae phycologicae. Vol. 13. Nordhausen：[III+]31 pp.，100 pls.

Kützing F T. 1864. Tabulae phycologicae. Vol. 14. Nordhausen：[III+]35 pp.，100 pls.

Kützing F T. 1865. Tabulae phycologicae. Vol. 15. Nordhausen：[III+]36 pp.，100 pls.

Kützing F T. 1866. Tabulae phycologicae. Vol. 16. Nordhausen：[III+]35 pp.，100 pls.

Lagertheim G. 1886. Note sur le Mastigocoleus，nouveau genre des algues marinese de 1'ordre des Phycochromacées. Notarisia，1:

65-69，13 figs.

Lee In Kyu，Jao Won Kang. 1986. A check list of marine algae in Korea. Korea Jour. Phycology，1（1）：311-325.

Lemmermann E. 1907. Algen I. Krypt. –Fl. Mark Brandenburg，3：1-256.

Ley Shan Hao（黎尚豪）. 1948. The Subaerial Algae from Paracel Island in the South Chhina Sea. Bot. Bull. Acad. Sinica，2（4）：235-242.

Liebman F. 1839. Bemaerkninger og tillage til den dansk algeflora. Naturhistorisk Tidsskrift，2：464-494，pl. VI.

Linnaeus C. 1763. Species plantarum. Editio secunda. vol. 2. Holmiae[Stockholm]：pp. 785-1684.

Lucas A H S. 1935. The marine algae of Lord Howe Island. Proceedings of the Linnean Society of New South Wales，60：194-232，7 figs.，pls. V-IX.

Martinez M R. 1984. A checklist of Blue-green Algae of the Philippines. V+96 pages. College，Laguna，Philippines：National Institutes of Biotechnology and Applied Microbiology，University of the Philippines at Los Baños.

Meneghini G. 1837. Conspectus algologiae Euganeae. Comentarii di Medicina del dott. G.F. Spongia，4：321-355 [reprint 1-37].

Meneghini G. 1842. Monographia Nostochinearum italicarum addito specimine de Rivulariis. Memorie della Reale Accademia delle Scienze di Torino，ser. 2，5（CI. Sc. Fis. E Mat）：1-143. pls. I-XVII.

Meyen F J F. 1839. Neues system der pflanzen-physiologia. Vol.3. Berlin：x+627 pp.，pls. x-xv.

Montagne C. 1841. Plantae cellulares. *In*：Barker-Webb P，Berthelot S. Histoire naturelle des Iles Canaries. Vol. 3，part 2. Sect. 4. Paris：pp. 161-208，I-XV.

Möbius M. 1889. Bearbeitung der von H. Schenck in Brassilien gesammelten Algen. Hedwigia，28：309-347，1 fig.，pls. X，XI.

Nägeli C. 1849. Gattungen einzelliger Algen，physiologisch und systematisch bearbeitet. Neue Denkschriften der Allg. Schweizerischen Gesellschaft für die Gesammten Naturwis-senschaften，10（7）：VII+139 pp.，VIII pls.

Nasr A H. 1947. Synopsis of the marine algae of the Egyptian Red Sea coast. Bulletin of the Faculty of Science，Fouad I University，26：155pp.，XIV pls，25 figs.

Newton L. 1931. A handbook of the British Seaweeds. London：478 pp.

Oested A S. 1842. Beretning om en Excursion til Trindelen，en Alluvialdannelse i Odemsefjord，i Efferaaret 1841. d. 19de Octbr. Naturhistorisk Tidsskrift，3：552-569，pl. VII.

Okamura K. 1936. Nippon Kaiso Shi（Descriptions of Japanese algae）. Tokyo：Uchidarokakuho：P. 1-964，figs. 1-427（in Japanese）.

Ostenfeld C H，Schmidt J. 1901. Plankon fra det Røde Hav og Adenbugten. Videnskabelige Meddelelser fra Dansk Naturhistorisk Forening i Kjøbenhavn 1901：141-182，30 figs.

Pankow H. 1976. Algenfora der Ostsee，II. Plankton. Leipzig：493 pp.

Papenfuss，G. F.，1955. Classification of the algae. In A century of Progress in Natural Sciences，1893-1953. Calif. Acad. Sci. San Francisco：pp. 115-224.

Pham-Hoang Ho. 1969. Rong Biên Viêtnam. Marine algae of South Vietnam：VI+558 pp.

Phang S M. 1994. New records of Malaysian marine algae. Hydrobiologia，285：123-129，1 table.

Prain D. 1905. The vegetation of the districts of Hughli-Howrah and the 24-Pergunnahs. Records of the Botanical Survey of India，3：143-339.

Rabenhorst L. 1865. Flora europaea algaurum aquae dulcis et submarinae. Section II. Algae Phycochromaceae complectens. Lipsiae：319 pp.，71 figs.

Rabenhorst L. 1876. Die Algen Europa's Dresden. Decades 146-148：nos. 2451-2480.

Reinbold T. 1907. Die Meeresalgen der deutschen Tiefsee-Expedition 1898-1899. *In*：Wissenschaftliche Ergebnisse der Deutschen

Tiefsee-Expedition auf dem Dampfer"Valdivia" 1898-1899. Vol. 2，part 2. Jena：Pp. 549-586，pls. LV-LVIII.

Reinsch P F. 1875. Contributiones ad algologiam et fungologiam. Norimbergae [Nürnberg]：XII+103 pp.，131 pls.

Reyes A Y. 1972. A Survey of the Littoral Benthic Algae of the Coastal Areas of Dumaguete City. Philippine Journal of Science，99：131-163.

Roth A W. 1806. Catalecta botanica. Fasc. 3. Lipsiae[Leipzig]：[VIII+]350[+9] pp.，XII pls.

Salam A M A，Khan Y S A. 1979. Algal flora of the Karnafully estuary II. Rhodophyta and Cyanophyta. Phykos，17: 99-103，II pls.

Sauvageau C. 1892，Algas recolt. an Algerie，Bill. Soc. Bot. France，39：p. 121.

Sauvageau C. 1897. Note préliminaire sur les algues marines du golfe de Gascogne. Journal de Botanique [Morot]，11：166-179，202-214，252-257，263-288，301-311，6 figs.

Schaffner J H. 1922. The classification of plants XII. Ohio Journal of Science，22：129-139.

Schmidle W. 1901. Schizophyceae，Conjugatae，Chlorophyceae. *In*：Engler A，Die von W. Goetze am Rukwa-See und Nyass-See sowie in den Zwischen beiden Seen gelegenen Gebirgsländern，nsbesondere dem Kinga-Gebirge gesammelten Pflanzen，nebsteinigen Nachträgen zu Bericht III. Botanische Jahrbücher für Systematik，Pflanzengeschichte und Pflanzengeographie，30：240-253，pls. IV，V.

Setchell W A. 1919. The marine algae of the Pacific coast of N. America，Part I，Myxophyceae. –Univ. Calif. Publ.，Botany（Berkeley），8：1-138.

Setchell W A. 1926. Tahitian Algae. Univ. Calif. Publ. Bot.，12（5）：61-142，pl. 7-22.

Setchell W A. 1930. Marine algae of the Revillagigedo Islands Expedition in 1925.-Proc. Calif. Acad. Sci. IV，19：109-215.

Setchell W A. 1950. Plants of Bikini and other Northern Marshall Islands. London：pp. 227.

Setchell W A，Gardner N L. 1919. The marine algae of the Pacific coast of North America. Part I. Myxophyceae. Univ. Calif. Publ. Bot.，8：1-138，pls. 1-8.

Setchell W A，Gardner N L. 1924. Expedition of California Academy of Sciences to the Gulf of California in 1921. The marine algae. Proceedings of the California Academy Sciences，ser. 4，12：695-949，pls. 12-88，folded map.

Setchell W A，Gardner N L. 1930. Marine algae of the revillagigedo islands expedition in 1925. Proce. Calif. Acad. Sci. Four. Ser.，19（11）：109-215，pls. 4-15.

Setchell W A，Gardner N L. 1937. A preliminary report on the algae. The templeton Crocker Expedition of the California Academy of Sciences，1932. Proc. Calif. Acad. Sci.，4th ser.，22：65-98，1 fig，23 pls.

Shameel. M，Tanaka J. 1992. A Preliminary check-list of marine algae from the coast and inshore waters of Pakistan. *In*: Nakaike T，Malik S. Cryptogamic flora of Pakistan. Vol. 1. Tokyo：National Science Museum；Islamabad：Pakistan Museum of Natural History：Pp. 1-64，3 figs.

Sigee D C. 1966. Preliminary account of the ladn and marine vegetation of Addu Atool. *In*：Stoddart D R. Reef studies at Addu Atoll，Maldive Islands，Preliminary results of an expedition to Addu Atoll in 1964. Atoll Research Bulletin，116：61-74，figs. 29-32.

Silva P C，Meňez E G，Moe R L. 1987. Catalog of the benthic marine algae of the Philippines. Smithsonian Contributions to marine Sciences，27：iv+179.

Silva P C，Basson P W，Moe R L. 1996. Catalogue of the Benthic marine algae of the Indian Ocean. Calif. Publ. Bot.，79：1-1259.

Starmack K. 1966. Cyanophyta-sinice，Glaucophyta-glakofity. *In*：Flora slodkow. Polski 2：1-808，PWN Warszawa.

Suba-Claus E. 1965. Teratological Forms among Oscillatoriaceae and Their Possible Phylogenetic Significance. Nova Hedswigia，9（1-4）：105-130，pls. 32（1）-35（4）.

Taylor W R. 1928. The Marine Algae of Florida，with Special Refererence to the Dry Tortugas.（Carnegie Inst. Wash.，Publ. No. 379）：pp. 1-219，pls. 1-79.

Taylor W R. 1950. Plants of Bikini and other northern Marshall Islands. Ann Arbor：University Michigan Press：XV+227 pp.，79 pls.

Thajuddin N，Subramanian G. 1992. Survey of cyanobacterial flora of the Southern east coast of India. Botanica Marina，35：305-314，1 fig.，IV tables.

Thuret G. 1875. Essai de classification des Nostochinées. Annales des Sciences Naturelles，Botanique，ser. 6，1：372-382.

Thuret G，Bornet É. 1878. Etudes phycologiques Analyses d'algues marines. Paris：v+III+105pp.，LI pls.

Tilden J E. 1900. American algae. Minneapolis. Cent. 4：nos. 301-400[Exsiccata with printed labels].

Tilden J. 1910. Minnesota Algae. Vol. 1（The Myxophyceae of North America and Adjacetn Regions Including Central America，Greenland，Bermuda，the West Indies and Hawaii）ne Minneapolis：328 pp. 20 pls.

Titlyanova T V，Perestenko L P，Kalugina-Gutnik A. A. 1992. Preliminary list of benthic marine algae and seagresses collected in the Seychelles Island in the Indian Ocean. Novosti Sistematiki Nizshikh Rastenij，28：40-47[Russian].

Trono G C. 1968. The marine benthic algae of the caroline islands，I. Introduction，Chlorophyta and Cyanophyta. Micronesica，4：137-206，19 pls.

Tseng C K，Hua Maosen. 1982，On two new species of *Gardnerula*（Cyanophyta）and the taxonomy of the genus，C. J. of Oceanology and Limnology，1（1）：111-118，figs. 1-3，pls. I-II.

Tseng C K，Hua Maosen. 1983. On a new species of *Camptylonemopsis*（Cyanophyta）from South China，Chin. J. Oceanol. Limnol，1（3）：361-364，figs. 1-2，pls. I-II.

Tseng C K（曾呈奎），Hua M S（华茂森）. 1984. *Parenchymorphaxishanica*，A new Cyanophyte from Xisha islands of China. Scientia Sinica（Series B），27（8）：811-816，fig. 1，pl. I.

Tseng C K，Hua Maosen. 1985. *Parenchymorpha xishaenica*，a new cyanophyte from the South China Sea，Arch. Hydrobiol. Suppl. 71，1/2（Algological Studies 38/39）：p. 273-280，pls. I-III.

Tseng C K. 1983. Common Seaweeds of China. Beijing：Science Press：x+316，pls. 1-149.

Tseng C K. 1936a. On marine algae new to China. Bull. Fan Mem. Inst. Biol.（Botany），7（5）：169-196.

Tseng C K. 1936b. Notes on the marine algae from Amoy. Mari. Biol. Bull.，1（1）：1-86. pls. 1-6.

Tseng C K，Li L C. 1935. Some marine algae from Tsingtao and Chefoo，Shantung. Bull. Fan Mem. Inst. Biol.（Bot），6（4）：183-235，2 maps.

Tsuda R T，Newhouse J. 1966. Marine benthic algae from Addu Atoll，Maldive Islands. *In*：Stddart DR. Reef Studies at Addu Atoll，Maldive Islands. Preliminary results of an expedition to Addu Atoll in 1964. Atoll Research Bulletin，116：93-102.

Tsuda T. 1968. Some marine benthic algae from mareus islands，Bonin islands. Micronesica，4（2）：207-212.

Umamaheswara Rao M. 1974. Ecological observations on some intertidal algae of Mandapam coast. Proceeding of the Indian National Science Academy，Part B，Biological Sciences，38：298-307，3 figs.

Umezaki I. 1955. A developmental study of the frond of *Brachytrichia quoyi*（Ag.）Born. & Flah. Acta Phytotax. Geobot，16：56-62.

Umezaki I. 1956a. Marine Cyanophyceae from Japan（12）. J. Jap. Bot.，31（2）：1-4.

Umezaki I. 1956b. On a collection of *Gardnerula corymbosa*（Harvey）J. de Toni. Publ. Seto Mar. Biolog. Lab.，5（2）：291-295.

Umezaki I. 1961. The Marine blue-green algae of Japan. Mem. Coll. Agric. Kyoto Univ.，83（8）：1-149，21 pls.

Umezaki I，Watanabe M. 1994. Enumeration of the Cyanophyta（blue-green algae）of Japan 1. Chroococcales and Oscillatoriales. Japanese Journal of Phycology，42：175-219.

Umezaki I，Watanabe M. 1994a. Enumeration of the Cyanophyta（blur-green algae）of Japan 2. Nostocales and Stigonematales. Jap. J. Phycol.，42：301-324.

Velasquez G T. 1940. Filamentous Myxophyceae of the Philippines，I. University of the Philippines，Natural and Applied Science Bulletin，7：269-271.

Velasquez G T. 1955. The Ecological Distribution of the Myxophycean Algae of Eastern Palawan and Sulu Archipelago. Natural and Applied Science Bulletin [University of the Philippines]，15：153-184，V plates.

Velasquez G T. 1962. The Blue-green Algae of the Philippines. Philippine Journal of Science，91：267-380，13 plates.

Velasquez G T，Trono G C，Doty M S. 1975. Algal Species Reported from the Philippines. Philippine Journal of Science，101：115-169.

Wehr J D，Sheath R G，BC. 2003. Freshwater Algae of North America，Ecology and Classification. Amestedam，Elsevier Science（USA），san Diedo：Academic Press：918pp.

Venkataraman G S. 1958. A list of marine Myxophyceae from Cape Comorin（Kanya Kumari），India. Journal of the Indian Botanical Society，36：472-474.

Weber F，Mohr D M H. 1804. Naturhistorische Reise durch einen Theil Schwedens. Göttingen：Pp. I-XII+13-208，3 pls.

Weber-van Bosse A. 1913. Liste des algues du Siboga I. Myxophyceae，Chlorophyceae，Phaeophyceae. Siboga Expedite Monogr. Leiden，59a：4-45，186 pp. 52 figs. 5 pls.

Whitton B A，M Potts. 1979. Blue-green algae（Cyanobacteria）of the oceanic coast of Aldabra. Atoll Research Bulletin，238：8 pp.

Wille N. 1900. Algolog，Not. 1-6，Nyt. Mag. Naturv. 38，s. 5，taf. 1.

Wille N. 1913. Algologische Notizen XXII-XXIV. Nytt. Magazin for Naturvidenskaberne，51：1-26.

Wille N. 1919. Algologische Notizen XXV-XXIX. Nytt Magazin for Naturvidenskaberne，56：1-60，pls. I-II.

Wittrock V B，Nordstedt O. 1884. Algae aquae dulcis exsiccatae. Stockolmiae. Fasc，14：nos. 651-700.

Zanardini G. 1858. Plantarum in mari Rubro hucusque collectarum enumeration（juvante A. Figari）Memorie del Reale Istituto Veneto di Scienze. Lettere ed Arti，7：209-309，pls. III-XIV.

Zanardini G. 1872. Phycearum indicarum a Cl. Eduardo Beccari ad Borneum. Sincapoor et Ceylanum annis MDCCLXV-VI-VII collectarum guas cognitas determinavit，novasque descripsit iconibusque illustrare curavit Joannes Zanardini. Memorie del Reale Istituto Veneto di Scienze，Lettere ed Arti，17：129-170，pls. I-XII.

Zanardini G. 1840. Sopra le Algae del mare Adriatico. Lettera Secondia di Giovanni Zanardini，Medico fisico in Venezia，alla Direzione della Biblioteca Italiana. Biblioteca Italiana [Milano]，99：195-229.

Zeller G. 1873. Algae colleted by Mr. S，Kurz in Arracan and British Burma，determined and systema-tically arranged by Dr. G. Zeller. Journal of the Asiatic Society of Bengal 42，part. 2：175-193.

中 名 索 引

八画

九画

十画

十一画

十二画

十三画

十四画

十五画

十六画

十七画

十八画

十九画

二十画

二十一画

学 名 索 引

N

O

P

R

S

T

X

图　　版

图版I

1. 派氏集胞藻*Synechocystis pevalekii Ercegoa*；2. 银灰平裂藻*Merismopedia glauca*（Ehrenberg）Kützing；3. 鳞状微囊藻*Microcystis ichthyoblabe* Kützing；4-5. 膨胀色球藻*Chroococcus turgidus*（Kützing）Nägeli；6-7. 顽固异球藻*Xenococcus chaetomorphae* Setchell et Gardner；8-9. 堆生异球藻*Xenococcus acervatus* Setchell & Gardner in Gardner；10. 球形立毛藻*Stanieria sphaerica*（Setchell & Gardner）Anagnostidis & Pantazidou；11-12. 单丝蓝枝藻*Hyella simplex* Chu et Hua；13. 脆细鞘丝藻*Leptolyngbya fragilis*（Gomont）Anagnostidis et Komárek

图版II

1-2. 辫状细鞘丝藻*Leptolyngbya crosbyanus*（Tilden）Anagnostidis et Komárek；3. 红海束毛藻*Trichodesmium erythraeum* Ehrenberg；4. 西沙博氏藻*Borziaxishaensis* Hua；5-6. 中央席藻海生变种*Phormidium naveanum* Grunow var. *marina* Tseng et Hua；7. 美丽席藻*Phormidium formosum*（Bory de Saint-Vincent）Anagnostidis & Komárek；8. 近膜席藻*Phormidium submembranaceum*（Ardissone & Strafforello）Gomont；9-10. 丛簇束藻*Symploca caespitosa* Tseng et Hua；11. 较短颤藻*Oscillatoria subbrevis* Schmidle

图版III

1-2. 藓生束藻*Symploca muscorum*（Ag.）Gomont；3. 铜色眉藻*Calothrix aeruginea*（Kützing）Thuret；4-6. 巨型微鞘藻*Microcoleus majuscula* Tseng et Hua；7. 清净颤藻*Oscillatoria sancta*（Kützing）Gomont；8. 皮壳状眉藻*Calothrix crustacea* Thunet in Bornet & Thunet；9. 河口鞘丝藻*Lyngbya aestuarii*（Mertens）Liebman；10. 爪哇伪枝藻*Scytonema javanicum* Bornet ex Bornet & Flahault；11. 软毛眉藻*Calothrix pilosa* Harvey；12. 溪生伪枝藻*Scytonema rivulare* Borzì ex Bornet et Flahault；13. 褐紫眉藻*Calothrix fusca-violacea* P. Crouan & H. Crouan

图版IV

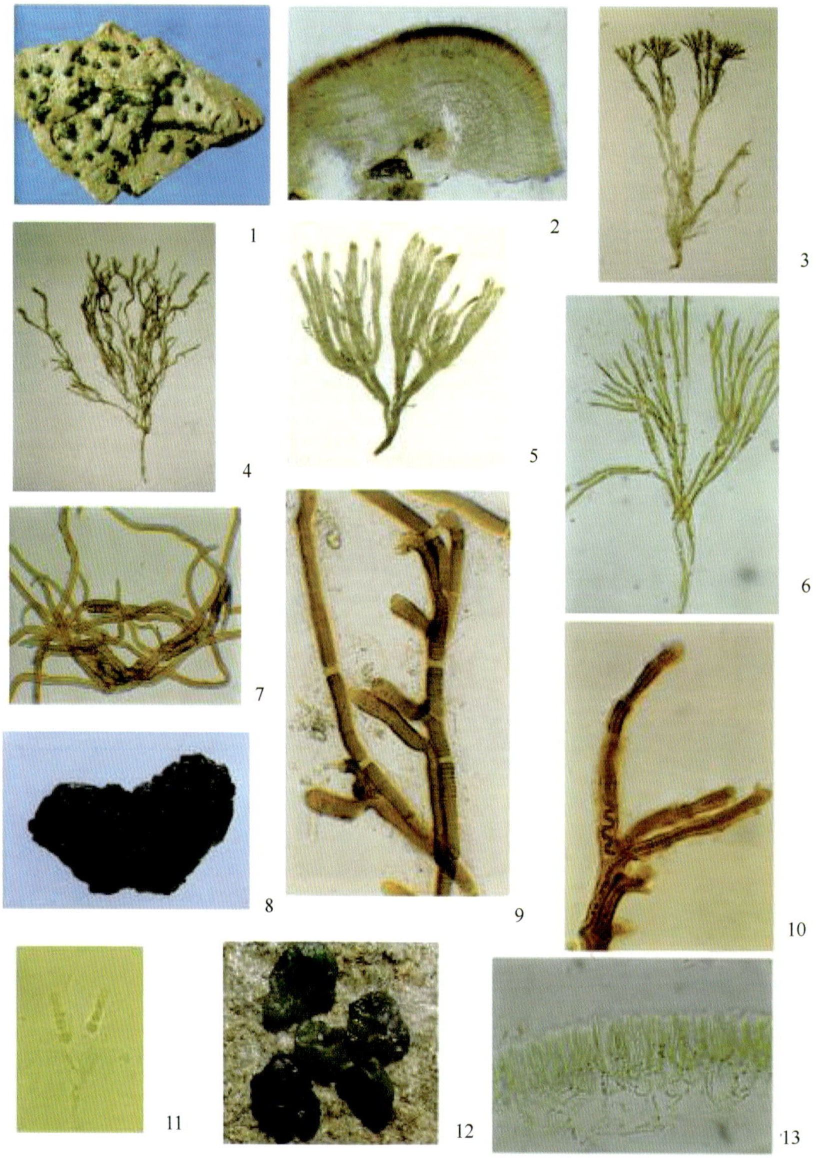

1-2. 黑色胶须藻*Rivularia atra* Roth；3. 簇生束枝藻*Gardnerula fasciculate* Tseng et Hua；4. 极细束枝藻*Gardnerula tenuissima* Tseng et Hua；5. 西沙束枝藻*Gardnerula xishaensis* Tseng et Hua；6. 橄色双须藻*Dichothrix olivacea*（Hooker）Bornet et Flahaut；7. 大拟弯线藻*Camptylonemopsis major* Tseng et Hua；8-10. 半盐生单歧藻*Tolypothrix subsalsa* Tseng et Hua；11. 胞内植生藻*Richelia intracellularis* Schmidt；12-13. 海雹菜*Brachytrichia quoyi*（C. Agardh）Bornet et Flahault

Q-4031.01
ISBN 978-7-03-053361-6
9 787030 533616 >
定价：**120.00元**